现代**数**据库技术
及其新进展研究

王建君　谢　光　杨　芬　编著

U0312428

中国水利水电出版社
www.waterpub.com.cn

·北京·

内 容 提 要

本书以当前主流的关系数据库为主线，全面阐述了数据库的基本原理、基本技术、基本方法和应用技术，介绍了数据库技术的研究动态，探讨了数据库领域研究的新进展。本书主要内容包括：关系理论、关系数据库标准语言SQL、关系规范化理论、关系数据库设计、数据库的实施与调优、数据完整性约束、数据库的安全性、事务管理和锁、数据库的备份和恢复、现代数据库技术新进展等。

本书注重数据库技术的实际应用，强调理论与实践紧密结合，可供从事数据库技术领域工作的科技人员参考使用。

图书在版编目（ＣＩＰ）数据

现代数据库技术及其新进展研究 / 王建君，谢光，
杨芬编著. -- 北京 ： 中国水利水电出版社，2017.4（2022.10重印）
ISBN 978-7-5170-5295-1

Ⅰ．①现… Ⅱ．①王… ②谢… ③杨… Ⅲ．①关系数
据库系统—研究 Ⅳ．①TP311.132.3

中国版本图书馆CIP数据核字(2017)第074612号

书　　名	**现代数据库技术及其新进展研究** XIANDAI SHUJUKU JISHU JI QI XIN JINZHAN YANJIU	
作　　者	王建君　谢　光　杨　芬　编著	
出版发行	中国水利水电出版社	
	（北京市海淀区玉渊潭南路 1 号 D 座 100038）	
	网址：www.waterpub.com.cn	
	E-mail：sales@waterpub.com.cn	
	电话：(010)68367658(营销中心)	
	北京科水图书销售中心（零售）	
	电话：(010)88383994、63202643、68545874	
经　　售	全国各地新华书店和相关出版物销售网点	
排　　版	北京亚吉飞数码科技有限公司	
印　　刷	三河市人民印务有限公司	
规　　格	185mm×260mm　16 开本　16.5 印张　401 千字	
版　　次	2017年8月第1版　2022年10月第2次印刷	
印　　数	2001-3001册	
定　　价	58.00 元	

前　言

随着数据库与信息技术的发展,数据量急剧增加,各种信息系统应运而生。这些信息系统大多数都是以数据库为后台技术支撑,借助于当前数据库领域的新技术和工具对复杂的数据进行保存和管理的。作为国家信息基础设施和信息化社会中最重要的支撑技术之一,数据库技术一直是计算机科学技术中发展最快的领域之一,也是现代信息社会必不可少的重要技术,目前已广泛运用于社会生活中,并渗透到经济、行政、教育、军事、国防等领域。随着数据库技术的广泛应用,人们越来越重视和要求全面学习和掌握数据库的理论知识、系统技术、应用方法,并密切关注其新发展动态。

关于数据库技术的研究离成熟还有很大的距离。近年来,有关数据库的研究成果和新产品不断涌现,数据库技术所表现出来的旺盛生命力更使研究者看到了其广阔的发展前景。为了记录总结当前数据库技术所取得的成果和我国数据库应用水平的提高,作者翻阅了国内外大量数据库领域的研究成果和文献,策划和设计了本书内容。本书的最大特点是:作者结合自身多年的教学及实践经验,合理地组织内容,做到内容紧凑、层次清晰、重点突出。

全书分为11章,第1章主要包括数据库的基本概念、发展阶段、数据描述和数据模型、体系结构与组成、发展趋势等内容;第2章介绍的是关系数据库基本理论,包括关系数据模型、关系代数、关系演算;第3章为关系数据库标准语言SQL,讨论了SQL的组成和基本结构、数据定义语言DDL、数据查询语言DQL、数据操纵语言DML、数据控制语言DCL、嵌入式SQL及其实现、Oracle和SQL Server对标准SQL的扩充等;第4章为关系规范化理论,对关系模式的存储异常和数据依赖、函数依赖、函数依赖的规则、多值依赖和连接依赖、关系模式的范式、关系模式的分解等进行分析;第5章为关系数据库设计,按照逻辑顺序对数据库设计的需求、概念设计、逻辑设计、物理设计等进行分析;第6章简单介绍了数据库的实施与调优;第7章简单分析了数据完整性约束;第8章探究了数据库的安全性问题;第9章为事务管理和锁,分析了事务、并发控制、封锁和封锁协议、活锁和死锁等内容;第10章主要探究数据库的备份和恢复的相关知识;第11章探究了现代数据库技术新进展,重点对面向对象数据库技术、分布式数据库技术、XML数据管理技术、数据仓库及数据挖掘技术等进行分析。

写作本书的目的在于抛砖引玉,希望通过本书能够引起广大读者关注和掌握现代数据库技术的理论和前沿技术,熟悉相关技术在各个领域中应用的前景和操作实践,并以此为基础进一步加深今后对现代数据库技术的研究。

本书在撰写过程中得到了众多专家、学者的指导与建议,在此表示衷心的感谢;且参阅了许多著作和文献资料，得到了很大启示，在此向有关作者表示由衷的感谢，并在参考文献中列出，恕不一一列举。但由于作者能力有限，书中难免出现疏漏和错误之处，望广大专家学者批评指正。

作　者
2017 年 1 月

目　录

第1章 数据库系统概述

1.1 数据库技术的基本概念

数据库中涉及的相关知识有很多，在进行系统介绍数据库基本知识之前，先对几个常用的术语进行说明，以更好区分这些基本概念。

1.1.1 信息

信息是隐含在数据中的意义，是现实世界各种事物的特征、形态以及不同事物之间的联系等在人脑海中的抽象反映。对这些经抽象而形成的概念，人们可以认识理解，可以加工传播，可以进行推理，从而达到认识世界、改造世界的目的。信息在人类社会中有着非常重要的地位，特别是在信息技术高速发展的今天，信息已经越来越重要了。

信息具有四个基本特征：①信息的内容是关于客观事物或思想方面的知识；②信息是有用的，它是人们活动的必需知识；③信息能够在空间上和时间上被传递，在空间上传递信息称为信息通信，在时间上传递信息称为信息存储；④信息需要一定的表示形式，信息与其表现符号不可分离。

1.1.2 数据

数据库中存储的基本对象就是数据。数据的种类很多，例如，图形（graph）、文本（text）、音频（audio）、图像（image）、视频（video）等。

数据的定义：数据指描述事物的符号记录。描述事物的符号可以有多种形式，例如数字、文字、语言、图形、图像等，数据有多种表现形式，它们都可以经过数字化后存入计算机。

数据的概念在现代计算机系统中是广义的。早期的计算机系统主要用于科学计算，处理的数据是数值型数据。现在计算机存储和处理的对象十分广泛，表示这些对象的数据也越来越复杂了。

数据的表现形式并不能完全表达其内容，此时需要经过解释，数据和关于数据的解释是不可分的。数据的解释是指对数据含义的说明，数据的含义称为数据的语义，数据与其语义是不可分的。人们在现实生活中，可以直接用自然语言来描述事物。

1.1.3　数据处理与管理

围绕数据所做的工作就是数据处理。数据处理是指对数据的收集、组织、整理、加工、存储、传播等工作。数据管理则是数据处理中的基本工作,其主要内容:组织和保存数据,将收集到的数据合理地分类组织,将其存储在物理载体上,使数据能够长期地被保存;数据维护,即根据需要随时进行插入新数据、修改原数据和删除失效数据的操作;提供数据查询和数据统计功能,以便快速地得到需要的正确数据,满足各种使用要求。

1.1.4　数据库

数据库(Database)指的是在计算机内的、有组织的、可共享的数据集合,其主要作用是借助计算机保存、管理大量的数据,以方便充分地利用资源。数据库是一个实体,同时也是数据管理的新方法和新技术,它能够更合理、更有效地组织数据,维护数据,严密地控制数据以及有效地利用数据。

1.1.5　数据库管理系统

数据库管理系统(DataBase Management System,DBMS)是为数据库的建立、使用和维护而配置的系统软件。它建立在操作系统的基础上,对数据库进行统一的管理和控制。DBMS可以进一步被定义为可用来管理数据库并与数据库相互作用的工具。

DBMS的目标是让用户更能够方便、有效、可靠地建立数据库并使用数据库中的信息资源。DBMS不是应用软件,它不能直接用于诸如工资管理、人事管理或资料管理等事务管理工作,但能够为事务管理提供技术和方法、应用系统的设计平台和设计工具,使相关的事务管理软件很容易设计。即DBMS是为设计数据管理应用项目提供的计算机软件,利用DBMS设计事务管理系统可以达到事半功倍的效果。

1.1.6　数据库系统

数据库系统(Data Base System,DBS)是引入数据库后的计算机系统。它由数据库、数据库管理系统及其开发工具、应用系统、数据库管理员和用户构成,如图1-1所示。

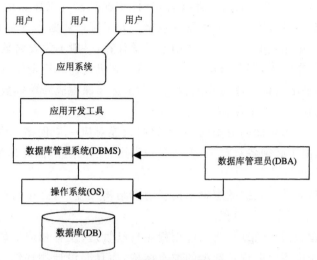

图 1-1　数据库系统的构成

　　数据的重要价值是使用而非收集,数据库系统就是为了方便使用数据而设计的。它对数据进行集中控制,能有效地维护和利用数据。

1.1.7　信息系统

　　信息系统(Information System,IS)是由人、硬件、软件和数据资源组成的复合系统,目的是及时、正确地收集、加工、存储、传递和提供信息,实现组织中各项活动的管理、调节和控制。

　　在组织内部存在着各种各样的信息流。基于计算机和各类通信技术,集组织内部各类信息流为一个系统,并用于对组织内部的各项业务活动进行管理、调节和控制的信息处理网络,称为一个组织的信息系统。一个组织的信息系统可以是企业的产、供、销、库存、计划、管理、预测、控制的综合系统,也可以是机关的事务处理、战略规划、管理决策、信息服务等的综合系统。

　　信息系统的数据存放在数据库中,数据库技术为信息系统提供了数据管理的手段,DBMS为信息系统提供了系统设计的方法、工具和环境。学习数据库及 DBMS 的基本理论和设计方法,其目的就是要掌握数据库系统的设计、管理和应用,以便能够胜任信息系统的设计、开发与应用工作。

1.2　数据库技术三个发展阶段

1.2.1　人工管理阶段

　　计算机没有应用到数据管理领域之前,数据管理的工作是由人工完成的。这种数据处理方式经历了很长一段时间。

　　20 世纪 50 年代中期以前,计算机主要用于科学计算。当时的硬件状况是外存只有纸带、卡片、磁带,没有磁盘等直接存取的存储设备;软件状况是没有操作系统,没有管理数据的软件,因此,称这样的数据管理方式为人工管理数据。人工管理数据具有如下特点:

①数据不保存。由于当时计算机主要用于科学计算,一般不需要将数据长期保存,只是在计算某一课题时将数据输入,用完就撤走。若要用计算机统计分析全校每一门课的成绩,就要编写统计分析程序,在运行该程序时读入相应的学生选修课程成绩单等数据,计算完成后数据和程序都撤走,不再在计算机中保存。

②数据不共享。数据是面向应用的,一组数据只能对应一个程序。当多个应用程序涉及某些相同的数据时,由于必须各自定义,无法互相利用、互相参照,因此程序与程序之间有大量的冗余数据。

③数据不具有独立性。数据的逻辑结构或物理结构改变后,必须对应用程序做相应的修改,这就进一步加重了程序员的负担。

④应用程序管理数据。数据需要由应用程序自己管理,没有相应的软件系统负责数据的管理工作。应用程序中不仅要规定数据的逻辑结构,而且要设计物理结构,包括存储结构、存取方法、输入方式等,因此,这增加了程序员的负担。

这一阶段应用程序与数据之间的对应关系如图 1-2 所示。

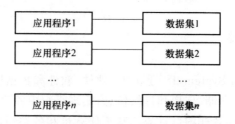

图 1-2   人工管理阶段应用程序与数据之间的对应关系

1.2.2   文件系统阶段

20 世纪 50 年代中期至 60 年代中期,由于计算机大容量存储设备(如磁盘、磁鼓)的出现,推动了软件技术的发展,而操作系统的出现标志着数据管理步入一个新的阶段。数据以文件为单位存储在外存,且由操作系统统一管理,操作系统为用户使用文件提供了友好的界面。这一阶段的主要特点是计算机中有了专门管理数据的软件(操作系统的文件管理模块),文件的逻辑结构与物理结构脱钩,程序和数据分离,使数据与程序有了一定的独立性。用户的程序与数据可分别存放在外存储器上,各个应用程序可以共享一组数据,实现了以文件为单位的共享。

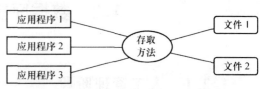

图 1-3   文件系统中程序与数据的关系

但是,由于数据的组织仍然是面向程序,所以存在大量的数据冗余,且数据的逻辑结构不能方便地修改和扩充。数据逻辑结构的每一点微小改变,都会影响到应用程序。由于文件之间相互独立,因而它们不能反映现实世界中事物之间的联系。图 1-3 所示为文件系统中程序与数据的关系。

以文件方式管理数据是数据管理的一大进步,即使是数据库方式也是在文件系统基础上发展起来的。可归纳这一阶段数据管理的特点如下:

①数据需要长期保留在外存上供反复使用。由于计算机大量用于数据处理,经常对文件进行查询、修改、插入和删除等操作,所以数据需要长期保留,以便反复操作。

②数据的存取基本以记录为单位。文件系统是以文件、记录和数据项的结构组织数据的。文件系统的基本数据存取单位是记录,即文件系统按记录进行读/写操作。在文件系统中,只有通过对整条记录的读取操作,才能获得其中数据项的信息,而不能直接对记录中的数据项进行数据存取操作。

③程序和数据之间有了一定的独立性。操作系统提供了文件管理功能和访问文件的存取方法,程序和数据之间有了数据存取的接口,程序可以通过文件名直接存取数据,不必再寻找数据的物理存放位置。至此,数据有了物理结构和逻辑结构的区别,但此时程序和数据之间的独立性还不够充分。

④文件的形式已经多样化。由于已经有了直接存取的存储设备,文件也就不再局限于顺序文件,出现了索引文件、链表文件等。因此,对文件的访问可以是顺序访问,也可以是直接访问。

1.2.3 数据库系统阶段

从 20 世纪 60 年代后期开始,计算机应用于管理的规模越来越大,随着网络的发展,数据共享的需求也日益增加,计算机软硬件功能越来越强,从而发展了数据库技术。特别是关系型数据库技术已经非常成熟并且广泛地应用于企事业各部门的信息管理中,如事务处理系统、地理信息系统(GIS)、联机分析系统、决策支持系统、企业资源计划(ERP)、客户关系管理(CRM)、数据仓库和数据挖掘系统等都是以数据库技术作为重要支撑的。数据库系统阶段的主要特点如下。

①数据结构化:用特定的数据模型来表示事物及事物之间的联系。

②数据共享性高:减少数据冗余,减少更新异常。

③数据独立性强:程序和数据相对独立。

④数据粒度小:粒度单位是记录中的数据项,粒度越小处理速度就越快、越方便。

⑤统一的管理和控制:数据定义、操作和控制由数据库管理系统(Data Base Management System,DBMS)统一管理和控制。例如,Access、Oracle 和 SQL Server 等数据库管理系统软件。

⑥独立的数据操作界面:DBMS 提供管理平台,通过命令或界面(菜单、工具栏、对话框)对数据库进行访问和处理。

图 1-4 数据库管理阶段应用程序与数据之间的对应关系

图 1-4 所示为数据管理阶段应用程序与数据之间的对应关系。

1.3　数据描述和数据模型

1.3.1　数据描述的三个世界

数据库管理系统 DBMS(DataBase Manager System)是采用数据模型来为现实世界的数据建模,这其中涉及 3 个世界:现实世界,信息世界和机器世界。现实世界、信息世界和机器世界这三个领域是由客观到认识,由认识到使用管理的三个不同层次,后一领域是前一领域的抽象描述。关于三个领域之间的术语对应关系,见表 1-1。

表 1-1　信息的三个世界术语的对应关系表

现实世界	信息世界	机器世界
事物总体	实体集	文件
事物个体	实体	记录
特征	属性	数据项
事物之间的联系	概念模型	数据模型

信息的三个世界的联系和转换过程如图 1-5 所示。

图 1-5　信息的三个世界的联系和转换过程

1. 现实世界

现实世界是由各种事物以及事物之间错综复杂的联系组成的,计算机不能直接对这些事物和联系进行处理。计算机能处理的内容仅是一些数字化的信息,因此必须对现实世界的事物进行抽象,并转化为数字化的信息后才能在计算机上进行处理。比如,我们现在所处的这个世界就是现实世界,人与人之间有联系,物与物也有联系。

2. 信息世界

信息世界是现实世界在人脑中的反映。现实世界中的事物、事物特性和事物之间的联系在信息世界中分别反映为实体、实体的属性和实体之间的联系。

(1)实体

实体(Entity)是客观存在的可以相互区别的事物或概念。实体可以是具体的事物,也可以是抽象的概念。例如,一个工厂、一个学生是具体的事物,教师的授课、借阅图书、比赛等活动是抽象的概念。

（2）属性

描述实体的特性称为属性（Attribute）。一个实体可以用若干个属性来描述，如学生实体由学号、姓名、性别、出生日期等若干个属性组成。实体的属性用型（Type）和值（Value）来表示，例如，学生是一个实体，学生姓名、学号和性别等是属性的型，也称属性名，而具体的学生姓名如"张三"，具体的学号如"20110101"，描述性别的"男、女"等是属性的值。

（3）域

属性的取值范围称为该属性的域（Domain）。例如，姓名属性的域定为4个汉字长的字符串，职工号定为7位整数等，性别的域为（男，女）。

（4）码

唯一标识实体的属性或属性集称为码（Key）。例如，学生的学号是学生实体的码。

（5）实体型

具有相同属性的实体必然具有共同的特征和性质，用实体名及其属性名的集合来抽象和刻画同类实体，称为实体型（Entity Type）。例如，学生（学号，姓名，性别，出生日期，系）就是一个实体型。

（6）实体集

同类实体的集合称为实体集（Entity Set）。例如，所有学生、一批图书等。

（7）联系

联系（Relationship）包括实体内部的联系与实体之间的联系。实体内部的联系指实体的各个属性之间的联系，实体之间的联系指不同实体集之间的联系。例如实体内部的联系，"教工"实体的"职称"与"工资等级"属性之间就有一定的联系（约束条件），教工的职称越高，往往工资等级也就越高。实体之间的联系比如说"教师"实体和"课程"实体，教师授课。

3. 机器世界

信息世界中的信息经过转换后，形成计算机能够处理的数据，就进入了机器世界（也称计算机世界，数据世界）。事实上，信息必须要用一定的数据形式来表示，因为计算机能够接受和处理的只是数据。

（1）数据项（Item）

标识实体属性的符号集。

（2）记录（Record）

数据项的有序集合。一个记录描述一个实体。

（3）文件（File）

同一类记录的汇集。描述实体集。

（4）键（Key）

标识文件中每个记录的字段或集。

1.3.2 数据模型分类

数据库系统的核心是数据库。由于数据库是根据数据模型建立的，因此数据模型是数据库系统的基础。

模型是对现实世界的抽象。在数据库技术中,用模型的概念描述数据库的结构与语义,对现实世界进行抽象。即数据模型是现实世界数据特征的抽象,是用来描述数据的一组概念和定义。换言之,数据模型是能表示实体类型及实体间联系的模型。

数据模型的种类很多,按照不同的应用层次可将其划分为概念数据模型和逻辑数据模型,如图 1-6 所示。

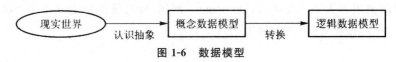

图 1-6　数据模型

1. 概念数据模型

概念数据模型简称为概念模型。概念模型是基于实体对象的数据模型,使用了实体、属性和联系等概念。

概念模型也称信息模型,是对现实世界的第一层抽象,是面向现实世界、用户的数据模型。该模型完全不涉及信息在计算机中的表示,只是用来描述某个特定组织所关心的信息结构。概念数据模型注重于对现实世界复杂数据的结构描述及其相互之间内在联系的刻画,强调其语义表达能力和便于用户和数据库设计人员之间的交流。

概念模型是按用户的观点来对数据进行建模,强调的是语义表达能力,是对真实世界中问题域内事物的描述,是数据库设计的有力工具。概念模型不依赖于具体的计算机系统,它纯粹反映信息需求的概念结构。图 1-7 为数据库系统数据模型的抽象和解释的过程示意图。

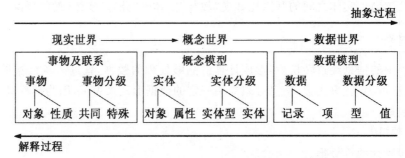

图 1-7　数据库系统数据模型的抽象和解释过程示意图

概念模型的设计方法很多,其中最早出现的、最著名的、最常用的方法便是实体-联系方法(Entity-Relationship Approach,E-R 方法),即使用 E-R 模型图来表示现实世界的概念模型。

E-R 数据模型是实体-联系(entity-relationship)数据模型的缩写,由 Peter Chen 于 1976 年首先提出的一种使用实体-联系图表示数据逻辑关系的概念数据模型。E-R 数据模型首先从现实世界中抽象出实体类型和实体间的联系,然后使用图形符号来表示实体及其联系。E-R 图是 E-R 模型的直观表示形式,是用于表示现实世界中实体及其联系的一种信息结构图。

E-R 数据模型的基本思想是:首先设计一个概念模型,它是现实世界中实体及其联系的一种信息结构,并不依赖于具体的计算机系统,与存储组织、存取方法、效率等无关,然后再将概念模型转换为计算机上某个数据库管理系统所支持的逻辑数据模型。可以说,概念模型是现实世界到计算机世界的一个中间层。在 E-R 模型中只有实体、联系和属性三种基本成分,所以简单易懂、便于交流。

在使用 E-R 模型方法设计数据库系统逻辑结构时,通常可分为两步:第一步,将现实世界的信息及其联系用 E-R 图描述出来,这种信息结构是一种组织模式,与任何一个具体的数据库系统无关;第二步,根据某一具体系统的要求,将 E-R 图转换成由特定的数据库管理系统(DBMS)支持的逻辑数据结构。

E-R 模型包含 3 个基本要素:实体、属性和联系。

(1)实体

实体(entity)是可区别且可被识别的客观存在的事、物或概念,它是一个数据对象。例如,一把椅子、一个学生、一个产品、一个部门等都是一个实体。具有共性的实体可划分为实体集。实体的内涵用实体类型表示。在 E-R 图中,实体以矩形框表示,实体名写在框内。

(2)属性

属性(attribute)是实体所具有的特性或特征。一个实体可以有多个属性,例如,一个大学生有学生的姓名、学号、性别、出生年月、所属学校、院、系、班级、健康情况等属性。在 E-R 图中,属性以椭圆形框表示,属性名写在其中,并用线与相关的实体或联系相连接,表示属性的归属。对于多值属性可以用双椭圆形框表示,而派生属性则可以用虚椭圆形框表示。不但实体有属性,联系也可以有属性。

以学校实验室为实例,画出该学校实验室教学系统的 E-R 图,如图 1-8 所示。E-R 模型是各种数据模型的共同基础,也是现实世界的纯粹表示,它比数据模型更一般、更抽象、更接近现实世界。

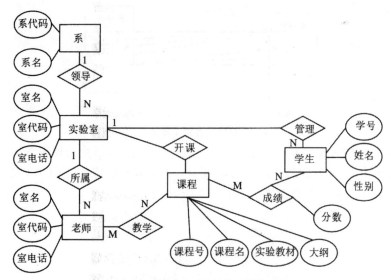

图 1-8　学校实验室教学系统 E-R 图

唯一标识实体集中的一个实体,又不包含多余属性的属性集称为标识属性,如实体"学生"的标识属性为"学号"。实体的一个重要特性是能够唯一地标识。

(3)联系

联系(relationship)表示一个实体集中的实体与另一个实体集中的实体之间的关系,例如,隶属关系、亲属关系、上下级关系、成员关系等。联系以菱形框表示,联系名写在菱形框内,并用连线分别将相连的两个实体连接起来,可以在连线旁写上联系的方式。通常,根据联系的特点和相关程度,联系可分为以下四种基本类型。

①一对一联系。一对一联系(1∶1)是指实体集 A 中的一个实体至多对应实体集 B 中的一个实体。例如,班级和正班长之间的联系,如图1-9所示。

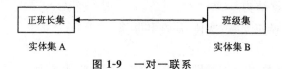

图 1-9　一对一联系

②一对多联系。一对多联系(1∶n)是指实体集 A 中至少有一个实体对应于实体集 B 中的一个以上的实体。例如,班级与学生,每个班级有多名学生等,如图1-10所示。

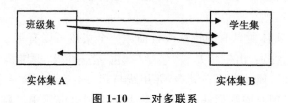

图 1-10　一对多联系

③多对多联系。多对多联系(m∶n)是指实体集 A 中至少有一个实体对应于实体集 B 中的一个以上的实体,且实体集 B 中至少有一个实体对应于实体集 A 中的一个以上的实体,则称实体集 A 与实体集 B 具有多对多联系,记为 m∶n。例如,学生与课程,每个学生选修多门课程,一门课程可供多名学生选读,如图1-11所示。

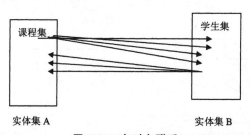

图 1-11　多对多联系

$m∶n$ 联系是实体关系中更为一般的关系,如教师与学生,学生与课程等。1∶1 和 1∶m 的联系都可归为 $m∶n$ 联系的特例。1∶1 联系是 1∶m 联系的特例,而 1∶n 又是 $m∶n$ 联系的特例,他们之间的关系是包含关系,如图1-12所示。

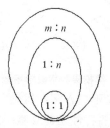

图 1-12　3 种联系的关系

④条件联系。条件联系是指仅在某种条件成立时,实体集 A 中有一个实体对应于实体集

B 中的一个实体,当条件不成立时没有这种对应关系。例如,职工姓名与子女姓名,仅当该职工有子女这个条件成立时,才有确定的子女姓名,对于没有子女的职工,其子女姓名为空。

属性又可分为原子属性和可分属性,前者是指不可再分的属性,后者则是还可以细分的属性。例如,在学生的属性中,学生的姓名、性别、出生年月、所属学校、院、系、班级都是原子属性,而健康情况则是可再细分为身高、体重、视力、听力等属性的可分属性。

实体型之间的一对一、一对多、多对多联系不仅存在于两个实体型之间,也存在于两个以上的实体型之间。同一个实体集内的各实体之间也可以存在一对一、一对多、多对多的联系。表 1-2 给出了学籍管理实体联系概念模型的基本术语理解。

表 1-2　学籍管理实体联系概念模型的基本术语理解

实体		学生	课程	成绩
实体型	属性	学号、姓名、性别、出生年月、入学时间、专业、电话、地址	课程号、课程名、考试、开课学期、学分、学时	学号、课程号、成绩
属性值(个例)		学号为"090344007",姓名为"张天天"	课程名为"行为艺术",学分为7	学号为"090344007",课程号为"070007",成绩为97
域(个例)		学号为字符类型,字符数不超过10个	考试为布尔类型	成绩为数值类型,范围为0~100
码		学号	课程号	学号、课程号
实体集		所有学生信息	所有课程信息	所有学生成绩信息
联系		其中,学生与成绩是一对多联系($1:n$):一个学生可以选多门课,有多门课程的成绩;课程与成绩是一对多联系($1:n$):一门课程可以有多个选择此课程学生的成绩;学生与课程是多对多联系($m:n$):一个学生可以选多门课,一门课程可有多个学生选		

2. 逻辑数据模型

逻辑数据模型(Logical Data Model,LDM)也称结构数据模型(Structural Data Model),逻辑数据模型直接面向数据库的逻辑结构,是对现实世界的第二层抽象。此类数据模型直接与 DBMS 有关,有严格的形式化定义,便于在计算机系统中实现。此类模型通常有一组严格定义的无二义性语法和语义的数据库语言,人们可以用这种语言来定义、操纵数据库中的数据。这一类数据模型有层次模型、网状模型和关系模型等。

对于数据模型而言,应该能够比较真实地模拟现实世界,容易被人们所理解,并且便于在计算机上实现。但是,一种数据模型要能够很好地满足上述要求在目前来看还比较困难。因此,在数据库系统中,针对不同的使用对象和应用目的,应该采用不同的数据模型。

1.3.3　数据模型组成要素

数据库专家 E. F. Codd(美国 IBM 公司 San Jose 研究室的研究员)认为:一个基本数据模

型是一组向用户提供的规则,这些规则规定数据结构如何组织以及允许进行何种操作。

模型是对现实世界的抽象,在数据库技术中,模型是一组严格定义的概念的集合。数据库管理系统的一个主要功能就是将数据组织成一个逻辑集合,为系统定义该集合的数据及其联系的过程称为数据建模,其使用技术与工具则称为数据模型。数据模型就是关于数据的数学表示,包括数据的静态结构和动态行为或操作,结构又包括数据元素和元素间的关系的表示。这些概念精确地描述了系统的静态特性、动态特性和完整性约束条件(Integrity Constraints)。通常,一个数据库的数据模型由数据结构、数据操作和数据的约束条件三部分组成。

1. 数据结构

数据结构是数据模型最基本的组成部分,它描述了数据库的组成对象以及对象之间的联系。一般由两部分组成:①与对象的类型、内容、性质有关的,如网状模型中的数据项、记录,关系模型中的域、属性、关系等。②与数据之间联系有关的对象,如网状模型中的系型。

在数据库系统中,通常人们都是按照其数据结构的类型来命名数据模型的,如层次结构、网状结构和关系结构的数据模型分别命名为层次模型、网状模型和关系模型。

2. 数据操作

数据操作是指一组用于指定数据结构的任何有效的操作或推导规则,包括操作及有关的操作规则。常见的数据操作主要有两大类:检索和更新(包括插入、删除、修改)、数据模型定义的操作。数据模型要给出这些操作确切的含义、操作规则和实现操作的语言。因此,数据操作规定了数据模型的动态特性。

3. 完整性约束

完整性约束条件是一系列完整性规则的集合。完整性规则是给定的数据模型中数据及其联系所具有的制约和依存规则,用于限定符合数据模型的数据库状态以及其变化,以确保数据正确、有效地相容。

完整性约束的定义对数据模型的动态特性做了进一步的描述与限定。因为在某些情况下,若只限定使用的数据结构及可在该结构上执行的操作,仍然不能确保数据的正确性、有效性和相容性。为此,每种数据模型都规定了通用和特殊的完整性约束条件。

①通用的完整性约束条件:通常把具有普遍性的问题归纳成一组通用的约束规则,只有在满足给定约束规则的条件下才允许对数据库进行更新操作。例如,关系模型中通用的约束规则是实体完整性和参照完整性。

②特殊的完整性约束条件:把能够反映某一应用所涉及的数据所必须遵守的特定的语义约束条件定义成特殊的完整性约束条件。例如,关系模型中特殊的约束规则是用户定义的完整性。数据结构、数据操作和数据的约束条件又称为数据模型的三要素。

1.4　数据库系统体系结构与组成

1.4.1　数据库体系结构

数据库体系结构是数据库的一个总的框架,大多数的数据库系统都具有三级结构,如图1-13所示。这个三级结构也称为数据库的体系结构,或三级模式结构,即概念模式、外模式、内模式。

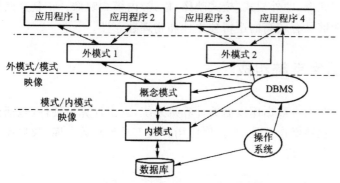

图 1-13　数据库的三级模式结构

1. 概念模式

概念模式(Conceptual Schema)也称逻辑模式,对应于概念级数据库,是数据库管理员对数据库整体的逻辑描述,也是所有用户的公共数据视图。

一般来说,一个数据库只有一个模式。模式是数据库系统模式结构的中间层,既不涉及数据的物理存储细节和硬件环境,也不涉及具体的应用程序、所使用的应用开发工具及高级程序设计语言。

2. 外模式

外模式(External Schema)也称子模式或用户模式,是数据库用户能够看见和使用的局部数据的逻辑结构和特征的描述,是数据库用户的数据视图,是与某一应用有关的数据的逻辑表示。

外模式是从模式中导出的一个子集,包含模式中允许特定用户使用的那部分。一个数据库可以有多个外模式,用于表示用户所理解的实体、实体属性和实体间的联系。外模式对应于用户级数据库,是用户使用的数据库,用户可以通过系统给定的外模式,用查询语言或应用程序来描述、定义和操纵对应于用户的数据记录。由于不同用户的需求相差很大,看待数据的方式也与所使用的数据内容各不相同,对数据的保密性要求也各有差异,因此,不同用户的外部模式也不同。

3. 内模式

内模式(Internal Schema)也称存储模式,对应于物理级,是数据物理结构和存储方式的描述,同时也是数据在数据库内部的表示方式。此外,数据是否加密,是否压缩存储等内容也可以在内模式中加以说明。

一般来说,一个数据库只有一个内模式。DBMS 提供了内模式描述语言(内模式 DDL,或存储模式 DDL)来严格定义内模式。

数据库系统的三级模式时对数据进行的 3 个级别的抽象,使用户能逻辑地、抽象地处理数据,而不必关心数据在机器中的具体表示方式和存储方式。而这三级结构之间往往具有很大的差别。为了能够在系统内部实现这 3 个抽象层次的联系和转换,数据库管理系统在这三级模式之间提供了两层映像,即外模式/模式映像;模式/内模式映像。正是这两层映像保证了数据库系统中的数据能够具有较高的逻辑独立性和物理独立性。

1.4.2 数据库系统组成

数据库系统是一个引入数据库以后的计算机系统,它由计算机硬件(包括计算机网络与通信设备)及相关软件(包括操作系统、数据库应用开发工具等)、数据库、数据库管理系统和人员组成,具体可见图 1-14 所示。

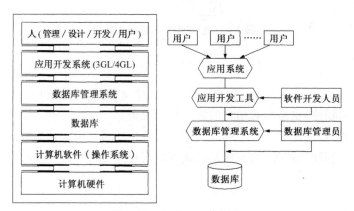

图 1-14　数据库系统组成

由于数据库系统建立在计算机硬件基础之上,它在必需的硬件资源支持下才能工作,因此系统的计算机设备配制情况是影响数据库运行的重要因素。支持数据库系统的计算机硬件资源包括计算机(服务器及客户机)、数据通信设备(计算机网络和多用户数据传输设备)及其他外围设备(特殊的数据输入/输出设备,如图形扫描仪、大屏幕的显示器及激光打印机)。

数据库系统数据量大、数据结构复杂、软件内容多,因而要求其硬件设备能够处理和快速处理它的数据。这就需要硬件的数据存储容量大、数据处理速度和数据输入/输出速度快。在进行数据库系统的硬件配置时,应注意以下三方面的问题。

第一,计算机内存要尽量大。由于数据库系统的软件构成复杂,它包括操作系统、数据库管理系统、应用程序及数据库,工作时它们都需要一定的内存作为程序工作区或数据缓冲区。

所以,数据库系统与其他计算机系统相比需要更多的内存支持。计算机内存的大小对数据库系统性能的影响是非常明显的,内存大就可以建立较多较大的程序工作区或数据缓冲区,以管理更多的数据文件和控制更多的程序过程,进行比较复杂的数据管理和更快地进行数据操作。每种数据库系统对计算机内存都有最低要求,如果计算机内存达不到其最低要求,系统将不能正常工作。

第二,计算机外存也要尽量大。由于数据库中的数据量大和软件种类多,必然需要较大的外存空间来存储其数据文件和程序文件。计算机外存主要有软磁盘、磁带和硬盘,其中硬盘是最主要的外存设备。数据库系统要求硬盘的数据容量尽量大些,硬盘大会带来以下三个优点:①可以为数据文件和数据库软件提供足够的空间,满足数据和程序的存储需要;②可以为系统的临时文件提供存储空间,保证系统能正常运行;③数据搜索时间就会越短,从而加快数据存取速度。

第三,计算机的数据传输速率要快。由于数据库的数据量大而操作复杂度不大,数据库工作时需要经常进行内存、外存的交换操作,这就要求计算机不仅有较强的通道能力,而且数据存取和数据交换的速率要快。

虽然计算机的运行速率由 CPU 计算速率和数据 I/O 的传输速率两者决定,但是对于数据库系统来说,加快数据 I/O 的传输速率是提高运行速度的关键,提高数据传输速率是提高数据库系统效率的重要指标。

从数据库系统组成和数据库管理系统功能来考虑各模块之间的关系,数据库系统的全局结构如图 1-15 所示。

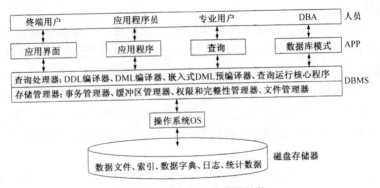

图 1-15　数据库系统全局结构

简单地说,数据库是按照数据结构来组织、存储和管理数据的仓库。严格地说,数据库是结构化的相关数据的集合。这些数据是按一定的结构和组织方式存储在外存储器上的,具有最小的数据冗余,可供多个用户共享,为多种应用服务。数据的存储独立于使用它的程序。对数据库进行数据的插入、修改和检索均能按照一种通用的和可控制的方式进行。

数据库管理系统(Data base Management System,DBMS)是在操作系统支持下的管理数据的软件,是整个数据库系统的核心。主要负责对数据的统一管理,提供以下基本功能:对数据进行定义;建立数据库;进行插入、删除、修改、查询等操作;数据库的维护、控制;对数据的排序、统计、分析、制表等。并构架了一个软件平台和工作环境,提供了多种操作工具和命令,使得用户可以在方便友好的界面上实现和完成各种功能。

软件方面包括操作系统、数据库引擎和作为应用程序的高级语言以及编译系统等。目前，应用程序是用第三代编程语言（3GL）编写的，典型的数据库应用开发环境如 Delphi、C++ Builder、PowerBuilder、Visual Basic、Visual C++、JBuilder、C#Builder 以及.Net 等，或者使用嵌入到 3GL 中的第四代编程语言（4GL）编写，如 SQL。

数据库系统的人员由软件开发人员、软件使用人员及软件管理人员组成。软件开发人员包括系统分析员、系统设计员及程序设计员，他们主要负责数据库系统的开发设计工作；软件使用人员即数据库最终用户，他们利用功能选单、表格及图形用户界面等实现数据查询及数据管理工作；软件管理人员称为数据库管理员（Data Base Administrator，DBA），他们负责全面地管理和控制数据库系统。

数据库管理员（DBA）的职责如下：

①数据库管理员应参与数据库和应用系统的设计。数据库管理员只有参与数据库及应用程序的设计，才能使自己对数据库结构及程序设计方法了解得更清楚，为以后的管理工作打下基础。同时，由于数据库管理员是用户，他们对系统应用的现实世界非常了解，能够提出更合理的要求和建议，所以有数据库管理员参与系统及数据库的设计可以使其设计更合理。

②数据库管理员应参与决定数据库的存储结构和存取策略的工作。数据库管理员要综合各用户的应用要求，与数据库设计员共同决定数据的存储结构和存取策略，使数据的存储空间利用得更合理，存取效率更高。

③数据库管理员要负责定义数据的安全性要求和完整性条件。数据库管理员的重要职责是保证数据库的安全性和数据完整性，应负责定义各用户的数据使用权限、数据保密级别和数据完整性的约束条件。

④数据库管理员负责监视和控制数据库系统的运行，并负责数据库系统的日常维护和数据恢复工作。数据库管理员要负责监视系统的运行，及时处理系统运行过程中出现的问题，排除系统故障，保证系统能够正常工作。在日常工作中，数据库管理员要负责记录数据库使用的"日志文件"，通过日志文件了解数据库的被使用和更改的情况。数据库管理员还要定期对数据进行"备份"，为以后的数据使用（即处理历史数据）和数据恢复做准备。当系统由于故障而造成数据库被破坏时，数据库管理员要根据日志文件和数据备份进行数据恢复工作，使数据库能在最短的时间恢复到正确状态。

⑤数据库管理员负责数据库的改进和重组。数据库管理员负责监视和分析系统的性能，使系统的空间利用率和处理效率总是处于较高的水平。当发现系统出现问题或由于长期的数据插入、删除操作造成系统性能低时，数据库管理员要按一定策略对数据库进行改造或重组工作。当数据库的数据模型发生变化时，系统的改造工作也由数据库管理员负责进行。

1.5　数据库技术发展趋势

基于新的应用需求的不断出现，数据库呈现出了新的发展趋势。当前数据库系统发展是万维网与数据库的进一步融合，数据库与信息检索的融合，根据应用背景，数据模型，相关技术产生了多种数据库的分支，如空间数据库，多媒体数据库、面向对象数据库、Web 数据库，以及数据仓库等的应用。如图 1-16 所示。

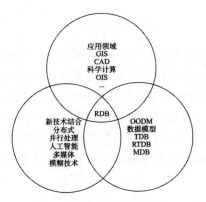

图 1-16　数据库新技术①

在数据库的发展过程中产生了许多新的热点,如空间数据库分析、数据挖掘、数据的异构性、移动数据管理等。

1. 空间数据分析

随着通信技术的发展,许多与空间有关的设备和技术不断产生,如 iPhone、3G 手机等,它们中积累了大量的空间数据,如何分析、处理这些空间数据是一个非常重要的研究热点。

2. 数据挖掘

数据挖掘是一个从存放在数据库、数据仓库或其他信息库中的大量数据中提取或挖掘有趣知识的过程。目前,数据挖掘从广度和深度方面都有了很大的进步,特别是其与商业的合作,使得数据挖掘在商业智能方面的研究称为一个很重要的领域。

3. 移动数据管理

移动设备的大量普及,使得人们越来越希望能够在任何地点都能接入信息网络方便地接收和处理各种业务数据,基于这种需要移动计算技术应运而生,它使计算机或其他信息智能终端设备在无线环境下实现数据传输及资源共享,将有用、准确、及时的信息提供给任何时间、任何地点的任何客户,从而极大地改变人们的生活方式和工作方式。

4. 工作流数据库技术

工作流管理系统是为了支持企业内的商务处理而提出的。通常,一个工作流模型就是一个有向无环图,结点表示步骤,边表示不同步骤间的控制和数据流。而整个工作流管理系统则可以看作是一个组织、控制、调度和监督全生产过程的商务处理系统,其涉及人员、活动和数据等各种因素。由于工作流管理系统是基于数据库技术发展而来的,因而对传统数据库技术提

---

① 王占全,张静,郑红等.高级数据库技术[M].上海:华东理工大学出版社,2011:40～43.

出了新的要求,包括长事务支持和对共享数据库访问的同步协调。

5. 移动对象数据库技术

移动对象数据库研究的目标是允许用户在数据库中表示移动实体,并执行有关移动的查询。由于移动对象本质上是随时间而变化的几何实体。因此,它又被认为是一种特殊类型的时空数据库。当然,由于移动对象强调几何实体随时间连续变化,因此,其与早期仅支持离散变化的时空数据库是不同的。移动对象数据库可以同时支持离散变化和连续变化两种变化。

此外,还有许多新的数据库技术,如时态数据库、空间数据库、移动对象数据库等,在本书的后面章节中将会对几种比较有代表性的新技术进行详细叙述。

第 2 章 关系理论

2.1 关系数据模型

所谓关系数据库就是采用关系模型作为数据的组织方式,换句话说就是支持关系模型的数据库系统。其模型组成如图 2-1 所示。

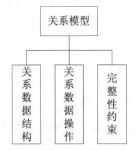

图 2-1 关系数据库模型组成

关系模型具有以下特点:

①结构简单,表达力强。在关系模型中,实体集和实体集间的联系都用关系来表示,不用人为设置指针。在基于关系模型的数据库系统中,采用关系数据操纵的方法,该方法简单明确,有很强的描述能力,并且独立于系统内的物理因素,用户透明度高,易于理解和掌握,是目前较为理想的一种数据模型。

②语言的一体化。关系模型中,数据模式的描述与数据操纵融于一体,用一种统一的语言表示,从而使得关系模型的数据语言一体化,简化了数据语言,极大地方便了用户的使用。

③非过程化的操作。在关系模型中,用户不必了解系统内的数据存取路径,只需提出干什么,而不必具体指出该怎么干。

④坚实的数学基础。关系模型以关系代数为基础,具有坚实的理论支撑,其特点是可用数学方法来表示关系模型系统,为进一步发展关系模型系统创造了条件。

⑤操作效率较低。在关系模型的操作中,关系的连接是在操作时临时生成的,占据了大量的时间,因而操作效率较低,提高操作效率仍是关系模型系统研究的内容之一。

关系数据库是以关系模型为基础的数据库。关系模型是一种数据模型,它和一般的数据模型一样,按照数据模型的 3 个要素,由关系数据结构、关系操作集合和关系完整性约束三部分组成。

20 世纪 80 年代以来，新推出的数据库管理系统几乎都支持关系模型，非关系系统的产品也都加上了关系接口，关系数据库成为市场上最流行、也最重要的数据库类型。目前，数据库领域的研究和开发工作也几乎都以关系方法为基础。

2.1.1 关系数据结构

关系模型的数据结构非常简单，无论是现实世界中的实体还是联系，在关系模型中都用一个统一的概念——关系（表）表示。关系有着基于集合论的严格定义。

关系模型的基本概念是域，域是具有相同数据类型的值的集合。如整数域是所有整数的集合，实数域是所有实数的集合等。若域中元素个数有限，则元素个数称为域的基数。

多个域可进行笛卡尔积运算。域 $D_1,D_2,\cdots,D_n$ 的笛卡尔积定义为：

$$D_1 \times D_2 \times \cdots \times D_n = \{(d_1,d_2,\cdots,d_n) \mid d_i \in D_i, i=1,2,\cdots,n\}$$

其中，$D_1,D_2,\cdots,D_n$ 中的某些域可能相同。笛卡尔积可形象地用一个二维表来表示，笛卡尔积中的每个元素 $(d_1,d_2,\cdots,d_n)$ 称为一个 n 元组，对应于表中的一行；组成笛卡尔积的每个域对应表中的一列；而每个元组中的每个值 d_i 称为一个分量，对应于表中的一个单元格。

如给定以下的域：

$D_1 = \{$数据结构，算法$\}$

$D_2 = \{$张三，李四$\}$

$D_3 = \{9-117, 9-201, 9-135\}$

则 D_1, D_2 与 D_3 的笛卡尔积如表 2-1 所示。

表 2-1 域 D_1, D_2 与 D_3 的笛卡尔积

D_1	D_2	D_3
数据结构	张三	$9-117$
数据结构	张三	$9-201$
数据结构	张三	$9-135$
数据结构	李四	$9-117$
数据结构	李四	$9-201$
数据结构	李四	$9-135$
算法	张三	$9-117$
算法	张三	$9-201$
算法	张三	$9-135$
算法	李四	$9-117$
算法	李四	$9-201$
算法	李四	$9-135$

关系是笛卡尔积的子集，即域 $D_1, D_2, \cdots, D_n$ 上的关系为笛卡尔积 $D_1, D_2, \cdots, D_n$ 的子集。关系中域的个数称为关系的度或元，一个包含 n 个域的关系通常称为 n 元关系。为便于区别，需要为每个关系指定一个名字。由于关系是笛卡尔积的子集，因此也是一个二维表。同样为便于区分，需要为关系中的每个列指定一个名字，称为属性。一个拥有 n 个属性 $A_1, A_2, \cdots,$ A_n 的名为 R 的关系通常表示为 $R(A_1, A_2, \cdots, A_n)$，如表 2-2 中域 $D_1, D_2, \cdots, D_n$ 上的一个关系 R 拥有三个属性 course、teacher 和 classroom，记为 R(course, teacher, classroom)。

表 2-2　域 $D_1, D_2, \cdots, D_n$ 上的关系 R

Course	Teacher	Classroom
数据结构	张三	9－117
数据结构	李四	9－201
算法	李四	9－135

若关系中某些属性的值组合起来能够唯一确定关系中的一个元组，则称该属性集合为关系的一个超键。一个关系至少拥有一个超键，即关系中所有属性的集合，但还可能拥有更多的超键。有一类特殊的超键，它的所有真子集都不构成一个超键，称之为候选键。如对于关系 R，属性集{course, teacher}为一个候选键（即课程及授课老师确定了，则上课地点也随之确定）。与超键类似，一个关系也至少拥有一个候选键。可以从关系的候选键中选择一个作为关系的主键，主键包含的属性称为主属性，其他属性称为非主属性。在关系定义中主属性用下划线表示，如标识了主属性的关系 R 表示如下：

$$R(course, teacher, classroom)$$

在存在多个关系时，可以要求其中一个关系（设为 R）的某些属性的值要能够在另一属性（设为 S）的主键中找到对应的值，这时 R 中的这些属性称为尺的一个外键。外键构成关系模型的参照完整性。

2.1.2　关系操作

关系操作采用集合操作方式，即操作的对象和结果都是集合。这种操作方式也称为一次一集合的方式。相应地，非关系数据模型的数据操作方式则称为一次一记录的方式。

关系模型中常用的关系操作分为数据查询和数据更新两大部分。其中数据查询包括选择、投影、连接、除、广义笛卡尔积、并、交、差等操作，数据更新包括增加、删除、修改等操作。查询的表达能力是其中最主要的部分。

关系模型中的关系操作能力早期通常是用关系代数或逻辑方式来表示，分别称为关系代数和关系演算。关系代数是用对关系的运算来表达查询要求的方式。关系演算是用谓词来表达查询要求的方式。关系代数和关系演算在表达能力上是完全等价的。

关系代数和关系演算均是抽象的查询语言，这些抽象的语言与具体的 DBMS 中实现的实际语言并不完全一样。但它们能用作评估实际系统中查询语言能力的标准或基础。

实际的查询语言除了提供关系代数或关系演算的功能外，还提供了许多附加功能，例如，集函数、关系赋值、算术运算符等。关系语言是一种高度非过程化的语言,用户不必请求 DBA 为它建立特殊的存取路径,存取路径的选择由 DBMS 的优化机制来完成,此外,用户不必求助于循环结构就可以完成数据操作。

另外还有一种介于关系代数和关系演算之间的语言,即结构化查询语言(Structured Query Language,SQL)。SQL 不仅具有丰富的查询功能,而且具有数据定义和数据控制功能,是集数据查询、数据定义、数据操纵和数据控制于一体的关系数据库语言。它充分体现了关系数据库语言的特点和优点,是关系数据库的标准语言。

在实际应用的关系数据库管理系统中所使用的查询语言功能十分强大,除了提供关系代数与关系演算的功能外,还包含了许多附加功能,如聚集函数、关系赋值、算术运算等,甚至还具备一定的编程能力。目前使用最广泛的 SQL 语言不但同时具有关系代数语言和关系演算语言的双重特点,而且具有数据定义和数据控制功能,是集查询、DDL、DML 和 DCL 于一体的关系数据语言。

2.1.3　关系的完整性约束

数据库中数据的完整性是指数据的正确性和相容性。例如在"教学管理"数据库的"成绩"表中,成绩字段在设计中采用了"单精度型"数据存储,这个范围是很大的,而且还包括负数,但实际使用中大部分课程的成绩是采用百分制来描述的,这就需要对成绩字段做进一步的范围约束。另外,"成绩"表中字段"学号"的每一个记录值必须是"教学管理"数据库的"学生"表中存在的学号值,否则就意味着数据库中存在着不属于任何一个学生的学习成绩。这与实际情况不服,是数据不完整的表现。为了保证数据库中数据的完整性,要求对创建的关系数据库提供约束机制。关系的完整性规则是对关系的某种约束条件,包括实体完整性(Entity Integrity)、参照完整性(Referential Integrity)和用户定义完整性(User-Defined Integrity)。在后面的章节中会进行分析。

2.2　关系代数

任何一种运算都是将一定的运算符作用于一定的运算对象上得到预期的运算结果,因此运算对象、运算符、运算结果是运算的三大要素。

关系代数用到的运算符包括 4 类:集合运算符、专门的关系运算符、算术比较符和逻辑运算符具体可见表 2-3 所示。

表 2-3　关系代数运算符

运算符		含义
集合运算符	∪	并
	−	差
	∩	交
	×	广义笛卡尔积
专门的关系运算符	σ	选择
	Π	投影
	⊕或▷◁	连接
	÷	除
算术比较符	>	大于
	≥	大于等于
	<	小于
	≤	小于等于
	=	等于
	≠	不等于
逻辑运算符	¬	非
	∧	与
	∨	或

2.2.1　传统的集合运算

关系代数的运算按运算符的不同可分为传统的集合运算和专门的关系运算两类。其中，传统的集合运算将关系看成元组的集合，其运算是从关系的"水平"方向即行的角度来进行，但专门的关系运算不仅涉及行而且涉及列。比较运算符和逻辑运算符是用来辅助专门的关系运算符进行操作的。

传统的集合运算包括并、交、差、广义笛卡尔积四种运算。其中，并、交、差要求 R 和 S 是相容的。

设关系 R 和 S 是相容的，是指关系 R 和关系 S 具有相同的目"（即两个关系都有 t 个属性），且相应的属性取自同一个域，其结果关系仍为 n 目关系。

1. 并运算

两个关系的并运算（Union）是指将一个关系的元组加到第二个关系中，生成新的关系。在并运算中，元组在新的关系中出现的顺序是无关紧要的，但是必须消除重复元组。并运算可

表示为

$$R \cup S = \{t \mid t \in R \lor t \in S\}$$

其结果关系仍为 n 目关系,且由于属于 R 或属于 S 的元组组成。

如图 2-2 所示 $R \cup S$ 的结果生成一个新关系,由属于 R 的或属于 S 的所有元组组成,如图 2-2(a)所示。$R \cup S$ 的具体算例如图 2-3 所示。

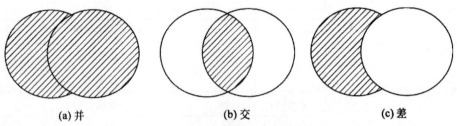

(a)并　　　　　　　　(b)交　　　　　　　　(c)差

图 2-2　集合运算并、交、差的图示

注意:①R 和 S 的并,$R \cup S$,是在 R 或 S 或两者中的元组的集合;②一个元组在并集中只出现一次;③R 和 S 必须同类型(属性集相同、次序相同,但属性名可以不同)。

2. 交运算

两个关系的交运算(Intersection)是指包含同时出现在第一和第二个关系中的元组的新关系。交运算可表示为

$$R \cap S = \{t \mid t \in R \land t \in S\}$$

其结果关系仍为 n 目关系,且由既属于 R 又属于 S 的元组组成。

关系的交可以用差来表示,即

$$R \cap S = R - (R - S)$$

$R \cap S$ 的结果生成一个新关系,由属于 R 的或属于 S 的所有元组组成,如图 2-2(b)所示。$R \cap S$ 的具体算例,图 2-3 所示。

注意:

①R 和 S 的交,$R \cap S$,是在 R 和 S 中都存在的元组的集合;②一个元组在交集中只出现一次;③R 和 S 必须同类型(属性集相同、次序相同,但属性名可以不同)。

3. 差运算

两个关系的差运算(Difference)是指包括在第一个关系中出现而在第二个关系中不出现的元组的新关系。差运算可表示为

$$R - S = \{t \mid t \in R \land t \notin S\}$$

其结果关系仍为 n 目关系,由属于 R 而不属于 S 的所有元组组成。

$R - S$ 的结果生成一个新关系,由属于 R 的或属于 S 的所有元组组成,如图 2-2(c)所示。$R - S$ 的具体算例如图 2-3 所示。

注意:

①R 和 S 的差,$R - S$,是在 R 中而不在 S 中的元组的集合;②R 和 S 必须同类型(属性集相同、次序相同,但属性名可以不同)。

两关系的交集可以通过差运算导出: $R\bigcap S=R-(R-S)$。

4. 笛卡尔运算

由于这里所指的笛卡尔积的元素是元组,因此可以将笛卡尔积定义为广义笛卡尔积(Extended Cartesian Product)。

两个分别为 n 目和 m 目的关系 R 和 S 的笛卡尔积是一个 $(n+m)$ 列的元组的集合。元组的前 n 列是关系 R 的一个元组,后 m 列是关系 S 的一个元组。例如,假设 R 有 k_1 个元组,S 有 k_2 个元组,则关系 R 和关系 S 的笛卡尔积有 $k_1\times k_2$ 个元组。记为

$$R\times S=\{\overline{t_r t_s}\,|\,t_r\in R\wedge t_s\in S\}$$

两个关系的笛卡尔积就是一个关系中的每个元组和第二个关系的每个元组的连接。结果是 R 中的每一个元组分别与 S 中的所有元组连接构成新关系 $R\times S$ 的元组。

图 2-3 所示为关系 R 和 S 的传统集合运算算例。

R

A	B	C
a_1	b_1	c_1
a_1	b_2	c_1
a_1	b_3	c_2
a_2	b_1	c_2
a_2	b_2	c_1

S

A	B	C
a_1	b_2	c_1
a_2	b_1	c_2
a_2	b_3	c_2

R∪S

A	B	C
a_1	b_1	c_1
a_1	b_2	c_1
a_1	b_3	c_2
a_2	b_1	c_2
a_2	b_2	c_1
a_2	b_3	c_2

R∩S

A	B	C
a_1	b_2	c_1
a_2	b_1	c_2

R−S

A	B	C
a_1	b_1	c_1
a_1	b_3	c_2
a_2	b_2	c_2

R×S

A	B	C	A	B	C
a_1	b_1	c_1	a_1	b_2	c_1
a_1	b_1	c_1	a_2	b_1	c_2
a_1	b_1	c_1	a_2	b_3	c_2
a_1	b_2	c_1	a_1	b_2	c_1
a_1	b_2	c_1	a_2	b_1	c_2
a_1	b_2	c_1	a_2	b_3	c_2
a_1	b_3	c_2	a_1	b_2	c_1
a_1	b_3	c_2	a_2	b_1	c_2
a_1	b_3	c_2	a_2	b_3	c_2
a_2	b_1	c_2	a_1	b_2	c_1
a_2	b_1	c_2	a_2	b_1	c_2
a_2	b_1	c_2	a_2	b_3	c_2
a_2	b_2	c_2	a_1	b_2	c_1
a_2	b_2	c_2	a_2	b_1	c_2
a_2	b_2	c_2	a_2	b_3	c_2

图 2-3　关系 R 和 S 的传统集合运算

2.2.2 专门的集合运算

1.选择运算

选择(Select)又称为限制(Restriction),是在给定关系 R 中选择满足条件的元组。选择运算可表示为

$$\sigma_F(R) = \{t \mid t \in R \wedge F(t) = '真'\}$$

其中,F 表示选择条件,它是一个逻辑表达式,逻辑表达式由逻辑运算符→,∧,∨连接各算术表达式组成。取逻辑值'真'或'假'。

逻辑表达式 F 的基本形式如下

$$X\theta Y$$

式中,θ 表示比较运算符,它可以是>、≥、<、≤、=或≠,X、Y 等是属性名或常量或简单函数。

选择运算实际上是从关系 R 中选取使逻辑表达式 F 为真的元组,它是从行的角度进行的运算。

2.投影运算

投影(Projection)也是一元关系操作,用于选择关系的某些属性。它对一个关系进行垂直分割,小区某些属性,并重新安排属性的顺序,在删去重复的元组。投影运算可表示为

$$\prod_A(R) = \{t[A] \mid t \in R\}$$

其中,A 为 R 中属性组,且 A⊆U。在关系二维表中,选择是一种水平操作,它针对二维表中行,而投影则是一种垂直操作,它针对的是二维表中的属性列。投影后不仅取消了原关系中的某些列,而且还可能取消某些元组。这主要是因为取消了某些属性列后,就可能出现重复行,按关系的要求应取消这些完全相同的行。

3.连接运算

连接又称 θ 连接,是从两个关系的笛卡尔积中选取属性间满足一定条件的元组。连接运算可表示为

$$R \underset{A\theta B}{\infty} S = \{\overline{t_r t_s} \mid t_r \in R \wedge t_s \in S \wedge t_r[A]\theta t_s[B]\}$$

其中,A 和 B 分别为 R 和 S 上度数相等且可比的属性组。θ 是比较运算符。连接运算从 R 和 S 的笛卡尔积 $R \times S$ 中选取 R 关系在 A 属性组上的值与 S 关系在 B 属性组上值满足比较关系 θ 的元组。

连接运算中有两种最为重要也最为常用的连接:等值连接(equi-join)和自然连接(Natural join)。

①等值连接是指 θ 为"="的连接运算。它是从关系 R 与 S 的笛卡尔积中选取 A、B 属性值相等的那些元组。等值连接可表示为

$$R \underset{A=B}{\infty} S = \{\overline{t_r t_s} \mid t_r \in R \wedge t_s \in S \wedge t_r[A] = t_s[B]\}$$

②自然连接(Natural join)是一种特殊的等值连接,它要求两个关系中进行比较的分量必须是相同的属性组,并且要在结果中把重复的属性去掉。若 R 和 S 具有相同的属性组 B,则自然连接可表示为

$$R \infty S = \{\overline{t_r t_s} | t_r \in R \wedge t_s \in S \wedge t_r[B] = t_s[B]\}$$

一般连接操作都是从行的角度进行运算。但是,对于自然连接来说还需要取消重复列,同时从行和列的角度进行运算。

自然连接与等值连接的不同点表现在:自然连接要求两个关系中进行比较的属性或属性组必须同名和相同值域,而等值连接只要求比较属性有相同的值域;自然连接的结果中,同名的属性只保留一个。

4. 除法运算

除法运算时用一个 $(m+n)$ 元的关系 R 除以一个 n 元关系 S,操作结果产生一个 m 元的新关系。除法用 ÷ 表示,关系 R 和 S 相除必须满足下面两个条件才能相除:①关系 R 中的属性包含关系 S 中的全部属性。②关系 R 中的某些属性不出现在 S 中。

R 和 S 的除运算得到一个新的关系 $P(X)$,P 是 R 中满足下列条件的元组在 X 属性列上的投影:元组在 X 上分量值 X 的象集 Yx 包含 S 在 Y 上投影的集合。除运算可以表示为

$$R \div S = \{t_r[X] t_r \in R \wedge \pi_y(S) \subseteq Yx\}$$

其中,Yx 为值 X 在 R 中的象集,表示为 R 中属性组 X 上的值为 $X(X = t_r[X])$ 的元组在属性组 Y 上分量的集合。

关系的除操作还可以用其他基本操作表示为

$$R \div S = \prod x(R) - \prod x(\prod x(R) \times \prod y(S) - R)$$

2.2.3　拓展关系代数运算

除了上述两种关系运算之外,还有些关系代数运算也是比较有用的,比如外连接(Outer Join)。外连接是自然连接的扩展,也可以说是自然连接的特例,可以处理缺失的信息。假设两个关系 R 和 S,它们的公共属性组成的集合为 Y,在对 R 和 S 进行自然连接时,在 R 中的某些元组可能与 S 中所有元组在 Y 上的值均不相等,同样,对 S 也是如此,那么在 R 和 S 的自然连接的结果中,这些元组都将被舍弃。使用外连接可以避免这样的信息丢失。

外连接运算有三种:左外连接、右外连接和全外连接,具体可见表 2-4 所示。

表 2-4　扩展的关系代数运算

名称	符号	键盘格式	示例
外连接	$\bowtie_O$	OUTERJ	$R \bowtie_o S$　或　R OUTERJ S
左外连接	$\bowtie_{LO}$	LOUTERJ	$R \bowtie_{LO} S$　或　R LOUTERJ S
右外连接	$\bowtie_{RO}$	ROUTERJ	$R \bowtie_{RO} S$　或　R ROUTERJ S

1.左外连接运算

取出左侧关系中所有与右侧关系的任一元组都不匹配的元组,用空值 NULL 填充所有来自右侧关系的属性,再把产生的元组加到自然连接的结果上。左外连接可以表示为:

左外连接＝内连接＋左边表中失配的元组

其中,缺少的右边表中的属性值用 NULL 表示。

2.右外连接运算

与左外连接相对称,取出右侧关系中所有与左侧关系的任一元组都不匹配的元组,用空值 NULL 填充所有来自左侧关系的属性,再把产生的元组加到自然连接的结果上。右外连接可以表示为:

右外连接＝内连接＋右边表中失配的元组

其中,缺少的左边表中的属性值用 NULL 表示。

3.全外连接运算

完成左外连接和右外连接的操作,既填充左侧关系中与右侧关系的任一元组都不匹配的元组,又填充右侧关系中与左侧关系的任一元组都不匹配的元组,并把结果加到自然连接的结果上。全外连接可以表示为:

全外连接＝连接＋左边表中失配的元组＋右边表中失配的元组

其中,缺少的左边表或者右边表中的属性值用 NULL 表示。

2.3 关系演算

除了使用关系代数表示关系的操作之外,还可以使用谓词运算来表示关系的操作,称为关系演算(relational calculus)。

在关系演算中,用谓词表示运算的要求和条件,常见的谓词如表 2-5 所示。由于用关系演算表示关系的操作只需描述所要得到的结果,无需对操作的过程进行说明,因此基于关系演算的数据库语言是说明性语言。目前,面向用户的关系数据库语言大都是以关系演算为基础的。

表 2-5　关系演算谓词

比较谓词	$>$、$>=$、$<$、$<=$、$=$、$\neq$
包含谓词	IN
存在谓词	EXISTS

关系演算又分为元组关系演算和域关系演算两类。元组关系演算以元组为谓词变量,域关系演算则是以域(即属性)为谓词变量。

2.3.1 元组关系演算

关系 R 可用谓词 $R(t)$ 表示,其中 t 为变元。元组关系演算的查询表达式为

$$R = \{t \mid \varphi(t)\}$$

式中,R 是所有使 $\varphi(t)$ 为真的元组 t 的集合。$\varphi(t)$ 是由关系名、元组变量、常量以及运算符组成的公式。在这里采用关系的元组变量 t 进行运算,也就是说,元组关系演算的结果是符合给定条件的元组的集合,也就是一个关系。

1. 元组公式的形式

在元组关系演算中,常把 $\{t \mid \varphi(t)\}$ 称为一个演算表达式,把 $\varphi(t)$ 称为一个公式,t 为 φ 中唯一的自由元组变量。

一般的,公式是由原子公式组成的,元组公式有以下三种形式:

① $R(s)$,其中 R 是关系名,s 是元组变量。它表示这样的一个命题:s 是关系 R 的一个元组。

② $s[i]\theta u[j]$,其中 s 和 u 都是元组变量,θ 是算术比较运算符。该原子公式表示这样的命题:元组 s 的第 i 个分量与元组 u 的第 j 个分量之间满足 θ 关系。

③ $s[i]\theta a$ 或 $a\theta s[i]$,这里 a 是一个常量。该原子公式表示这样的命题:元组 s 的第 i 个分量与常量 a 之间满足 θ 关系。

2. 元组演算中的各种运算符

在一个公式中,如果一个元组变量的前面没有代表存在量词 ∃ 或全称量词 ∀ 的符号,那么称为自由元组变量,否则称为约束元组变量。

在元组演算的公式中,各种运算符的运算优先次序为:算术比较运算符最高;量词次之,且按 ∃、∀ 的先后次序进行;逻辑运算符优先级最低,且按 ¬、∧、∨、→(蕴含)的先后次序进行;若加括号,括号中的运算优先。

3. 基本元组关系演算表达式

关系代数的六种基本运算均可用元组关系演算表达式来表示,其表示如下:

① 并:$R \cup S = \{t \mid R(t) \vee S(t)\}$。

② 交:$R \cap S = \{t \mid R(t) \wedge S(t)\}$。

③ 差:$R - S = \{t \mid R(t) \wedge \bar{\ } S(t)\}$。

④ 投影:

$$\prod_{i_1, i_2, \cdots i_k}(R) = \{t^{(k)} \mid (\exists u)(R(u) \wedge t[1]$$
$$= u[i_1] \wedge t[2] = u[i_2] \wedge \cdots t[k] = u[i_k])\}.$$

⑤ 选择:$\sigma_F(R) = \{t \mid R(t) \wedge F'\}$。

⑥ 连接:

$$R\infty_F S = \{t^{(n+m)} \mid (\exists u^{(n)})(\exists v^{(m)})(R(u)) \land S(v)$$
$$\land t[1] = u[1] \land t[2] = u[2] \land \cdots t[n] = u[n] \land t[n+1]$$
$$= v[1] \land \cdots t[n+m] = v[m] \land F'\}。$$

4. 元组关系演算语言 ALPHA

典型的元组关系演算语言是 E. F. Codd 提出的 ALPHA 语言,尽管到目前这种语言没有实际实现,但由于关系数据库管理系统 INGRES 最初所用的 QUEL 语言是参照 ALPHA 语言研制的,与 ALPHA 类似,因此这里简单地对 ALPHA 语言进行说明。

ALPHA 语言主要包括 GET、PUT、HOLD、UPDATE、DELETE、DROP 六条语句,基本的格式为

操作语句 工作空间名(表达式):操作条件

其中,表达式说明的是要查询的结果,可以是关系名或(和)属性名,一条语句可以同时操作多个关系或多个属性;操作条件是一个逻辑表达式,说明查询结果要满足的条件,用于将操作结果限定在满足条件的元组中,操作条件可以为空。除此之外,还可以在基本格式的基础上加上排序要求、定额要求等。

2.3.2 域关系演算

域关系演算类似于元组演算,但不同于元组演算,其公式中的变量不是元组变量,而是表示元组变量各个分量的域变量。

1. 域演算表达式的形式

域演算表达式的一般形式为

$$\{t_1 \, t_2 \cdots t_k \mid \varphi(t_1, t_2, \cdots, t_k)\}$$

式中,$t_1 \, t_2 \cdots t_k$ 为元组变量 t 的各个分量,统称为域变量,域变量的变化范围是某个值域而不是一个关系;φ 是一个公式,与元组演算公式类似。可以像元组演算一样定义域演算的原子公式和表达式。

在域关系演算中,原子公式有以下三种形式:

①$R(t_1 \, t_2 \cdots t_k)$,其中 R 是一个 k 元关系,每个 t_i 是域变量或常量。$R(t_1 \, t_2 \cdots t_k)$ 表示命题函数:"以 $t_1 \, t_2 \cdots t_k$ 为分量的元组在关系 R 中"。

②$t_i \theta c$ 或 $c \theta t_i$,其中 t_i 是元组 t 的第 i 个域变量,c 是常量,θ 是比较运算符。它表示元组 t 的第 i 个域变量 t_i 与常量 c 之间满足 θ 关系。

③$t_i \theta u_j$,其中 t_i 是元组 t 的第 i 个域变量,u_i 是元组 u 的第 j 个域变量,θ 是比较运算符。它表示 t_i 与 u_i 之间满足 θ 关系。

设 φ_1、φ_2 是公式,则$\rightharpoondown\varphi_1$,$\varphi_1 \land \varphi_2$,$\varphi_1 \lor \varphi_2$,$\varphi_1 \rightarrow \varphi_2$ 也是公式。

设 $\varphi(t_1, t_2, \cdots t_k)$ 是公式,则$(\forall t_i)(\varphi)$,$(\exists t_i)(\varphi)$,$i = (1, 2, \cdots, k)$ 同样是公式。

2. 运算的安全限制及等级问题

关于关系的各种运算的安全限制及等级问题:

①在关系代数中,不用求补运算而采用求差运算的主要原因是有限集合的补集可能是无限集。关系的笛卡尔积的有限子集,其任何运算结果也为关系,因而关系代数是安全的。

②在关系演算中,表达式 $\{t \mid \to R(t)\}$ 等可能表示无限关系。

③在关系演算中,判断一个命题正确与否,有时会出现无穷验证的情况 $(\exists u)(W(u))$ 为假时,必须对变量 u 的所有可能值都进行验证,当没有一个值能使 $W(u)$ 取真值时,才能作出结论,当 u 的值可能有无限多个时,验证过程就是无穷的。又如判定命题 $(\forall u)(W(u))$ 为真也如此,会产生无穷验证。

若对关系演算表达式规定某些限制条件,对表达式中的变量取值规定一个范围,使之不产生无限关系和无穷运算的方法,称为关系运算的安全限制。施加了安全限制的关系演算称为安全的关系演算。

关系代数和关系演算所依据的基础理论是相同的,因此可以进行相互转换。人们已经证明:关系代数、安全的元组关系演算、安全的域关系演算在关系的表达能力上是等价的。

3. 域关系演算语言 QBE

域关系演算以域变量作为谓词变元的基本对象。1975 年由 M. M. Zloof 提出的 QBE 就是一个很有特色的域关系演算语言,该语言于 1978 年在 IBM370 上得以实现。QBE 也指此关系数据库管理系统。

QBE 是 Query By Example(即通过例子进行查询)的简称,其最突出的特点是它的操作方式。它是一种高度非过程化的基于屏幕表格的查询语言,用户通过终端屏幕编辑程序以填写表格的方式构造查询要求,而查询结果也是以表格形式显示,因此非常直观,易学易用。

QBE 中用示例元素来表示查询结果可能的情况,示例元素实质上就是域变量。QBE 操作框架如图 2-4 所示。

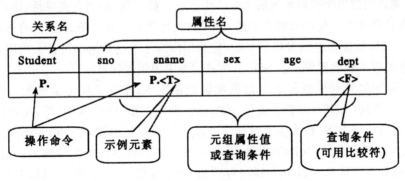

图 2-4　QBE 查询的表格示意图

第3章 关系数据库标准语言 SQL

3.1 SQL 简介

3.1.1 SQL 语言基本概念

SQL 结构化查询语言，是 Structured Query Language 的缩写，它是一种结构化查询语言，是数据库操作的工业化标准语言。最早是由 IBM 的圣约瑟研究实验室为其关系数据库管理系统 SYSTEM-R 开发的一种查询语言，其前身是 SQUARE 语言。SQL 语言结构简洁、功能强大、简单易学，自从 IBM 公司 1981 年推出以来得到了广泛的应用。如今无论是像 Oracle、Sybase、Informix、SQL Server 这些大型的数据库管理系统，还是像 Visual FoxPro、PowerBuilder、Access 这些微机上常用的数据库开发系统，都支持 SQL 语言作为查询语言。

SQL 语言是 1974 年由 Boyce 和 Chamberlin 提出来的。SQL 语言提供了用来建立、维护及查询一个关系式数据库管理系统的命令。由于它功能丰富、使用方式灵活、语言简洁易学等突出特点，在计算机界深受广大用户欢迎，许多数据库生产厂家都推出各自的支持 SQL 的软件。1989 年，国际标准化组织 ISO 将 SQL 定为国际标准关系数据库语言。我国也于 1990 年颁布了《信息处理系统数据库语言 SQL》，将其定为中国国家标准。

SQL 是从 IBM 公司研制的关系数据库管理系统 SYSTEM-R 上实现的。从 1982 年开始，美国国家标准局(ANSI)即着手进行 SQL 的标准化工作，1986 年 10 月，ANSI 的数据库委员会 X3H2 批准了将 SQL 作为关系数据库语言的美国标准，并公布了第一个 SQL 标准文本。1987 年 6 月国际标准化组织(ISO)也做出了类似的决定，将其作为关系数据库语言的国际标准。这两个标准现在称为 SQL86。1989 年 4 月，ISO 颁布了 SQL 月 9 标准，其中增强了完整性特征。1992 年 ISO 对 SQL89 标准又进行了修改和扩充，并颁布了 SQL92(又称为 SQL2)，其正式名称为国际标准数据库语言(international standard database language)SQL92。随着 SQL 标准化工作的不断完善，SQL 已从原来功能比较简单的数据库语言逐步发展成为功能比较丰富、内容比较齐全的数据库语言，具体可见表 3-1 所示的 SQL 标准发展进程。

表 3-1　SQL 标准发展进程

标准	大致页数	发布日期
SQL/86		1986 年 10 月
SQL/89(FIPS 127-1)	120 页	1989 年
SQL/92	622 页	1992 年
SQL99	1700 页	1999 年
SQL2003	3600 页	2003 年

2003 年,ISO/IEC 又发布了 SQL3 的升级版,并把它称为 SQL2003。SQL2003 更新或修改了某些语句及行为,新增了在线分析处理修正和大量的数字功能等。2006 年,ISO/IEC 再次发布了新 SQL 标准 SQL2006,最主要的改进是对 SQL3 的保留和增强。ANSI SQL 2006 的发布是在 SQL3 的基础上演化而来的,SQL2006 增加了 SQL 与 XML 间的交互,提供了应用 XQuery 整合 SQL 应用程序的方法等。

SQL 成为国际标准后,各种类型的计算机和数据库系统都采用 SQL 作为其存取语言和标准接口。并且,SQL 标准对数据库以外的领域也产生很大影响,不少软件产品将 SQL 语言的数据查询功能与图形功能、软件工程工具、软件开发工具、人工智能程序结合起来。SQL 现在已成为数据库领域中使用最为广泛的一个主流语言。尽管如此,各数据库厂商仍然针对各自的数据库产品对 SQL 进行了某种程度的扩充和修改,开发了自己的 SQL 语言,以便适应特定的专业需求。比如 SQL Server 使用的 SQL 语言叫作 Transact-SQL(简称 T-SQL),它基于 SQL 标准,但在此基础上有所扩充和增强,增加了判断、分支、循环等功能。Oracle 中的 PL-SQL 语言也对 SQL 标准做了扩展,提供了类似于应用开发语言中的一些流程控制语句,使得 SQL 的功能更加强大。

3.1.2　SQL 语言基础

1. 语法规则和规定

在 SQL 语句格式中,有下列约定符号和相应的语法规定。

(1)语句格式约定符号

- <>:其中的内容为必选项,表示实际语义,不能为空。
- []:可选语法项,不需要键入方括号。
- {}:必选语法项,不需要键入大括号。
- [,…n]:指示前面的项可以重复 n 次,各项之间以逗号分隔。
- […n]:指示前面的项可以重复 n 次,每一项由空格分隔。
- _(下划线):指示当语句中省略了包含带下划线的值的子句时应用的默认值。
- |(竖线):分隔括号或大括号中的语法项,只能使用其中一项。
- <label>:语法块的名称。此约定用于对可在语句中的多个位置使用的过长语法段或语法。

· ::=:单元进行分组和标记。可使用语法块的每个位置由括在尖括号内的标签指示:<标签>。

(2)语法规定

一般语法规定:字符串常数的定界符用单引号"'"表示;SQL 中数据项(列项、表和视图)的分隔符为","。

SQL 特殊语法规定:SQL 语句的结束符为";";SQL 采用格式化书写方式;SQL 的关键词一般使用大写字母表示。

2. 数据类型

数据类型是一种属性,是数据自身的特点,主要是指定对象可保存的数据的类型。数据类型用于给特定的列提供数据规则,数据在列中的存储方式和给列分配的数据长度,并且决定了此数据是字符、数字还是时间日期数据。

每一个 SQL 的实施方案都有自己特有的数据类型,因此有必要使用与实施方案相关的数据类型,它能支持每个实施方案有关数据存储的理论。但要注意,所有的实施方案中的基本数据类型都是一样的,SQL 提供的主要数据类型一般有以下几种:

(1)数值型

· SMALLINT:短整数。

· INT:长整数,也可写成 INTE GER。

· REAL:取决于机器精度的浮点数。

· DOUBLE PRECISION:取决于机器精度的双精度浮点数。

· FLOAT(n):浮点数,精度至少为 n 位数字。

· NUMBERIC(p,q):定点数由 p 位数字组成,但不包括符号和小数点,小数点后面有 q 位数字,也可写成 DECIMAL(p,q)或 DEC(p,q)。

(2)字符型

· CHAR(n):长度为 n 的定长字符串,n 是字符串中字符的个数。

· VARC HAR(n):具有最大长度为 n 的变长字符串。

(3)日期型

· DATE:日期,包含年、月、日,格式为 YYYY-MM-DD。

· TIME:时间,包含一日的时、分、秒,格式为 HH:MM:SS。

(4)位串型

· BIT(n):长度为 n 的二进制位串。

· BIT VARYING(n):最大长度为 n 的变长二进制位串。

还有系统可能还会提供货币型、文本型、图像型等类型。此外,需要注意的是,SQL 支持空值的概念,空值是关系数据库中的一个重要概念,与空(或空白)字符串、数值 0 具有不同的含义,不能将其理解为任何意义的数据。

在 SQL 中有不同的数据类型,允许不同类型的数据存储在数据库中,不管是简单的字母还是小数,不管是日期还是时间。数据类型的概念在所有的语言中都一样。

3. 函数

在 SQL 中 FUNCTIONS 是函数的关键字,主要用于操纵数据列的值来达到输出的目的。函数通常是和列名或表达式相联系的命令。在 SQL 中有不同种类的函数,包括统计函数、单行函数等。

(1)统计函数

统计函数是在数据库操作中时常使用的函数,又称为基本函数或集函数。它是用来累加、合计和显示数据的函数,主要用于给 SQL 语句提供统计信息。常用的统计函数有 COUNT、SUM、

MAX、MIN 和 AVG 等,如表 3-2 所示。

表 3-2　常用函数

函数名称	一般形式	含义
平均值	AVG([DISTINCI]＜属性名＞)	求列的平均值,有 DISTINCT 选项时只计算不同值
求和	SUM([DISTINCT]＜属性名＞)	求列的和,有 DISTINCT 选项时只计算不同值
最大值	MAX(＜属性名＞)	求列的最大值
最小值	MIN(＜属性名＞)	求列的最小值
计数	COUNT(＊) COUNT([DISTINCT]＜属性名＞	统计结果表中元组的个数 统计结果表中不同属性名值元组的个数

(2)单行函数

单行函数主要分为数值函数、字符函数、日期函数、转换函数等,它对查询的表或视图的每一行返回一个结果行。

- 转换函数是将一种数据类型的值转换成另一种数据类型的值。
- 单行字符函数用于接受字符输入,可返回字符值或数值。
- 日期函数是操作 DATE 数据类型的值,所有日期函数都返回一个 DATE 类型的值。
- 数值函数用于接受数值输入,返回数值。许多函数的返回值可精确到 38 位十进制数字,三角函数精确到 36 位十进制数字。

4. 表达式

所谓表达式一般是指常量、变量、函数和运算符组成的式子,应该特别注意的是单个常量、变量或函数亦可称作表达式。SQL 语言中包括三种表达式,第一种是＜表名＞后的＜字段名表达式＞,第二种是 SELECT 语句后的＜目标表达式＞,第三种是 WHERE 语句后的＜条件表达式＞。

(1)字段名表达式

＜字段名表达式＞可以是单一的字段名或几个字段的组合,还可以是由字段、作用于字段的集函数和常量的任意算术运算(＋、－、＊、/)组成的运算公式。主要包括数值表达式、字符

表达式、逻辑表达式、日期表达式四种。

（2）目标表达式

＜目标表达式＞有 4 种构成方式：

① ＊——表示选择相应基表和视图的所有字段。

②＜表名＞.＊——表示选择指定的基表和视图的所有字段。

③集函数（）——表示在相应的表中按集函数操作和运算。

④［＜表名＞.］＜字段名表达式＞［,［＜表名＞.］＜字段名表达式＞］…——表示按字段名表达式在多个指定的表中选择。

（3）条件表达式

＜条件表达式＞常用的有以下 6 种：

①集合。IN…,NOT IN…

查找字段值属于（或不属于）指定集合内的记录。

②指定范围。BETWEEN…AND…,NOT BETWEEN…AND…

查找字段值在（或不在）指定范围内的记录。BETWEEN 后是范围的下限（即低值），AND 后是范围的上限（即高值）。

③比较大小。应用比较运算符构成表达式,主要的比较运算符有：＝,＞,＜,＞＝,＜＝,！＝,＜＞,！＞（不大于）,！＜（不小于）,NOT＋（与比较运算符同用,对条件求非）。

④字符匹配。LIKE,NOT LIKE′＜匹配串＞′［ESCAPE′＜换码字符＞′］

查找指定的字段值与＜匹配串＞相匹配的记录。＜匹配串＞可以是一个完整的字符串,也可以含有通配符_和％。其中_代表任意单个字符;％代表任意长度的字符串。如 c％s 表示以 c 开头且以 s 结尾的任意长度字符串:cttts,cabds,cs 等;c＿ ＿s 则表示以 c 开头且以 s 结尾的长度为 4 的任意字符串:cxxs,cffs 等。

⑤多重条件。AND,OR

AND 含义为查找字段值满足所有与 AND 相连的查询条件的记录;OR 含义为查找字段值满足查询条件之一的记录。AND 的优先级高于 OR,但可通过括号改变优先级。

⑥空值。IS NULL,IS NOT NULL

查找字段值为空（或不为空）的记录。NULL 不能用来表示无形值、默认值、不可用值,以及取最低值或取最高值。SQL 规定,在含有运算符＋、－、＊、/的算术表达式中,若有一个值是空值,则该算术表达式的值也是空值;任何一个含有 NULL 比较操作结果的取值都为"假"。

3.1.3 SQL 的特点

SQL 能够成为国际标准,为业界和广大用户所接受,是因为它是一个综合的、功能极强且又简洁易学的语言。其主要特点包括：

1.综合统一

数据库系统的主要功能是通过数据库支持的数据语言来实现的。

非关系模型（层次模型、网状模型）的数据语言一般都分为数据操纵语言（Data Manipulation

Language,DML)和数据定义语言(Data Definition Language,DDL)。数据定义语言描述数据库的逻辑结构和存储结构。这些语言各有各的语法。当用户数据库投入运行后,如果需要修改模式,必须停止现有数据库的运行,转储数据,修改模式并编译后再重装数据库,十分繁琐。

SQL 则集数据定义语言 DDL、数据操纵语言 DML、数据控制语言 DCL 的功能于一体,语言风格统一,可以独立完成数据库生命周期中的全部活动,包括定义关系模式、插入数据建立数据库、查询和更新数据、维护和重构数据库、数据库安全性控制等一系列操作要求,这就为数据库应用系统的开发提供了良好的环境。用户在数据库系统投入运行后,还可根据需要随时、逐步地修改模式,且并不影响数据库的运行,从而使系统具有良好的可扩展性。

另外,在关系模型中实体和实体间的联系均用关系表示,这种数据结构的单一性带来了数据操作符的统一,查找、插入、删除、更新等操作都只需一种操作符,从而克服了非关系系统由于信息表示方式的多样性而带来的操作复杂性。

2. 高度非过程化

SQL 是一种第四代语言(4GL),是一种非过程化语言,它一次处理一个记录集,对数据提供自动导航。SQL 允许用户在高层的数据结构上工作,而不对单个记录进行操作,可操作记录集。所有 SQL 语句接受集合作为输入,返回集合作为输出。SQL 的集合特性允许一个 SQL 语句的结果作为另一 SQL 语句的输入。

SQL 允许用户依据做什么来说明操作,而无需说明或了解怎样做,其存取路径的选择和 SQL 语句操作的过程都由系统自动完成。这不但大大减轻了用户负担,而且有利于提高数据独立性。

3. 可移植性

SQL 既是独立的语言,又是嵌入式语言。作为独立的语言,它能够独立地用于联机交互的使用方式,用户可以在终端键盘上直接键入 SQL 命令对数据库进行操作;作为嵌入式语言,SQL 语句能够嵌入到高级语言(例如 Java,C++)程序中,供程序员设计程序时使用。而在两种不同的使用方式下,SQL 的语法结构基本上是一致的。所有用 SQL 写的程序都是可移植的。用户可以轻易地将使用 SQL 的技能从一个 RDBMS 转到另一个。

4. 简洁易学易用

SQL 语言有很多重要的层面,其语法很简单,是由一系列功能不同的"层"组成的像英语一样的语言。基本的 SQL 命令只需要很短时间就能学会,高级的 SQL 命令只要几天就可掌握。易学易用是它的最大特点。完成核心功能只需用 9 个如表 3-3 所示的动词即可。

表 3-3　SQL 的核心动词

SQL 功能	动词
数据查询	SELECT
数据定义	CREATE,DROP,ALTER

SQL 功能	动词
数据操纵	INSERT,UPDATE,DELETE
数据控制	GRANT,REVOKE

3.2 SQL 的组成和基本结构

SQL 中,表分为基表(Base Table)和视图(View)。视图由数据库中满足一定约束条件的数据所组成,这些数据可以是来自于一个表也可以是多个表。用户可以像对基本表一样对视图进行操作。当对视图操作时,由系统转换成对基本关系的操作。视图可以作为某个用户的专用数据部分,方便用户使用。SQL 支持关系数据库的三级模式结构,如图 3-1 所示,其中外模式对应于视图和部分基本表,概念模式对应于基本表,内模式对应于存储文件。

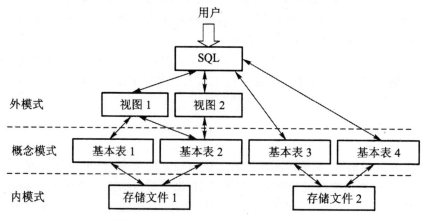

图 3-1　SQL 对关系数据库模式的支持

1.基表

基表是独立存在的表,不由其他表导出。一个关系对应一个基表,一个或多个基表对应一个存储文件,一个表可带若干索引,索引也存放于存储文件中。表 3-4 为一个基表,表中 Rq 表示日期,其他字段名的含义与前面相同。

表 3-4　每月物资库存表 Months_Wzkcb

Rq	Wzbm	Wzckbm	Price	Wzkcl
2015/12/01	020102	0101	80	150
2015/12/31	010401	0201	1200	46

2. 视图

视图是数据库的一个重要概念。视图是从基本表或其他视图中导出的表,它本身不独立存储在数据库中,即数据库中只存放视图的结构定义而不存放视图对应的数据,因此视图是一个虚表。表与视图的联系如图 3-2 所示。

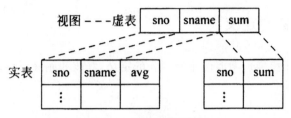

图 3-2 表与视图的联系

视图同基表一样,也是由一组命名字段和记录行组成,但其中的数据在视图被引用时才动态生成。视图定义的查询语句可以引用一个或多个表,也可以引用当前数据库或其他数据库中的视图。表 3-5 为表 3-4 的一个视图。

表 3-5 每月物资库存视图 Months_Wzkcb_view

Rq	Wzbm	Wzkcl
2015/12/01	020102	150
2015/12/31	010401	46

3.3 数据定义语言 DDL

SQL 的数据定义包括定义基本表、索引、视图和数据库,其基本语句在表 3-6 中列出。

表 3-6 SQL 的数据定义语句

操作对象	创建语句	删除语句	修改语句
基本表	CREATE TABLE	DROP TABLE	ALTER TABLE
索引	CREATE INDEX	DROP NDEX	
视图	CREATE VIEW	DROP VIEW	
数据库	CREATE DATABASE	DROP DATABASE	ALTER DATABASE

在 SQL 语句格式中,有下列约定符号和语法规定需要说明。

①一般语法规定:SQL 中的数据项分隔符为",",其字符串常数的定界符用单引号"'"表示。

②语句格式约定符号:语句格式中,括号"< >"中为实际语义;括号"[ ]"中的内容为任选

项;用括号和分隔符"{…|…}"组成的选项组为必选项,即必选其中一项;[,…n]表示前面的项可重复多次。

③SQL 特殊语法规定:为使语言易读、易改,SQL 语句一般应采用格式化的书写方式;SQL 关键词一般使用大写字母表示,不用小写或混合写法;语句结束要有结束符号,结束符为分号";"。

3.3.1 基本表的定义

SQL 的基本表定义和维护功能使用基本表的定义、修改和删除三种语句实现。

1.创建表

SQL 语言使用 CREATE TABLE 语句定义基本表,定义基本表语句的一般格式为:
CREATE TABLE[＜库名＞]＜表名＞(＜列名＞＜数据类型＞[＜列级完整性约束条件＞]

$$[,＜列名＞＜数据类型＞[＜列级完整性约束条件＞]][,…n]$$
$$[,＜表级完整性约束条件＞][,…n])$$

(1)SQL 支持的数据类型

不同的数据库系统支持的数据类型不完全相同。IBM DB2 SQL 支持的数据类型由表 3-6 中列出。尽管表 3-7 中列出了许多数据类型,但实际上使用最多的是字符型数据和数值型数据。因此,必须熟练掌握 CHAR、INTEGER、SMALLINT 和 DECIMAL 数据类型。

表 3-7 IBM DB2 SQL 支持的主要数据类型

类型表示		类型说明
数值型数据	SMALLINT	半字长二进制整数,15bit 数据
	INTEGER 或 INT	全字长(4 字长)整数,31bit 数据
	DECIMAL(p[,q])	十进制数,共 p 位,小数点后 q 位。0≤q≤p,q＝0 时可省略
	FLOAT	双字长浮点数
字符型数据	CHARTER(n) 或 CHAR(n)	长度为 n 的定长字符串
	VARCHAR(n)	最大长度为 n 的变 K 字符串
特殊 数据类型	GRAPHIC(n)	长度为 n 的定长图形字符串
	VARGRAPHIC(n)	最大长度为 n 的变长图形字符串
日期时间型	DATE	日期型,格式为 YYYY－MM－DD
	TIME	时间型,格式为 HH.MM.SS
	TIMESTAMP	日期加时间

（2）列级完整性的约束条件

列级完整性约束是针对列值设置的限制条件。SQL 的列级完整性条件有以下几种。

①NOT　NULL 或 NULL 约束。NOT　NULL 约束不允许列值为空，而 NULL 约束允许列值为空。列值为空的含义是该分量"不详""含糊""无意义"或"无"。对于关系的主属性，必须限定是"NOT NULL"，以满足实体完整性；而对于一些不重要的列，如学生的爱好、特长等，则可以不输入列值，即允许为 NULL 值。

②UNIQUE 约束（唯一性约束），即不允许该关系的该列中，出现有重复的列值。

③DEFAULT 约束（默认值约束）。将列中的使用频率最高的值定义为 DEFAULT 约束中的默认值，可以减少数据输入的工作量。DEFAULT 约束的格式为：

DEFAULT＜约束名＞＜默认值＞FOR＜列名＞

④CHECK 约束（检查约束），通过约束条件表达式设置列值应满足的条件。列级约束的约束条件表达式中只涉及一个列的数据。如果约束条件表达式涉及多列，则它就成为表级的约束条件，应当作为表级完整性条件表示。CHECK 约束的格式为：

CONSTRAINT＜约束名＞CHECK（＜约束条件表达式＞）

2. 删除表

删除表的一般格式如下：

DROP TABLE＜表名＞[CASCADE　|RESTRICT]

当选用了 CASCADE 选项删除表时，该表中的数据、表本身以及在该表上所建的索引和视图将全部随之消失；当选用了 RESTRICT 时，只有在清除表中全部记录行数据，以及在该表上所建的索引和视图后，才能删除一个空表，否则拒绝删除表。

3. 更新表

随着应用环境和应用需求的变化，有时需要修改已建立好的表，包括增加新列、修改原有的列定义或增加新的、删除已有的完整性约束条件等。

（1）表中加新列

SQL 修改基本表的一般格式为：

ALTER TABLE＜表名＞

ADD（＜列名＞＜数据类型＞,…）

（2）删除列

删除已存在的某个列的语句格式为：

ALTER TABLE＜表名＞

DROP＜列名＞[CASCADE|RESTRICT]

其中，CASCADE 表示在基表中删除某列时，所有引用该列的视图和约束也自动删除；RESTRICT 在没有视图或约束引用该属性时，才能被删除。

（3）修改列类型

修改已有列类型的语句格式为：

ALTER TABLE＜表名＞

MODIFY＜列名＞＜类型＞；

需要注意的是：新增加的列一律为空值；修改原有的列定义可能会破坏已有数据。

3.3.2 索引的定义

建立索引是加快表的查询速度的有效手段。当需要在一本书中查找某些信息时，先通过目录找到所需信息的对应页码，然后再从该页码中找出所要的信息，这种做法比直接翻阅书的内容的速度要快。如果把数据库表比作一本书，表的索引就是这本书的目录，可见通过索引可以大大加快表的查询。

简单来说，一个索引就是一个指向表中数据的指针。数据库中一个查询指向基本表中数据的确切物理地址。实际上，查询都被定向于数据库中数据在数据文件中的地址，但对查询者来说，它是在参阅一张表。

索引是 SQL 在基本表中列上建立的一种数据库对象，也可称其为索引文件，它和建立于其上的基本表是分开存储的。建立索引的主要目的是提高数据检索性能。索引可以被创建或撤销，这对数据毫无影响。但是，一旦索引被撤销，数据查询的速度可能会变慢。索引要占用物理空间，且通常比基本表本身占用的空间还要大。

在基本表上可以建立一个或多个索引，以提供多种存取路径，加快查找速度。一般来说，建立与删除索引是由数据库管理员（DBA）或表的属主（即建立表的人）负责完成的。系统在存取数据时会自动选择合适的索引作为存取路径，用户不必也不能选择索引。

1. 索引分类

在数据库中，对于一张表可以创建几种不同类型的索引，所有这些索引都具有加快数据查询速度以提高数据库的性能的作用。

按照索引记录的存放位置划分，索引可分为聚集索引与非聚集索引。聚集索引按照索引的字段排列记录，并且按照排好的顺序将记录存储在表中。非聚集索引按照索引的字段排列记录，但是排列的结果并不会存储在表中，而是存储在其他位。由于数据在表中已经依索引顺序排好了。但当要新增或更新记录时，由于聚集索引需要将排序后的记录存储在表中，一般在检索记录时，聚集索引会比非聚集索引速度快。另外，一个表中只能有一个聚集索引，而非聚集索引则可有多个。

唯一索引表示表中每一个索引值只对应唯一的数据记录，这与表的 PRIMARY KEY 的特性类似。唯一索引不允许在表中插入任何相同的取值。因此，唯一索引常用于 PRIMARY KEY 的字段上，以区别每一个记录。当表中有被设置为 UNIQUE 的字段时，SQL Server 会自动建立非聚集的唯一索引。而当表中有 PRIMARY KEY 的字段时，SQL Server 会在 PRIMARY KEY 字段建立一个聚集索引。使用唯一索引不但能提高性能，还可以维护数据的完整性。

复合索引是针对基本表中两个或两个以上的列建立的索引，单独的字段允许有重复的值。由于被索引列的顺序对数据查询速度具有显著的影响，因此创建复合索引时，应当考虑索引的性能。为了优化性能，通常将最强限定值放在第一位。但是，那些始终被指定的列更应当放在第一位。

复合索引,在实际工作中创建哪一种类型的索引,主要由数据查询或处理需求决定,一般应首先考虑经常在查询的 WHERE 子句中用做过滤条件的列。若子句中只用到了一个列,则应当选择单列索引;若有两个或更多的列经常用在 WHERE 子句中,则复合索引是最佳选择。

2. 创建索引

建立索引使用 CREATE INDEX 命令,其格式为:

CREATE[UNIQUE][CLUSTER]INDEX<索引名>
　　　　ON<表名>(<列名 1>[<次序>][,<列名 2>[<次序>]]…)

其中<表名>指定要建索引的基本表的名字。索引可以建立在该表的一列或多列上,各列名之间用逗号分隔。每个<列名>后面还可以用<次序>指定索引值的排列次序,包括 ASC(升序)和 DESC(降序)两种,默认值为 ASC。

UNIQUE 表示此索引的每一个索引值只对应唯一的数据记录。

CLUSTER 表示要建立的索引是聚簇索引。所谓聚簇索引是指索引项的顺序与表中记录的物理顺序一致的索引组织。

值得注意的是,SQL 中的索引是非显示索引,在改变表中的数据(如增加或删除记录)时,索引将自动更新。索引建立后,在查询使用该列时,系统将自动使用索引进行查询。索引数目无限制,但索引越多,更新数据的速度越慢。对于仅用于查询的表可多建索引,对于数据更新频繁的表则应少建索引。

3. 删除索引

索引一经创建,就由系统使用和维护,无需用户进行干预。建立索引是为了减少查询操作的时间,若如果数据增、删、改频繁,系统会花费许多时间来维护索引。因此,在必要的时候,可以使用 DROP INDEX 语句撤销一些不必要的索引。其格式为:

DROP INDEX <索引名>[,…n]

其中,<索引名>是要撤销的索引的名字。撤销索引时,系统会同时从数据字典中删除有关对该索引的描述。一次可以撤销一个或多个指定的索引,索引名之间用逗号间隔。

3.3.3　视图的定义

视图是从现有的表中全部或部分内容建立的一个表,用于间接的访问其他表或视图的数据,是存储在数据库中的预先定义好的查询,具有基本表的外观,可以像基本表一样对其进行存取,但不占据物理存储空间,也称作窗口。视图是一种逻辑意义上的特殊类型的表,它可以由一个表中选取的某些列或行组成,也可以由若干表满足一定条件的数据组成。在三层数据库体系结构中,视图是外部数据库,它是从一个或几个基本表(或视图)中派生出来的,它依赖于基本表,不能独立存在。

视图一经定义,就可以像表一样,被查询、修改、删除和更新。与实际存在的表不同,视图是一个虚表,即视图所对应的数据并不实际地存储在视图中,而是存储在视图所引用的表中,数据库中仅存储视图的定义。对视图的数据进行操作时,系统根据视图的定义去操作与视图相关联的基本表。

具体的基本表与视图之间关系,可见图3-3所示。

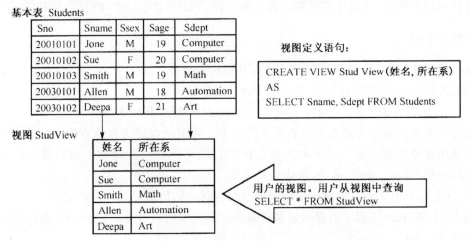

图 3-3　基本表与视图的关系

视图是定义在基本表上的,对视图的一切操作实际上都会转化为对基本表的操作。可见若合理适当地使用视图,会让数据库的操作更加灵活方便。视图的具体的优势作用主要有以下几个方面。

①集中显示数据。有些时候用户所需要的数据分散在多个表中,定义视图可以根据需要将不同表的数据从逻辑上集中在一起,方便用户的数据处理和查询,这样也简化了用户对数据的操作。使用户能以多种角度、方式来分析同一数据,具有很好的灵活性。

②简化操作,屏蔽数据库的复杂性。通过视图,用户可以不用了解数据库中的表结构,也不必了解复杂的表间关系,并且数据库表的更改也不影响用户对数据库的操作。

③加强了数据安全性。在设计数据库应用系统时,可对不同的用户定义不同的视图,使机密数据不出现在不应看到这些数据的用户视图上,并自动提供了对机密数据的安全保护功能,达到保密的目的,这样可以增加安全性,简化用户权限的管理。

④一定的逻辑独立性。能够很方便地组织数据输出到其他应用程序中,当由于特定目的需要输出数据到其他应用程序时,可以利用视图来组织数据以便输出。

⑤便于数据共享:通过视图,用户不必定义和存储自己的所需的数据,只需通过定制视图来共享数据库的数据,使同样的数据在数据库中只需要存储一次。

在关系数据库中,数据库的重构最常见的情况是把一个表垂直地分割成两个表,在这种情况下,可以通过修改视图的定义,使视图适应这种变化。但由于应用程序从视图中提取数据的方式和数据类型不变,从而防止应用程序的频繁改动。

1.创建视图

视图是根据对基本表的查询定义的,创建视图实际上就是数据库执行定义该视图的查询语句。SQL中使用CREATE VIEW语句创建视图。

语句格式：

CREATE VIEW[<数据库名>.][<拥有者>.]视图名[(列名[,…n])]

AS<子查询>

[WITH CHECK OPTION];

功能：

定义视图名和视图结构，并将<子查询>得到的元组作为视图的内容。

说明：

①WITH CHECK OPTION 表示对视图进行 UPDATE、INSE RT 和 DELETE 操作时要保证更新、插入和删除的行满足视图定义中的谓词条件，即<子查询>中 WHERE 子句的条件表达式。选择该子句，则系统对 UPDATE、INSERT 和 DELETE 操作进行检查。

②<子查询>可以是任意复杂的 SELECT 语句，但通常不允许含有 ORDER BY(对查询结果进行排序)和 DISTINCT(从查询返回结果中删除重复行)短语。

③一个视图中可以包含多个列名，最多可以引用 1024 个列。其中列名或者全部指定或全部省略。如果省略了视图的各个列名，则表明该视图的各列由<子查询>中 SELECT 子句的各目标列组成。但是在以下三种情况下，必须指定组成视图的所有列名：

・需要在视图中改用新的、更合适的列名。

・<子查询>中使用了多个表或视图，并且目标列中含有相同的列名。

・目标列不是单纯的列名，而是 SQL 函数或列表达式。

该语句的执行结果，仅仅是将视图的定义信息存入数据库的数据字典中，而定义中的<子查询>语句并不执行。当系统运行到包含该视图定义语句的程序时，根据数据字典中视图的定义信息临时生成该视图。程序一旦执行结束，该视图立即被撤销。

视图创建总是包括一个查询语句 SELECT。可利用 SELECT 语句从一个表中选取所需的行或列构成视图，也可以从几个表中选取所需要的行或列(使用子查询和连接查询方式)构成视图。

2. 删除视图

在 SQL 中删除视图使用 DROP VIEW 语句，具体格式为：

DROP VIEW <视图名>[,…n]

①创建视图后，若删除了导出此视图的基本表，则该视图将失效，但其一般不会被自动删除，要用 DROP VIEW 语句将其删除。

②DROP VIEW 只是删除视图在数据字典中的定义信息，而由该视图导出的其他视图的定义却仍存在数据字典中，但这些视图已失效。为了防止用户在使用时出错，要用 DROP VIEW 语句把那些失效的视图都删除。

3. 查询视图

一旦定义好视图后，用户便可和对基本一样，对视图进行查询。即所有对表的各种查询操作都可以作用于视图，但是视图中不含有通常意义的元组。视图查询实际上是对基本表的查询，其查询结果是从基本表得到的。因此，同样一个视图查询，在不同的执行时间可能会得到不同的结果,因为在这段时间里,基本表可能发生了变化。

DBMS 执行对视图的查询时,首先进行有效性检查,检查查询的基本表、视图等是否存在。如果存在,则从数据字典中取出视图的定义,把定义中的子查询和用户的查询结合起来,转换成等价的对基本表的查询,然后再执行修正了的查询,这一转换过程称为视图消解(View Resolution)。

目前,多数关系数据库系统对视图的查询都采用了视图消解的方法,但也有一些关系数据库系统采用了其他的方法。具体的视图消解定义是:DBMS 执行对视图的查询时,首先进行有效性检查,检查查询涉及的表、视图等是否在数据库中存在。如果存在,则从数据字典中取出查询涉及的视图的定义,把定义中的子查询和用户对视图的查询结合起来,转换成对基本表的查询,然后再执行这个经过修正的查询。这种将对视图的查询转换为对基本表的查询的过程称为视图消解(View Resolution)。

4.更新视图

视图的更新操作包括插入 INSERT、删除 DELETE 和修改 UPDATE 三种,由于视图是由基本表导出的,视图本身并不存储记录,所以对视图的更新最终要转换成对基本表的更新。

在关系数据库中,并不是所有视图都可以执行更新操作。因为在有些情况下视图的更新不能唯一有意义地转换成对基本表的更新,所以对视图进行更新操作时有一定的限制和条件。

由于视图是通过 SELECT 语句对表中数据进行筛选构成的。因此,一个视图要能进行更新操作,对构成该视图的 SELECT 语句就有如下基本限制:

①视图的数据只来源于一个表,而非多个表。

②需要被更新的列是字段本身,而不是由表达式定义的列。

③SELECT 语句中不含有 GROUP BY,DISTINCT 子句、组函数。

④视图定义里包含了表中所有的 NOT NULL 列。

视图的删除操作必须满足①,③两个限制;视图的修改操作必须满足前 3 个限制;而视图的插入操作需要满足以上全部限制条件。

一般的数据库系统只允许对行列子集的视图进行更新操作。对行列子集进行数据插入、删除、修改操作时,DBMS 会把更新数据传到对应的基本表中。一般的数据库系统不支持对以下几种情况的视图进行数据更新操作:

• 由两个基本表导出的视图。

• 视图的列来自列表达式函数。

• 在一个不允许更新的视图上定义的视图。

• 视图中有分组子句或使用了 DISTINCT 的短语。

• 视图定义中有嵌套查询,且内层查询中涉及与外层一样的导出该视图的基本表。

3.3.4 数据库的定义

在 DBMS 中,数据库是用来存储数据库对象和数据的,数据库对象包括表(Table)、视图(View)、索引(Index)、触发器(Trigger)、存储过程(Stored Procedure)等,在创建数据库对象之前需要先创建数据库。

1. 创建数据库

创建数据库采用 create database 语句，其语法格式为：

create database 数据库名

说明：

①输入数据库名就可以建立一个新的数据库，所有设置都使用系统默认设置，数据库名称必须遵循标识符命名规则。在 SQL Server 2008 中，有两类标识符：常规标识符和分隔标识符。常规标识符在使用时不用将其分隔开，如 TableX、KeyCol 等。分隔标识符包含在双引号（"）或者方括号（[]）内，如[My Table]、[percent]等。常规标识符和分隔标识符包含的字符数必须在 1～128 之间。符合所有标识符格式规则的标识符可以使用分隔符，也可以不使用分隔符。不符合常规标识符格式规则的标识符必须使用分隔符。

②创建数据库的用户将成为该数据库的所有者，拥有该数据库的所有权限。

③在创建数据库的过程中，要指定数据库名称、设计所占用的存储空间和存放文件的位置。

④有三种文件类型可用于存储数据库。

·主数据文件。这些文件包含数据库的启动信息。主数据文件还用于存储数据。每个数据库都包含一个主数据文件。

·次要数据文件。这些文件含有不能置于主数据文件中的所有数据。若主数据文件足够大，能够容纳数据库中的所有数据，则该数据库不需要次要数据文件。有些数据库可能非常大，因此需要多个次要数据文件，或可能在各自的磁盘驱动器上使用次要数据文件，以便在多个磁盘上存储数据。

·事务日志。这些文件包含用于恢复数据库的日志信息。每个数据库必须至少有一个事务日志文件。日志文件最小为 512KB。

创建数据库至少需要定义数据文件和日志文件，如果省略则系统选择默认值。对于数据文件和日志文件的定义，不同 SQL 版本的规定有所不同，在此没有详细列出相应的子句，详细内容可参考相应版本的 SQL 指南。

2. 修改数据库

独立完成数据库生命周期中的全部活动，包括创建数据库、输入数据以及对数据库进行查询、更新、维护、安全控制等一系列操作是 SQL 的特点之一。因此，当创建一个数据库之后，就可以根据需要随时地逐步修改其模式，且不影响数据库的运行。修改数据库可使用 ALTER 语句。

语句格式：

ALTER DATABASE<数据库名>

功能：

修改指定的数据库。

说明：

①该语句只有在 DBA 或具有 CREATE DATABASE 权限的数据库拥有者才有权使用。

②通过该语句可以增加或删除数据库中的文件,也可以修改数据库文件的属性。

3. 删除数据库

当不再需要用户定义的数据库,或者已将其移到其他数据库或服务器上时,即可删除该数据库。数据库删除之后,对应的文件及其数据都从服务器上的磁盘中删除。数据库删除之后,即被永久删除,并且数据库中的所有对象都会被删除。如果不使用以前的备份,则无法恢复该数据库。只有数据库的所有者(即创建数据库的用户)或者超级用户可以删除数据库。系统数据库不能删除。

删除数据库采用 drop database 语句,其语法格式为:

语句格式:

DROP DATABASE<数据库组名>

功能:

撤销指定的一个或多个数据库。

说明:

①该语句只有 DBA 或具有 CREATE DATABASE 权限的数据库拥有者才有权使用。

②执行该语句后,系统将无法恢复被撤销的数据库,除非事先有数据库的备份。

③当数据库处于正在被使用或正在恢复等非正常状态时,是不能被撤销的。

④当一个或多个数据库被撤销后,其中所有的数据及数据库对象都将被删除,所有的数据文件和日志文件也都将被删除,所占用的空间将被释放。

3.4　数据查询语言 DQL

3.4.1　SELECT 语句

SQL 查询是用户使用 SQL 语句创建的查询。前面讲过的查询,系统在执行时自动将其转换为 SQL 语句执行。用户也可以在 SQL 视图中直接书写 SQL 查询语句。SQL 查询语句既可以完成简单的单表查询,也可以完成复杂的连接查询和嵌套查询。更有一些如联合查询、传递查询、数据定义查询和子查询的查询只能用 SQL 语句创建。像联合查询、传递查询、数据定义查询和子查询这些查询都是相对较为复杂的查询,在这里就不加以叙述。下面通过举例介绍一些简单的 SQL 查询语句。

一个完整的 SELECT 语句包括 SELECT、FROM、WHERE、GROUP BY 和 ORDER BY 子句,它具有数据查询、统计、分组和排序的功能。

SELECT 语句及各子句的一般格式如下:

SELECT[ALL|DISTINCT][<目标列表达式>[,…n]]

FROM<表名或视图名>[,<表名或视图名>,…]

[WHERE<条件表达式>]
[GROUP BY<列名 1>[HAVING<条件表达式>]]
[ORDER BY<列名 2>[ASC|DESC],…];

通过以上语句可从指定的基本表或视图中,选择满足条件的元组,并对其进行分组、统计、排序和投影,形成查询结果集。其中,SELECT 和 FROM 语句为必选子句,其他子句为任选子句。

上述整个 SELECT 语句的含义是,根据 WHERE 子句的条件表达式,从 FROM 子句指定的表或视图中找出满足条件的元组,再按 SELECT 子句的目标列表达式,选出元组中的属性值形成结果表。如果有 GROUP 子句,则将结果按(列名 1)的值进行分组,该属性列的值相等的元组为一个组。如果 GROUP 子句带 HAVING 短语,则只有满足指定条件的组才予以输出。如果有 ORDER 子句,则结果表还要按(列名 2)的值的升序(ASC)或降序(DESC)排列。

1. SELECT 子句

主要用于指明查询结果集的目标列。其中,<目标列表达式>是指查询结果集中包含的列名,可以是直接从基本表或视图中投影得到的字段、与字段相关的表达式或数据统计的函数表达式,目标列还可以是常量;DISTINCT 说明要去掉重复的元组;ALL 表示所有满足条件的元组。省略<目标列表达式>表示结果集中包含<表名或视图名>中的所有列,此时<目标列表达式>可以使用 * 代替。

若目标列中使用了两个基本表或与视图中相同的列名,则要在列名前加表名限定,即使用"<表名>.<列名>"表示。

2. FROM 子句

用于指明要查询的数据来自哪些基本表或视图。查询操作需要的基本表或视图名之间用","间隔。

若查询使用的基本表或视图不在当前的数据库中,则需要在表或视图前加上数据库名进行说明,即"<数据库名>.<表名>"的形式。

若在查询中需要一表多用,则每种使用都需要一个表的别名标识,并在各自使用中用不同的基本表别名表示。定义基本表别名的格式为"<表名><别名>"。

3. WHERE 子句

WHERE 子句通过条件表达式描述对基本表或视图中元组的选择条件。DBMS 处理语句时,以元组为单位,逐个考察每个元组是否满足 WHERE 子句中给出的条件,将不满足条件的元组筛选掉,因此 WHERE 子句中的表达式也称为元组的过滤条件,它比关系代数中的公式更加灵活。

4. GROUP BY 子句

该子句作用是将结果集按<列名 1>的值进行分组,即将该列值相等的元组分为一组,每个组产生结果集中的一个元组,可以实现数据的分组统计。当 SELECT 子句后的<目标列表达式>中有统计函数,且查询语句中有分组子句时,则统计为分组统计,否则为对整个结果集的统计。

GROUP BY 子句后可以使用 HAVING<条件表达式>短语,用来限定分组必须满足的条件。HAVING 必须跟随 GROUP BY 子句使用。

5. ORDER BY 子句

ORDER BY 子句是对结果集按<列名 2>的值的升序(ASC)或降序(DESC)进行排序。查询结果集可以按多个排序列进行排序,根据各排序列的重要性从左向右列出。

整个过程是:根据 WHERE 子句的条件表达式,从 FROM 子句指定的基本表或视图中找出满足条件的元组,再按 SELECT 子句中的目标列表达式选出元组中的列值形成结果集。如果有 GROUP 子句,则将结果集按<列名 1>的值进行分组,该列值相等的元组为一个组,每个组产生结果集中的一个元组。如果 GROUP BY 子句后带 HAVING 短语,则只有满足指定条件的组才予以输出。如果有 ORDER BY 子句,则结果集还要按<列名 2>的值的升序或降序进行排序。

此外,SQL 还提供了为属性重新命名的机制,这对从多个关系中查出的同名属性以及计算表达式的显示非常有用。它是通过使用具有如下形式的 AS 子句来进行的:

<原名>AS<新名>

在实际应用中有的 DBMS 可省略"AS"。

另外,SQL 条件表达式中的涉及的符号如表 3-8 所示。

表 3-8 SQL 条件表达式中的符号

	运算符号	含义
关系运算符	=	等于
	<	小于
	>	大于
	<=	小于等于
	>=	大于等于
逻辑运算符	<>或者! =	不等于
	NOT	非(否)
	AND	与(并且)
特殊运算符	OR IN IS NULL BETWEEN EXISTS LIKE	或(或者) 检查某个字段值是否在一组给定值中 测试字段值是否为空值 限定某个数值在一个区间内 检查某个字段值是否有值,是 IS NULL 的反义词 提供字符匹配方式,一是使用下划线"_"匹 配任意一个字符;另一种是使用百分号"％"匹配 0 个或多个字符的字符串

3.4.2 单表查询

1.单表的查询

SQL 的 SELECT 语句用于查询与检索数据,其基本结构是以下的查询块:

SELECT<列名表 A>

FROM<表或视图名集合 R>

WHERE<元组满足的条件 F>;

上述查询语句块的基本功能等价于关系代数式 $\prod_A(\sigma_F(R))$,但 SQL 查询语句的表示能力大大超过该关系代数式。查询语句的一般格式为:

SELECT[ALL │DISTINCT]<目标列表达式>[,<目标列表达式>]…

FROM<表名或视图名>[,<表名或视图名>]…

[WHERE<条件表达式>]

[GROUP BY<列名 1>[HAVING<条件表达式>]]

[ORDER BY<列名 2>[ASC│DESC]];

2.函数与表达式

(1)聚集函数(Build-In Function)

为方便用户,增强查询功能,SQL 提供了许多聚集函数,主要有:

COUNT([DISTINCT│ALL]＊)   //统计元组个数

COUNT ([DISTINCT│ALL]<列名>)   //统计一列中值的个数

SUM([DISTINCT│ALL]<列名>)   //计算一数值型列值的总和

AVG([DISTINCT│ALL]<列名>)   //计算一数值型列值的平均值

MAX([DISTINCT│ALL]<列名>)   //求一列值中的最大值

MIN([DISTINCT│ALL]<列名>)   //求一列值中的最小值

SQL 对查询的结果不会自动去除重复值,如果指定 DISTINCT 短语,则表示在计算时要取消输出列中的重复值。ALL 为默认设置,表示不取消重复值。聚集函数统计或计算时一般均忽略空值,即不统计空值。

(2)算术表达式

查询目标列中允许使用算术表达式。算术表达式由算术运算符＋、－、＊、/与列名或数值常量及函数所组成。常见函数有算术函数 INTEGER(取整)、SQRT(求平方根)、三角函数(SIN,COS)、字符串函数 SUBSRING(取子串)、UPPER(大写字符)以及日期型函数 MONTHS-BETWEEN(月份差)等。

3.4.3　多表查询

1. 嵌套查询

在 SQL 语言中,WHERE 子句可以包含另一个称为子查询的查询,即在 SELECT 语句中先用子查询查出某个(些)表的值,主查询根据这些值再去查另一个(些)表的内容。子查询总是括在圆括号中,作为表达式的可选部分出现在条件比较运算符的右边,并且可有选择地跟在 IN、SOME(ANY)、ALL 和 EXIST 等谓词后面。采用子查询的查询称为嵌套查询。

(1)带有 IN 谓词的子查询

带有 IN 谓词的子查询是指父查询与子查询之间用 IN 进行连接,判断某个属性列值是否在子查询的结果中。由于在嵌套查询中,子查询的结果往往是一个集合,所以谓词 IN 是嵌套查询中最经常使用的谓词。

(2)带有谓词 ANY 或 ALL 的嵌套查询

谓词 ANY 和 ALL 的一般格式为:

<比较运算符>ANY 或 ALL<子查询>

子查询返回单值时可以用比较运算符,但返回多值时要用 ANY(有的系统用 SOME)或 ALL 谓词修饰符。将<比较运算符>与谓词 ANY 或 ALL 一起使用,可以表达值与查询结果中的一些或所有的值之间的比较关系。而使用谓词 ANY 或 ALL 时必须与比较符配合使用。ANY 和 ALL 与比较符结合后的语义如下:

- >ANY　　大于子查询结果中的某个值,即大于查询结果中的最小值。
- >ALL　　大于子查询结果中的所有值,即大于查询结果中的最大值。
- <ANY　　小于子查询结果中的某个值,即小于查询结果中的最大值。
- <ALL　　小于子查询结果中的所有值,即小于查询结果中的最小值。
- >=ANY　　大于等于子查询结果中的某个值,即表示大于等于查询结果中的最小值。
- >=ALL　　大于等于子查询结果中的所有值,即表示大于等于查询结果中的最大值。
- <=ANY　　小于等于子查询结果中的某个值,即表示大于等于查询结果中的最大值。
- <=ALL　　小于等于子查询结果中的所有值,即表示大于等于查询结果中的最小值。
- =ANY　　等于子查询结果中的某个值。
- =ALL　　等于子查询结果中的所有值(通常没有实际意义)。
- !=(或<>)ANY　不等于子查询结果中的某个值。
- !=(或<>)ALL　不等于子查询结果中的任何一个值。

有时聚集函数实现子查询通常比直接用 ANY 或 ALL 查询效率要高。具体的聚集函数与 ANY、ALL 的对应关系见表 3-9 所示。

表 3-9　ANY(或 SOME),ALL 谓词与聚焦函数、IN 谓词的等价转换关系

	=	<>或! =	<	<=	>	>=
ANY	IN	——	<MAX	<=MAX	>MIN	>=MIN
ALL	——	NOT IN	<MIN	<=MIN	>MAX	>=MAX

从上表可知,=ANY 等价于 IN 谓词,<ANY 等价于<MAX,<>ALL 等价于 NOT IN 谓词,<ALL 等价于<MIN,等。

(3)带有 EXISTS 谓词的查询

谓词 EXISTS 的格式为:

EXISTS <子查询>

带有 EXISTS 谓词的子查询不返回任何数据,主要用于判断子查询结果是否存在,只产生逻辑真值"true"或逻辑假值"false"。当子查询结果集非空,即至少有一个元组时,会返回逻辑真值"true",结果集为空时返回逻辑假值"false"。

2.条件连接查询

通过连接使查询的数据从多个表中取得。查询中用来连接两个表的条件称为连接条件,其一般格式如下:

[<表名 1>.]<列名 1><比较运算符>[<表名 2>.]<列名 2>

连接条件中的列名也称为连接字段。连接条件中的各连接列的类型必须是可比的,但不必是相同的。当连接条件中比较的两个列名相同时,必须在其列名前加上所属表的名字和一个圆点"."以示区别。表的连接除=外,还可用比较运算符<>、>、>=、<、<=以及 BE-TWEEN、LIKE、IN 等谓词。当连接运算符为=时,称为等值连接。

3.4.4　连接查询

连接查询是指一个查询同时涉及两个以上的表。连接查询实际上是关系数据库中最主要的查询,主要包括等值连接、非等值连接、自然连接、自身连接、外连接和复合条件连接查询。

用来连接两个表的条件称为连接条件或连接谓词,其一般格式为:

[<表名 1>.]<列名 1><比较运算符>[<表名 2>.]<列名 2>

其中,比较运算符(也称为连接运算符)有=、<、>、<=、>=、! =或<>。连接条件中的列名称为连接字段。连接条件中,连接字段类型必须是可比的,但不一定是相同的。

连接查询中的连接条件通过 WHERE 子句表达。在 WHERE 子句中,有时既有连接条件又有元组选择条件,这时它们之间用 AND(与)操作符衔接,且一般应将连接条件放在前面。

而 DBMS 的执行连接查询的过程如下:

首先,在<表名 1>中找到第一个(满足元组选择条件的)元组,然后从头开始顺序扫描或按索引扫描<表名 2>,查找满足连接条件的元组,每找到一个元组,就将<表名 1>中的第一

个(满足元组选择条件的)元组与该元组按照 SELECT 子句的要求拼接起来,形成结果集中的一个元组。当<表名 2>全部扫描完毕后,再到<表名 1>中找第二个(满足元组选择条件的)元组,然后再从头开始顺序扫描或按索引扫描<表名 2>,查找满足连接条件的元组,每找到一个,就将<表名 1>中的第二个(满足元组选择条件的)元组与该元组按照 SELECT 子句的要求拼接起来,形成结果集中的一个元组。重复上述操作,直到<表名 1>中的全部元组都处理完毕(或没有满足元组选择条件的元组)为止。

连接查询的一般过程如下:在基表 1 中找到第一个记录,然后从头开始扫描基表 2,逐一查找满足连接条件的记录,找到后就将基表 1 中的第 1 个记录与该记录拼接起来,形成结果表中的一个记录;基表 2 中符合的记录全部查找完毕后,开始找基表 1 中的第 2 个记录,再从头扫描基表 2,找到所有满足条件的,和基表 1 中第 2 个记录拼接形成结果表中的又一记录;重复上述过程直到基表 1 中全部记录都处理完毕为止。

1. 等值与非等值连接查询

(1)等值连接查询

所谓等值连接是指按对应列相等的值将一个表中的行与另一个表中的行连接起来,其中,整个连接表达式就是连接条件。连接条件中的字段成为连接字段。两个连接字段不一定要同名,但连接条件运算符前后表达的意义应该一致,连接字段的数据类型必须是可比的。

需要注意的是在多表查询中,为防止歧义性,在字段名前加上表名或表的别名作为前缀,以示区别。如果字段名确定是唯一的,则不必加前缀。另外也可以使用别名以节省输入。

(2)非等值连接查询

将等值连接查询中的连接条件运算符改为>、<、>=、<=和!=其中之一时,该连接就会变成非等值连接。

2. 自身连接查询

连接查询可以在两个基本表之间进行,同时也可以在一张基本表内部进行,即基本表与自己连接操作,通常将这种基本表自身的连接操作称为自身连接。

3. 外连接查询

在查询结果集中都是符合连接条件的元组,而没有不满足连接条件的元组,这种连接称为内连接查询。如果希望能在查询结果集中保留那些不满足连接条件的元组,可以进行外部连接查询操作。

SQL 的外部连接查询分左外部连接查询和右外部连接查询两种,分别使用连接运算符。左外部连接查询的结果集中将保留连接条件中左边基本表的所有行以及左边基本表中在连接条件中右边基本表中没有匹配值的所有元组。右外部连接查询的执行过程与左外部连接查询相似。

4. 复合条件连接查询

以上各个连接查询中,WHERE 子句中只有一个条件,即连接谓词。WHERE 子句中可以有多个连接条件,称为复合条件连接。

连接操作除了可以是两表连接,一个表和其自身连接外,还可以是两个以上的表进行连接,后者通常称为多表连接。

此外,还有无条件查询,所谓无条件查询是指两个基本表没有连接条件的连接查询,即两个基本表中的元组做交叉乘积,其中一个基本表的每一个元组都要与另一个基本表中的每一个元组进行拼接。无条件查询又称为笛卡尔积,是连接运算中的特殊情况。一般情况下,无条件查询是没有实际意义的。它只是便于人们理解连接查询各种类型和连接查询过程的一种最基本的查询形式。

3.4.5　集合查询

集合查询属于 SQL 关系代数运算中的一个重要部分,是实现查询操作的一条新途径。由于 SELECT 语句执行结果是记录的集合,因此需要对多个 SELECT 语句的结果可进行集合操作。集合操作主要包括并操作 UNION、交操作 INTERSECT 和差操作 EXCEPT。注意,参加集合操作的各查询结果的列数必须相同;对应项的数据类型也必须相同。

SELECT<语句 1>
　　UNION[INTERSECT|EXCEPT][ALL]
SELECT<语句 2>
或 SELECT{
FROM TABLE<表名 1>UNION[INTERSECT|EXCEPT][ALL]TABLE<表名 2>;}

用此命令可实现多个查询结果集合的并、交、差运算。

1. UNION

并操作 UNION 的格式:
<查询块>
UNION [ALL]
<查询块>

参加 UNION 操作的各结果表的列数必须相同;对应项的数据类型也必须相同;使用 UNION讲行多个查询结果的合并时.系统自动去掉重复的元组;UNION ALL:将多个查询结果合并起来时,保留重复元组。

2. INTERSECT

标准 SQL 中没有提供集合交操作,但可用其他方法间接实现。商用系统中提供的交操作,形式同并操作:
<查询块>
INTERSECT
<查询块>

其中,参加交操作的各结果表的列数必须相同;对应项的数据类型也必须相同。

3. EXCEPT/MINUS

标准 SQL 中没有提供集合差操作,但可用其他方法间接实现。商用系统中提供的差操作,形式同并操作:

<查询块>　　　　　<查询块>
MINUS　　或　　EXCEPT
<查询块>　　　　　<查询块>

要求参加差操作的各结果表的列数必须相同;对应项的数据类型也必须相同。

集合运算作用于两个表,这两个表必须是相容可并的,即字段数相同,对应字段的数据库类型必须兼容(相同或可以互相转换),但这也不是要求所有字段都对应相同,只要用 CORRESPONDING BY 指明做操作的对象字段(共同字段)的字段名即可运算。

3.5　数据操纵语言 DML

创建数据库的目的是为了利用其进行存储和管理数据。实现数据存储的前提是向数据库的基本表中添加数据;而实现对基本表的良好管理则经常需要根据实际应用对表中的数据进行插入、修改和删除。

3.5.1　插入(INSERT)数据

SQL 的数据插入语句 INSERT 通常有两种形式。一种是插入一个元组,另一种是插入子查询结果。后者可以一次插入多个元组。

1.插入单个元组

一次向基本表中插入一个元组,将一个新元组插入指定的基本表中,可使用 INSERT 语句其格式:

INSERT INTO<表名>[(<列名 1>[,<列名 2>,…])]

VALUES([<常量 1>[,<常量 2>,…]]);

①INTO 子句中的<列名 1>[,<列名 2>,…]指出在基本表中插入新值的列,VALUES 子句中的<常量 1>[,<常量 2>,…]指出在基本表中插入新值的列的具体值。

②INTO 子句中没有出现的列,新插入的元组在这些列上取空值。

③如果省略 INTO 子句中的<列名 1>[,<列名 2>,…],则新插入元组的每一列必须在 VALUES 子句中均有值对应。

④VALUES 子句中各常量的数据类型必须与 INTO 子句中所对应列的数据类型兼容,VALUES 子句中常量的数量必须匹配 INTO 子句中的列数。

⑤如果在基本表中存在定义为 NOT NULL 的列,则该列的值必须要出现在 VALUES 子

句中的常量列表中,否则会出现错误。

⑥这种插入数据的方法一次只能向基本表中插入一行数据,并且每次插入数据时都必须输入基本表的名字以及要插入的列的数值。

2.插入多个元组

在 SQL 中,子查询可以嵌套在 INSERT 语句中,将查询出的结果,代替 VALUE 子句,一次向基本表中插入多个元组。其对应的语法格式:

INSERT INTO<表名>[(<列名 1>[,<列名 2>,…])]

<子查询>;

具体过程是:SQL 先处理<子查询>,得到查询结果,再将结果插入到<表名>所指的基本表中。<子查询>结果集合中的列数、列序和数据类型必须与<表名>所指的基本表中相应各项匹配或兼容。

3.5.2　修改(UPDATA)数据

SQL 中修改数据的语句为 UPDATE,可以修改存在于基本表中的数据。在数据库中,UPDATE 通常在某一时刻只能更新一个基本表,但是可以同时更新一个基本表中的多个列。在一个 UPDATE 语句中,可以根据需要更新基本表中的一行数据,也可以更新多行数据。

其语句格式为:

UPDATE<表名>

SET<列名>=<表达式>[,<列名>=<表达式>][,…n]

[WHERE<条件>];

其中,<表名>指出要修改数据的基本表的名字,而 SET 子句用于指定修改方法,用<表达式>的值取代相应<列名>的列值,且一次可以修改多个列的列值。WHERE 子句指出基本表中需要修改数据的元组应满足的条件,如果省略 WHERE 子句,则修改基本表中的全部元组。也可在 WHERE 子句中嵌入子查询。

3.5.3　删除(DELETE)数据

当关系表中的某些记录数据的存在不再必要时,可以使用 DELETE 语句进行删除,其语句格式为:

DELETE

FROM<基本表名>

[WHERE<条件表达式>]

DELETE 语句的功能是从指定表中删除满足 WHERE 子句条件的所有元组。如果在 DELETE 语句中 WHERE 子句不存在的话,则表示删除表中全部元组。

注意:DELETE 语句删除的是表中的数据,不涉及表的结构定义。

一条 DELETE 语句只能将一个关系表中的元组删除,而不能一次从多个关系表中删除数据。因此,它的 FROM 子句中只能有一个表名。

和 UPDATE 语句一样,DELETE 语句中也可以嵌入 SELECT 查询语句。

3.6 数据控制语言 DCL

数据库中的数据由多个用户共享,为保证数据库的安全,SQL 提供数据控制语言(Data Control Language,DCL)对数据库进行统一的控制管理。

数据库管理系统通过以下三步来实现数据控制:

①授权定义。具有授权资格的用户,如数据库管理员(Database Administrators,DBA)或建表户(Database Owner,DBO),通过数据控制语言(Data Control Language,DCL),将授权决定告知数据库管理系统。

②存权处理。数据库管理系统把授权的结果编译后存入数据字典中。数据字典是由系统自动生成、维护的一组表,记录着用户标识、基本表、视图和各表的列描述及系统授权情况。

③查权操作。当用户提出操作请求时,系统首先要在数据字典中查找该用户的数据操作权限,当用户拥有该操作权时才能执行其操作,否则系统将拒绝其操作。

3.6.1 权限与角色

1.权限

在 SQL 系统中,安全机制一共有两种。一种是视图机制,当用户通过视图访问数据库时,此视图外的数据就不能再访问,视图机制提供了一定的安全性。另外一种是权限机制,是实际中主要使用的安全机制。给用户授予不同类型的权限是权限机制的思想所在,在必要时,授权需要被收回,使用户能够进行的数据库操作以及所操作的数据限定在指定的范围内,禁止用户超越权限对数据库进行非法的操作,使得数据库的安全性得到保证。

在数据库中,权限可分为系统权限和对象权限。

系统权限是指数据库用户能够对数据库系统进行某种特定操作的权力,它可由数据库管理员授予其他用户,如一个基本表(CREATE TABLE)的创建。

对象权限是指数据库用户在指定的数据库对象上进行某种特定操作的权力,对象权限由创建基本表、视图等数据库对象的用户授予其他用户,如查询(SELECT)、添加(INSERT)、修改(UPDATE)和删除(DELETE)等操作。

2.角色

角色是多种权限的集合,可以把角色授予用户或其他角色。当要为某一用户同时授予或收回多项权限时,则可以把这些权限定义为一个角色,对此角色进行相关操作。这样许多重复性的工作得以有效避免,数据库用户的权限管理工作在一定程度上得以简化。

3.6.2　数据控制语言

数据操作权限的设置语句包括授权语句、收权语句和拒绝访问 3 种。

1. 授权语句

授权分对系统特权和对对象特权的授权两种。系统特权又称为语句特权，是允许用户在数据库内部实施管理行为的特权，主要包括创建或删除数据库、创建或删除用户、删除或修改数据库对象等。对象特权类似于数据库操作语言 DML 的权限，指用户对数据库中的表、视图、存储过程等对象的操作权限。

（1）系统权限与角色的授予

使用 SQL 的 GRANT 语句为用户授予系统权限，其语法格式为：

GRANT＜系统权限＞|＜角色＞[,＜系统权限＞|＜角色＞]…

TO＜NPZ＞|＜角色＞|PUBLIC[,＜用户名＞|＜角色＞]…

[WITH ADMIN OPTION]

其语义为：将指定的系统权限授予指定的用户或角色。其中，数据库中的全部用户是由 PUBLIC 代表的。WITH ADMIN OPTION 为可选项，指定后则允许被授权的用户将指定的系统特权或角色再授予其他用户或角色。

（2）对象权限与角色的授予

数据库管理员拥有系统权限，而作为数据库的普通用户，只对自己创建的基本表、视图等数据库对象拥有对象权限。如果要共享其他的数据库对象，则必须授予普通用户一定的对象权限。类似于系统权限的授予方法，SQL 使用 GRANT 语句为用户授予对象权限，其语法格式为：

GRANT ALL|＜对象权限＞[(列名[,列名]…)][,＜对象权限＞]…

ON＜对象名＞

TO＜用户名＞|＜角色＞|PUBLIC[,＜用户名＞|＜角色＞]…

[WITH GRANT OPTION]

其语义为：将指定的操作对象的对象权限授予指定的用户或角色。其中，所有的对象权限是由 ALL 代表的。列名用于指定要授权的数据库对象的一列或多列。如果列名未指定的话，被授权的用户将在数据库对象的所有列上均拥有指定的特权。实际上，只有当授予 IN-SERT 和 UPDATE 权限时才需指定列名。ON 子句用于指定要授予对象权限的数据库对象名，可以是基本表名、视图名等。WITH GRANT OPTION 为可选项，指定后则允许被授权的用户将权限再授予其他用户或角色。

2. 收权语句

数据库管理员 DBA、数据库拥有者（建库户）DBO 或数据库对象拥有者 DBOO（数据库对象主要是基本表）可以通过 REVOKE 语句将其他用户的数据操作权收回。

（1）系统权限与角色的收回

数据库管理员可以使用 SQL 的 REVOKE 语句收回系统权限,其语法格式为:

REVOKE<系统权限>|<角色>[,<系统权限>|<角色>]…

FROM<用户名>|<角色>|PUBLIC[,<用户名>|<角色>]…

（2）对象权限与角色的收回

所有授予出去的权限在一定的情况下都可以由数据库管理员和授权者收回,收回对象权限仍然使用 REVOKE 语句,其语法格式为:

REVOKE<对象权限>|<角色>[,<对象权限>|<角色>]…

FROM<用户名>|<角色>|PUBLIC[,<用户名>|<角色>]…

3. 拒绝访问语句

拒绝访问语句的一般格式为:

DENY ALL[PRIVILIGES]|<权限组>[ON<对象名>]TO<用户组>|PUBLIC;

其中,ON 子句用于说明对象特权的对象名,对象名指的是表名、视图名、视图和表的列名或者过程名。

3.7　嵌入式 SQL 及其实现

SQL 既可以采用联机交互方式使用,也可以嵌入到程序设计语言如 C、C++、Java 等中使用。在一个完整的数据库应用系统开发过程中,除了数据处理之外,常常需要对用户界面、图形等进行编程,这些单纯依靠 SQL 是无法实现的,通常需将 SQL 和程序设计语言结合起来使用。这种嵌入到程序设计语言中使用的 SQL 称为嵌入式 SQL(Embedded SQL,ESQL),而接受嵌入的程序语言称为宿主语言(Host Language),大多数 SQL 语句都可以嵌入到宿主语言中,如数据定义、查询、更新等。

3.7.1　嵌入式 SQL 的实现方式

嵌入式 SQL 的处理方法有两种:扩充宿主语言使之能够处理 SQL 的方法;采用预处理方法。预处理方法用得较多,它是由 RDBMS 的预处理程序对含有 ESQL 命令的源程序进行预编译,扫描出其中的 ESQL 语句,将它们转换成宿主语言的函数调用语句,形成中间代码,以便宿主语言的编译程序能够识别处理;然后由宿主语言的编译程序对该中间代码进行编译形成目标代码。处理过程如图 3-4 所示。

图 3-4　嵌入式 SQL 预处理过程

无论是交互式 SQL 还是嵌入式 SQL,使用时语法基本相同。由于 SQL 嵌入到宿主语言中使用时,两种语言之间存在一系列的差异,所以嵌入式 SQL 的使用有其特有的技术机制,以保证有效地完成数据库操作的各项功能。

3.7.2　内嵌 SQL 语句的 C 程序组成

每一个内嵌 SQL 语句的 C 程序包括两个部分：应用程序首部和应用程序体。应用程序首部定义与数据库有关的变量，并为在 C 语言中操纵数据库做准备。应用程序体基本上由 C 和 SQL 的执行语句组成，处理对数据库的操作。嵌入 C 程序中的 SQL 语句前需加前缀 EXEC SQL，以便与宿主语言的语句相区别。

1. DECLARE 段

应用程序首部的第一段就是 DECLARE 段（说明段），它用于定义宿主变量（host variable）。宿主变量是宿主语言与 SQL 共享的内存变量，又称共享变量，它既可在 C 语句中使用，也可在 SQL 语句中使用，应用程序可以通过宿主变量与数据库传递数据。

DECLARE 段用下列语句作为开始和结束：

EXEC SQL BEGIN DECLARE SECTION;

EXEC SQL END DECLARE SECTION;

在这两个语句之间只允许有说明变量语句。

宿主变量的数据类型可以是 C 语言的数据类型的一种，同时必须与 SQL 数据值的所对应的列（属性）的数据类型相兼容。

宿主变量在 SQL 语句中使用时，其前面应加冒号"："，以便与 SQL 本身的变量（属性名）相区别；而宿主变量在 C 语句中使用时则不必加冒号。为了在宿主语言中检测可执行 SQL 语句的执行结果状态，过去许多 SQL 的实现版本常用一个特殊的状态指示字段变量 SQLCODE，它包含了每一个可执行 SQL 语句运行之后的结果码，它的值为 0 表示 SQL 语句执行成功，值为负表示出错（错误码），值为正表示执行成功且带有一个状态码（警告信息）。宿主语言程序可以读取这些信息，检测 SQL 语句执行的情况。

现在，为了在宿主语言中检测可执行 SQL 语句的执行结果，SQL2 和 SQL3 标准规定使用一个特殊的共享变量 SQLSTATE。SQLSTATE 是一个由 5 个字符构成的字符数组，可以在 DECLARE 段中定义。在每一个 SQL 语句之后，DBMS 将一个状态代码放入 SQLSTATE。状态代码由数字和 A～Z 之间的大写字母组成，其前 2 个数字或字母是"类"，接下来的 3 个数字或字母是"子类"。最重要的几个类如下：

1）类"00"是"SUCCESS"，表示操作成功完成，一切正常。

2）类"01"是"SUCCESS WITH INFO"或"WARNING"，表示警告，通常不必改变程序流的过程，但有不足之处。例如，在进行算术运算时，可能丢失了一些精度。

3）类"02"是"NO DATA"。每一个 FETCH 循环将监视这个信息，当再没有数据可取时，FETCH 将引起"NO DATA"。

4）所有其他类是"ERROR"，表示 SQL 语句出错。

在 DECLARE 段定义的 SQLSTATE 的长度为 6，这是因为 C 语言的字符串变量需含有结束符"/0"。

除了 SQLSTATE 外,SQL2 和 SQL3 标准还规定了 WHENEVER 语句和 GETDIAG-NOSTICS 语句,可用于运行结果诊断。

2. CONNECT 语句

在对数据库中的数据进行存取操作之前,应用程序必须连接并登录到数据库。这通过连接语句 CONNECT 完成,其格式为

EXEC SQL CONNECT TO<数据库名>USER<用户名>

CONNECT 语句必须是应用程序中的第一条可执行 SQL 语句,即在物理位置上 CONNECT 语句位于所有的可执行 SQL 语句之首。CONNECT 语句也是应用程序首部的内容。

3. 应用程序体

应用程序体包含若干可执行 SQL 语句。应用程序体中的 SQL 语句只能放在应用程序首部之后,但是 C 语句不受此限制。

可执行 SQL 语句可以对数据库中的数据进行查询、操纵和控制,也可以对数据库实体(列、索引、表、视图、序列和用户名)进行操作。SQL 语句的执行是否成功,可通过检查 SQL 语句中的相应值来了解。

当对数据库的操作完成后,应该提交和退出数据库,这可使用简单的命令:

COMMIT WORK RFLEASE

3.7.3 嵌入式 SQL 的使用技术

嵌入式 SQL,即使不需要游标的语句,其语句格式和功能特点也与独立式 SQL 不同。

1. 不需要使用游标的 SQL 语句

下面 4 种 SQL 语句不需要使用游标。

(1)用于说明主变量的说明性语句

SQL 的说明性语句主要有两条:

EXEC SQL BEGIN DECLARE SECTION;

EXEC SQL END DECLARE SECTION;

这两条语句必须配对出现,两条语句中间是主变量的说明。由于说明性语句与数据记录无关,所以不需要使用游标。

(2)数据定义和数据控制语句

数据定义和数据控制语句在执行时不需要返回结果,也不需要使用主变量,因而也就不需要使用游标。

(3)查询结果为单记录的查询语句

如果在操作前明确知道查询结果为单记录,主语句可一次将查询结果读完,不需要使用游标。

（4）数据的插入语句和某些数据删除、修改语句

对于数据插入语句，即使插入批量数据，也只是在数据库工作区内部进行，不需要主语言介入，故不使用游标。

数据删除和修改语句分两种情况：独立的数据删除和修改语句不需要使用游标；与查询语句配合，删除或修改查询到的当前记录（在更新语句中，WHERE 的条件中使用 CURRENT OF<游标名>）的操作，与游标有关。

2. 不用游标的查询语句

不用游标的查询语句的一般格式为：

EXEC SQL

SELECT[ALL|DISTINCT]<目标列表达式>[,…m]

INTO<主变量>[<指示变量>][,…n]

FROM<表名或视图名>[,…n]

[WHERE<条件表达式>]；

说明：

①在语句开始前要加 EXEC SQL 前缀，这也是所有嵌入式 SQL 语言必须加的前缀。

②该查询语句中又扩充了 INTO 子句，其作用是把从数据库中找到的符合条件的记录，放到 INTO 子句指定的主变量中去。

③在 WHERE 子句的条件表达式中可以使用主变量。

④由于查询的结果集中只有一条记录，该 SELECT 语句中不必有排序和分组子句。

⑤当 INTO 子句中的主变量后面跟有指示变量时，指示变量可能有三种值：如果查询结果的对应列值为 NULL，指示变量为负值，结果列不再向该主变量赋值，即主变量值仍为执行 SQL 语句之前的值；如果传递正常，指示变量的值为 0；如果主变量宽度不够，则指示变量的值为数据截断前的宽度。

⑥如果查询结果并不是单条记录，即当结果为多条记录时，则程序出错，DBMS 会在 SQLCA 中返回错误信息；当结果为空集时，DBMS 将 SQLCODE 的值置为 100。

3. 不用游标的数据维护语句

（1）不用游标的数据删除语句

在删除语句中，WHERE 子句的条件中可以使用主变量。

（2）不用游标的数据修改语句

在 UPDATE 语句中，SET 子句和 WHERE 子句中均可以使用主变量。SET 子句中的主变量可以使用指示变量，当指示变量的值是负值时，无论它前面的主变量是什么，都会使它所在的表达式值成为空值。

（3）不用游标的数据插入语句

INSERT 语句的 VALUES 子句可以使用主变量和指示变量，当需要插入空值时，可以把指示变量置为负值。

4. 带游标的 SQL 语句

游标机制用于解决 SQL 查询结果为集合而主语言处理方式为记录方式的矛盾。在处理中,必须使用游标的 SQL 语句有两种:一种是查询结果为多条记录的 SELECT 语句,另一种是使用游标的 DELETE 语句和 UPDATE 语句。

游标的 4 个命令如下:

(1)定义游标命令

游标通过 DECLARE 语句定义,其语句格式为:

EXEC SQL

DECLARE<游标名>CURSOR

FOR<子查询>

FOR UPDATE OF<列名 1>[,…n];

游标应先定义后引用。一种查询只能使用一个游标名,同一个游标名不允许有两次或两次以上的定义,否则会引起游标定义的混乱。定义游标是一条说明性语句,说明了游标名、该游标名代表的子查询操作和是否利用该游标进行更新数据。游标在定义时,DBMS 并不执行其子查询,只是将其定义内容记录下来,待打开游标时才按它的定义执行子查询。

在 DECLARE 定义游标语句中有选择子句 FOR UPDATE OF,其作用是允许利用该游标进行更新操作。如果在游标定义时使用了 FOR UPDATE OF 子句,就可以用游标对当前记录进行修改操作。要利用游标删除当前记录,则不必加 FOR UPDATE OF 语句。

在利用游标的删除和修改数据的语句中,WHERE 子句应表达为:

WHERE CURRENT OF<游标名>

(2)打开游标命令

游标通过 OPEN 命令打开,打开游标语句的格式为:

EXEC SQL OPEN(游标名);

OPEN 语句的作用是执行游标对应的查询语句,并将游标指向结果集的第一条记录前。打开的游标处于活动状态,可以被推进。但由于游标指向的是第一条记录前,所以还不能读出结果集中的数据。

(3)推进游标命令

游标通过 FETCH 命令向前(或称向下)推进一条记录。推进游标的语句格式为:

EXEC SQL FETCH<游标名>INTO<主变量组>;

推进游标的作用是将游标下移一行,读出当前的记录,将当前记录的各数据项值放到 IN-TO 后的主变量组中。

SQL 的游标在使用时,只能向前推进,不能后退。如果需要后退游标,就执行关闭游标、再重新打开、逐步推进游标到指定的位置一系列的操作。FETCH 命令往往需要与主语言语句配合使用,通过主语言的控制来推进进程。

由于 FETCH 语句只能向前推进,这种限制给用户带来了诸多不便,所以许多 DBMS 对此做了改进,使游标能够逆向推进。SQL Server 具有可以使游标往返向前和后退的功能。

（4）关闭游标命令

关闭游标使用 CLOSE 命令，CLOSE 命令的具体格式为：

EXEC SQL CLOSE＜游标名＞；

由于许多系统允许打开的游标数有一定的限制，所以当数据处理完后应及时把不使用的游标关闭，以释放结果集占用的缓冲区及其他资源。游标被关闭后，就不再与原来的查询结果集相联系。关闭的游标可以再次被打开，与新的结果集相联系。

3.7.4　动态 SQL

一般的 SQL 语句，对于它所要访问的数据库、表和表中的列、列的数据类型，以及所要进行的操作，在预编译时都是已知的确定的，这种 SQL 语句称为静态 SQL 语句。在有些情况下，应用程序需要在运行中构造和执行各种 SQL 语句，如通用报表生成器，需要根据报表类型的不同，生成不同的 SQL 语句，以建立不同的报表。动态 SQL(Dynamic SQL)语句就是用于解决这类问题的。动态 SQL 语句允许在执行一个已经完成编译与连接的应用程序中，根据不同的情况动态地定义、编译和执行某些 SQL 语句。

一般而言，在预编译时如果出现下列信息不能确定的情形，就应考虑使用动态 SQL 技术：

①主变量个数难以确定。

②主变量数据类型难以确定。

③SQL 语句中 WHERE 子句的条件可变。

④SQL 引用的数据库对象（如属性列、索引、基表和视图等）难以确定。

动态 SQL 是根据情况在程序运行时动态指定 SQL 语句。它允许在执行一个已经完成编译与连接的应用程序中，根据不同的情况动态地定义和执行某些 SQL 语句。

动态 SQL 语句不是直接嵌入在宿主语言程序中的，而是在程序中设置一个接受它们的字符串变量，程序运行时交互式地输入或从某个文件读取动态 SQL 语句，接收到该字符串变量中去。注意，所接收到的合法 SQL 语句文本中不能含有前缀 EXEC SQL，也不能是下列的 SQL 语句：DECLARE，OPEN，FETCH，CLOSE，WHENEVER，INCLUDE，PREPARE，EXECUTE 等。

动态 SQL 的实质是允许在程序运行过程中临时"组装"语句。这些临时组装的 SQL 语句主要有三种基本类型：

（1）具有条件可变的 SQL 语句

指 SQL 语句中的条件子句具有一定的可变性。例如，对于查询语句来说，SELECT 子句是确定的，即语句的输出是确定的，其他子句如 WHERE 子句和 HAVING 具有一定的可变性。

（2）数据库对象、条件均可变的 SQL 语句

例如，对于查询语句，SELECT 子句中属性列名，FROM 子句中的基表名或视图名，WHERE 子句和 HAVING 短语中的条件均可由用户临时构造，即语句的输入和输出可能都是不确定的。

（3）具有结构可变的 SQL 语句

在程序运行时临时输入完整的 SQL 语句。

一般地,应用程序提示用户输入 SQL 语句和用于该 SQL 语句的宿主变量的值,然后 DBMS 分析该 SQL 语句的语法,进行必要的检查,把宿主变量与 SQL 语句相联系,最后执行存放于字符串变量中的 SQL 语句,完成 SQL 语句所请求的操作。动态 SQL 语句可以使用不同的宿主变量值,反复地执行。

动态 SQL 为嵌入式 SQL 提供很多方便,使之能够开发通用的联机应用程序或交互式应用程序。

3.8 Oracle 和 SQL Server 对标准 SQL 的扩充

3.8.1 PL/SQL

Oracle 实现了一种过程处理语言,称为 PL/SQL,即 Procedural Language/SQL。它是对 SQL 的扩展,是一种高级数据库程序设计语言,主要用于在各种情况下对 Oracle 数据库进行访问。PL/SQL 可对数据进行快速高效的处理,它可在 Oracle 服务器和客户机应用程序中使用,支持大型对象和集合。

PL/SQL 是面向过程语言与 SQL 语言的结合,PL/SQL 在 SQL 语言中扩充了面向过程语言中使用的程序结构。如变量和类型、控制语句、过程和函数以及对象类型和方法。PL/SQL 为用户提供了功能强大的结构化程序设计语言。

下面是 PL/SQL 的特点:
· 支持对象类型和集合。
· 调用外部函数和过程。
· 支持 SQL。
· 支持 OOP。
· 执行效率高。
· 提供更好的性能。
· 可移植性。
· 与 Oracle 集成更好。
· 更高的安全性。

Oracle9i 中 PL/SQL 的功能如下:
· PL/SQL 支持 SQL 所有范围的语法,如 INSERT、UPDATE、DELETE 等。
· 支持 CASE 语句和表达式。
· 继承和动态方法释放。
· 属性和方法可以添加到对象类型中,也可以从对象类型中删除,不需要重新构建类型和响应数据。
· 新的日期/时间类型,可以根据不同时区来纠正日期和时间值。
· PL/SQL 代码的本地编译,可将 Oracle 提供的和用户编写的存储过程编译为本地执行语句,从而提高性能。
· 改善了全球和国家语言支持。

·表函数和游标表达式,可以像表一样返回一个查询结果行集合。结果集合以从一个函数传递给另一个函数,结果集的行可以每隔一定时间返回一部分,以减小内存的消耗。

·用户可以嵌套集合类型。

·对 LOB 数据类型更好的集成。

·用户可以使用本地动态 SQL 执行批 SQL 操作。

·MERGE 语句将插入和更新合并为单个操作的专用语句,主要用于数据仓库,执行特定模式的插入和更新操作。

语句块是 PL/SQL 程序中的基本单元,所有的 PL/SQL 程序都是由语句块构成 PL/SQL 语句块的各个组成部分:①声明部分;②可执行部分;③异常处理部分。

PL/SQL 语句块的结构:

DECLARE

    declarations

BEGIN

    executable statements

EXCEPTION

    handlers

END

declarations 是声明,声明变量、游标、用户自定义类型和异常。

executable statements 是可执行语句,表示开始执行 SQL 和 PL/SQL 程序。

handlers 是异常处理程序,处理 SQL 和 PL/SQL 语句处理中的异常部分。

END 是程序结束标志,表示程序结束。

其中,变量声明和异常处理部分是可选的,执行部分 BEGIN 和 AND 是必须的,执行部分可以嵌套子块和异常处理部分,也可以在声明部分定义子程序。

3.8.2　Transact-SQL

Transact-SQL(简称为 T-SQL)是微软公司在 SQL Server 数据库管理系统中 ANSI SQL-99 的实现。T-SQL 的基本语法约定如表 3-10 所示,T-SQL 中不区分大小写。

表 3-10　T-SQL 的基本语法约定

语法约定	说明
│(竖线)	分隔括号或大括号内的语法项,只能选择一项
[ ](方括号)	表示可选项,在输入语句时,无须键入方括号
{ }(大括号)	表示必选项,在输入语句时,无须键入大括号
[,…n]	表示前面的项可重复 n 次,每一项都由逗号分隔
[…n]	表示前面的项可重复 n 次,每一项都由空格分隔

在 T-SQL 语句中引用 SQL Server 对象对其进行操作,要求在 T-SQL 语句中给出对象的名称,T-SQL 的所有数据库对象全名都包括 4 个部分,基本格式如下:

[server_name.][database_name.][schema_name.]object_name

其中,server_name 是指服务器名称,database_name 是指数据库名称,schema_name 是指架构名称(也称为所有者),object_name 是数据库对象名称。

所谓架构是 SQL Server 2005 数据库对数据库对象的管理单位。如果把表、索引和视图这样的数据库对象看成是操作系统的文件的话,那么架构就是文件的文件夹,一个架构中可以包含多个数据库对象。建立架构的目的是为了方便管理各种数据库对象。

在实际使用 T-SQL 编程时,使用全称往往比较繁琐且没有必要,所以常省略全名中的某些部分,对象全名的四个部分中的前三个部分均可以被省略,当省略中间部分时,圆点符".."不可省略。把只包含对象完全限定名中的一部分的对象名称为部分限定名。

例如,服务器 LCB-PC 中有一个 school 数据库,school 中建立有一个架构 schema1,school 中的表 student 包含在 schema1 架构中。可用的简写格式包含下面几种:

LCB-PC. school. schema1. student

LCB-PC. school. . student(省略架构名称)

LCB-PC. . . student(省略数据库名称和架构名称)

schema1. student(省略服务器名称和数据库名称)

student(省略服务器名称、数据库名称和架构名称)

在 SQL Server 管理控制器(SQL Server Management Studio)中,用户可在全文窗口中输入 T-SQL 语句,执行语句并在结果窗口中查看结果。用户也可以打开包含 T-SQL 语句的文本文件,执行语句并在结果窗口中查看结果。

SQL Server 管理控制器提供如下功能:

· 在 T-SQL 语句中使用不同的颜色,以提高复杂语句的易读性。

· 用于输入 T-SQL 语句的自由格式文本编辑器。

· 用于分析存储过程的交互测试工具。

· 以网格或自由格式文本的形式显示结果。

· 对象浏览器和对象搜索工具,可以轻松查找数据库中的对象和对象结构。

· 模板,可用于加快创建 SQL Server 对象的 T-SQL 语句的开发速度。模板是包含创建数据库对象所需的 T-SQL 语句基本结构的文件。

· 使用索引优化向导分析 T-SQL 语句以及它所引用的表,以了解通过添加其他索引是否可以提高查询的性能。

· 显示计划信息的图形关系图,用以说明内置在 T-SQL 语句执行计划中的逻辑步骤。这使程序员得以确定在性能差的查询中,具体是哪一部分使用了大量资源。用户可以试着采用不同的方法更改查询,使查询使用的资源减到最小的同时仍返回正确的数据。

第4章 关系规范化理论

4.1 关系模式的存储异常和数据依赖

4.1.1 关系模式的存储异常

关系数据库是应用最广泛的数据库形式。关系数据库性能的好坏很大程度上取决于关系模式的好坏。一个好的、合适的关系模式要求能消除数据的冗余、数据的不一致以及由此带来的各种操作异常现象。对此,人们已经做了很多理论性的工作。

关系模型有严格的数学理论基础,所以关系数据库的设计可以规范化地进行。提出规范化理论是为了处理数据的冗余以及由此带来的操作异常现象。也就是说,如果关系模式设计得不好,就会引起数据的冗余,而数据的冗余就有可能引起各种操作异常的现象,给数据库性能的正常发挥造成极大的影响。下面通过一个具体的实例进行分析讨论。

假定有下面一个记录公司员工参与工程情况的关系模式:

Works(Eno,Ename,Dname,Pname,Salary)

其中,Eno 表示员工编号,Ename 表示员工姓名,Dname 表示员工所在部门,Pname 表示员工参与的工程,Salary 表示员工所获得的薪水。

将一部分具体的数据填入此关系模式中,则可得到 Works 关系模式的一个实例,如表 4-1 所示。

表 4-1 Works 关系实例

Eno	Ename	Dname	Pname	Salary
001	谭林	生产车间	集成电路	56.0
001	谭林	生产车间	管理信息系统	30.2
001	谭林	生产车间	企业门户网站	40.9
002	孙斌	财务部	集成电路	56.0
002	孙斌	财务部	管理信息系统	12.6
002	孙斌	财务部	移动通信	46.0

分析以上关系中的数据,可以看出:(Eno,Pname)属性的组合能唯一标识一个元组,所以(Eno,Pname)是该关系模式的主码。但在进行数据库的操作时,会出现很多如下问题,这些问题称为异常。

(1)数据冗余

所谓数据冗余就是指同一个数据在系统中多次重复出现。在上述关系 Works 中,员工所在的部门在该员工每参与一个工程时,就要重复存放一次。假如该员工参与了 10 个工程,则其所在的部门就要重复存放 10 次。这实际上是没有必要的,势必造成大量存储空间的浪费,更重要的是,上述数据冗余会带来数据操作的异常问题。

(2)修改异常

由于数据存储冗余,在进行修改时往往会发生数据的不一致。员工参与了多少个工程就保存了多少次他所在的部门信息,假如某个员工因为工作变动而改变部门,则与该员工相关的所有元组中的部门数据就必须全部修改。如果只修改了一个元组中员工所在的部门,但在其他元组中的部门数据没有同时更改,那么同一个员工就有可能有两个不同的部门,从而造成存储数据的不一致,破坏数据的完整性。假如员工参与了 10 个工程,则其所在的部门就要重复存放 10 次,修改部门就需要同时修改 10 次,即简单事实修改却要修改 n 次,这种情况称为更新异常。

(3)插入异常

如果某个员工新调进某个部门,此时该员工还没有参与任何工程,那么这个员工的姓名和所在部门的信息就无法插入到数据库中。因为在这个关系模式中,(Ename,Pname)是该关系模式的主码。根据关系的实体完整性约束,主码的值不能全部为空,而此时这个员工没有参与任何工程,Pname 无值,因此不能进行插入操作。关系模式中存在的这种情况称为插入异常。

(4)删除异常

如果某个员工因为特殊原因中途退出了其所参与的所有工程,而又未再参与其他新的工程,数据库此时就把这个员工的姓名和所在部门信息都删除了,这个员工仍在这个部门的这一事实也随着删除了。如果一个关系模式中的某些信息不需要而被删除时,其他有用的信息也会丢失,这种删除了不该删除的信息的情况称为删除异常。

之所以存在上述问题是由于这个关系模式中属性间存在的某些不合适的依赖关系。Works 关系模式显然不是一个好的关系模式。一个设计良好的关系模式数据冗余应尽可能的少,同时还应当避免上述异常。规范化理论就是用来改造这种关系模式的,通过分解关系模式消除不合理的数据依赖,从而解决上述数据冗余和数据操作异常的问题。

可以将 Works 这个关系模式分解为下面两个关系模式:

E_D(Ename,Dname)

E_P(Ename,Pname,Salary)

其具体的实例如表 4-2 和表 4-3 所示。

表 4-2　E_D 关系实例

Eno	Ename	Dname
001	谭林	生产车间
002	孙斌	财务部

表 4-3　E_P 关系实例

Eno	Pname	Salary
001	集成电路	56.0
001	管理信息系统	30.2
001	企业门户网站	40.9
002	集成电路	56.0
002	管理信息系统	12.6
002	移动通信	46.0

这样的分解使得关系的语言简单化,较好地解决了上述问题。现在不管员工参与多少个工程,其所在部门的信息仅仅存放一次;如果一个员工没有参与任何工程,也照样可以创建这个员工的记录;当一个员工退出了其所参与的所有工程,而又未再参与其他新的工程,也不会把他的姓名和所在部门的信息从数据库中完全删去。

不过,这样一来,在执行某些查询时必须进行开销很大的连接操作,这会降低数据库系统的效率,这是数据库规范化设计带来的负面影响。所以我们需要进一步探究哪些关系需要进行规范化的分解,如果进行规范化的分解,分解之后是否会对原有信息有损等等。

4.1.2　数据依赖

数据依赖是通过一个关系中数据间值的相等与否体现出来的数据间的相互关系,是实现世界属性间相互关系的抽象,是数据内在的性质。函数依赖、多值依赖和连接依赖等都是数据依赖的形式表现。

4.2　函数依赖

4.2.1　函数依赖的定义

定义 4-1　设 $R(U)$ 是一个属性集 U 上的关系模式。X,Y 是 U 的子集。若对于 $R(U)$ 的任意一个可能的关系 r,r 中不可能存在两个元组在 X 上的属性值相等,而在 Y 上的属性值不等,则称 X 函数确定 Y 或 Y 函数依赖于 X,记作 $X \rightarrow Y$。这里称 X 为决定因素,Y 为依赖因素。

函数依赖是语义范畴的概念,这和别的数据依赖是一样的。我们只能根据语义来确定一个函数依赖,而不能按照其形式化定义来证明一个函数依赖是否成立。例如姓名→年龄这个函数依赖只有在该部门没有同名人的条件下成立。如果允许有同名人,则年龄就不再函数依赖于姓名了。设计者也可以对现实世界作强制的规定。例如规定不允许同名人出现,这样就会使姓名→年龄函数依赖成立。这样当插入某个元组时这个元组上的属性值必须满足规定的函数依赖,如果发现有同名人存在,那么拒绝插入该元组。

需要注意,函数依赖不是指关系模式 R 的某个或某些关系满足的约束条件,而是指 R 的一切关系均要满足的约束条件。

下面对一些相关的术语和记号做一个简单介绍。

①若 $X \rightarrow Y$,但 $Y \not\subset X$ 则称 $X \rightarrow Y$ 是非平凡的函数依赖。

②若 $X \rightarrow Y$,但 $Y \subseteq X$ 则称 $X \rightarrow Y$ 是平凡的函数依赖。对于任一关系模式,平凡函数依赖都是必然成立的,它不反映新的语义。若不特别声明,总是讨论非平凡的函数依赖。

③若 $X \rightarrow Y$,则 X 称为这个函数依赖的决定属性组,也称为决定因素(Determinant)。

④若 $X \rightarrow Y$,并且 $Y \rightarrow X$,则记作 $X \longleftrightarrow Y$。

⑤若 Y 不函数依赖于 X,则记作 $X \not\rightarrow Y$。

定义 4-2 在 $R(U)$ 中,如果 $X \rightarrow Y$,并且对于 X 的任何一个真子集 X',都有 $X' \not\rightarrow Y$,则称 Y 对 X 完全函数依赖,记作 $X \overset{F}{\rightarrow} Y$。

若 $X \rightarrow Y$,但 Y 不完全函数依赖于 X,则称 Y 对 X 部分函数依赖(partial functional dependency),记作:$X \overset{P}{\rightarrow} Y$。

定义 4-3 在 $R(U)$ 中,如果 $X \rightarrow Y$,$(Y \not\subset X)$,$Y \not\rightarrow X$,$Y \rightarrow Z$,$Z \not\subseteq Y$,则称 Z 对 X 传递函数依赖(transitive functional dependency)。记为:$X \overset{传递}{\rightarrow} Z$。

定义中之所以加上条件 $Y \not\rightarrow X$,是因为如果 $Y \rightarrow X$,则 $X \longleftrightarrow Y$,实际上是 Z 直接依赖于 X,即 $X \overset{直接}{\longrightarrow} Z$,是直接函数依赖而不是传递函数依赖。

4.2.2 函数依赖和键码

本节从函数依赖的角度,给出一个规范的键码定义。

1.超键码

定义 4-4 在某个关系中,若一个或多个属性的集合 $\{A_1, A_2, \cdots, A_n\}$ 函数决定该关系的其他属性,则称该属性的集合为该关系的超键码。

超键码的含义是关系中不可能存在两个不同的元组在属性 $A_1, A_2, \cdots, A_n$ 的取值完全相同。由定义可以看出,在一个关系中,超键码的数量是没有限制的,例如如果属性集合 $\{A_1, A_2, \cdots, A_n\}$ 是超键码,那么包含该属性集合的所有属性集合都是超键码。

2. 键码

超键码定义范围太宽,使得其数量过多,使用起来很不方便。键码是在超键码定义的基础上,增加一些限制条件来定义的。

定义 4-5　在某个关系中,若一个或多个属性的集合 $\{A_1,A_2,\cdots,A_n\}$ 函数决定该关系的其他属性,并且集合 $\{A_1,A_2,\cdots,A_n\}$ 的任何真子集都不能函数决定该关系的所有其他属性,则称该属性的集合为该关系的键码。

在键码的定义中包括了两方面的含义,即关系中不可能存在两个不同的元组在属性 A_1,A_2,$\cdots$,A_n 的取值完全相同,且键码必须是最小的。

同一个关系中可能键码的数目多于一个,可以选定其中一个最为重要的键码指定为主键码,把其他键码称为候选键码。

3. 外码

定义 4-6　关系模式 R 中属性或属性组 X 并非 R 的码,但 X 是另一个关系模式的码,则称 X 是 R 的外部码,也称外码。

主码与外码提供了一个表示关系间联系的手段。

4.2.3　函数依赖的基本性质

1. 投影性

由平凡的函数依赖定义可知,一组属性函数决定它的所有子集。

说明:投影性产生的是平凡的函数依赖,需要时也能使用的。

2. 扩张性

若 $X{\to}Y$ 并且 $W{\to}Z$,则 $(X,W)\to(Y,Z)$。

3. 合并性

若 $X{\to}Y$ 并且 $X{\to}Z$,则必有 $X{\to}(Y,Z)$。

说明:决定因素相同的两函数依赖的被决定因素可以合并。

4. 分解性

若 $X{\to}(Y,Z)$,则 $X{\to}Y$ 并且 $X{\to}Z$。很容易看出,分解性为合并性的逆过程。

说明:决定因素能决定全部,当然也能决定全部中的部分。

由合并性和分解性,很容易得到以下事实:

$X{\to}A_1,A_2,\cdots,A_n$ 成立的充分必要条件是 $X{\to}A_i(i=1,2,\cdots,n)$ 成立。

4.2.4　函数依赖的逻辑蕴含

在讨论函数依赖时,经常会需要判断从已知的一组函数依赖是否能够推导出另外一些函数依赖。例如,设 R 是一个关系模式,A、B、C 为其属性,如果在 R 中函数依赖 $A{\to}B$ 和 $B{\to}C$ 成立,函数依赖 $A{\to}C$ 是否一定成立? 函数依赖的逻辑蕴含就是要研究这方面的内容。

定义 4-7　假定 F 是关系模式 R 上的一个函数依赖集,X、Y 是 R 的属性子集,如果从 F 的函数依赖能够推导出 $X{\to}Y$,则称 F 逻辑地蕴含 $X{\to}Y$,或称 $X{\to}Y$ 可以从 F 中导出,或称 $X{\to}Y$ 逻辑蕴含于 F,记为 $P{\Rightarrow}X{\to}Y$。

定义 4-8　函数依赖集合 F 所逻辑蕴含的函数依赖的全体称为 F 的闭包(closure),记为 F^+,即 $F^+ = \{X{\to}Y \mid P{\Rightarrow}X{\to}Y\}$。

4.3　函数依赖的规则

从已知的函数依赖,另外一些新的函数依赖可以被推导出,这就需要一系列推理规则,函数依赖的推理规则最早出现在 1974 年 W. W. Armstrong 的论文里,这些规则常被称为"Armstrong 公理"(即阿氏公理),其他人于 1977 年对阿氏公理体系改进后的形式即为以下的推理规则。

设有关系模式 $R(U)$,U 是关系模式 R 的属性集,F 是 R 上成立的只涉及 U 中属性的函数依赖集 X,Y,Z,W 均是 U 的子集,r 是 R 的一个实例。函数依赖的推理规则如下。

4.3.1　Armstrong 公理

1. A1:自反律(Reflexivity)

如果 $Y{\subseteq}X{\subseteq}U$,则 $X{\to}Y$ 在 R 上成立。即它的所有子集是由一组属性函数决定的。

证明:因为 $Y{\subseteq}X$,若 r 中存在两个元组在 X 上的值相等,那么 X 的子集 Y 其值也必然相等。可根据自反律推出前面所提到的平凡的函数依赖。

例如,在关系 SCD 中,(SNo,CNo)${\to}$SNo 和 (SNo,CNo)${\to}$CNo。

2. A2:增广律(Augmentation)

若 $X{\to}Y$ 在 R 上成立,且 $Z{\subseteq}U$,则 $XZ{\to}YZ$ 在 R 上也成立。

证明:用反证法。

假设 r 中存在两个元组 t_1 和 t_2 违反 $XZ{\to}YZ$,即 $t_1[XZ]=t_1[XZ]$,但 $t_1[YZ]{\neq}t_2[YZ]$。从 $t_1[YZ]{\neq}t_2[YZ]$ 可知,$t_1[Y]{\neq}t_2[Y]$ 或 $t_1[Z]{\neq}t_2[Z]$。

如果 $t_1[Y]{\neq}t_2[Y]$,则与已知的 $X{\to}Y$ 相矛盾;如果 $t_1[Z]{\neq}t_2[Z]$,则与假设的 $t_1[XZ]=t_2[XZ]$ 相矛盾。因此,假设不成立,增广律是正确的这点即可顺利得出。

3. A3：传递律（Transitivity）

若 $X{\rightarrow}Y$ 和 $Y{\rightarrow}Z$ 在 R 上成立，则 $X{\rightarrow}Z$ 在 R 上也成立。

证明：用反证法。

假设 r 中存在两个元组 r_1 和 r_2 违反 $X{\rightarrow}Z$，即 $t_1[X]=t_2[X]$，但 $t_1[Z]\neq t_2[Z]$。

如果，$t_1[Y]\neq t_2[Y]$，则与已知的 $X{\rightarrow}Y$ 相矛盾；如果 $t_1[Y]=t_2[Y]$，则与已知的 $Y{\rightarrow}Z$ 相矛盾。

因此，假设不成立，传递律是正确的这点即可顺利得出。

通过以上三个推理规则的证明，如下定理不难得出：

定理 4-1　Armstrong 公理的推理规则是正确的。也就是，如果 $X{\rightarrow}Y$ 是从 F 用推理规则导出，那么 $X{\rightarrow}Y$ 在 F^+ 中。

4.3.2　Amstrong 公理推论

1. 合并律（Union rule）

若 $X{\rightarrow}Y$ 和 $X{\rightarrow}Z$ 在 R 上成立，则 $X{\rightarrow}YZ$ 在 R 上也成立。

证明：对已知的 $X{\rightarrow}Y$，根据增广律，两边用 X 扩充，得到 $X{\rightarrow}XY$。

对已知的 $X{\rightarrow}Z$，根据增广律，两边用 Y，进行扩充，得到 $XY{\rightarrow}XZ$。

对 $X{\rightarrow}XY$ 和 $XY{\rightarrow}YZ$，根据传递律，得到 $X{\rightarrow}YZ$。

例如，在关系 SCD 中，SNo${\rightarrow}$(SN, Age)，SNo${\rightarrow}$(Dept, MN)，则 SNo${\rightarrow}$(SN, Age, Dept, MN)这点即可得出。

2. 伪传递律（Pseudotransitivity rule）

若 $X{\rightarrow}Y$ 和 $YW{\rightarrow}Z$ 在 R 上成立，则 $XW{\rightarrow}Z$ 在 R 上也成立。

证明：对已知的 $X{\rightarrow}Y$，根据增广律，用 W 对两边进行扩充，得到 $XW{\rightarrow}YW$。

对 $XW{\rightarrow}YW$ 和已知的 $YW{\rightarrow}Z$，根据传递律，得到 $XW{\rightarrow}Z$。

3. 分解律（Decomposition rule）

若 $X{\rightarrow}Y$ 和 $Z\subseteq Y$ 在 R 上成立，则 $X{\rightarrow}Z$ 在 R 上也成立。

证明：对已知的 $Z\subseteq Y$，根据自反律，得到 $Y{\rightarrow}Z$；对已知的 $X{\rightarrow}Y$ 和 $Y{\rightarrow}Z$，再根据传递律，得到 $X{\rightarrow}Z$。

非常明显，分解律为合并律的逆过程。

由合并律和分解律，以下定理即可顺利得出：

定理 4-2　如果 $A_1A_2,\cdots A_n$ 是关系模式 R 的属性集，那么 $X{\rightarrow}A_1A_2\cdots A_n$ 成立的充分必要条件是 $X{\rightarrow}A_i(i=1,2,\cdots,n)$ 成立。

4. 复合律（Composition）

若 $X{\rightarrow}Y$ 和 $W{\rightarrow}Z$ 在 R 上成立，则 $XW{\rightarrow}YW$ 在 R 上也成立。

证明:对已知的 $X{\rightarrow}Y$,根据增广律,两边用 W 扩充,得到 $XW{\rightarrow}YW$。

对已知的 $W{\rightarrow}Z$,根据增广律,两边用 Y 扩充,得到 $YW{\rightarrow}YZ$。

对 $XW{\rightarrow}YW$ 和 $YW{\rightarrow}YZ$,根据传递律,得到 $XW{\rightarrow}YZ$。

例如,$SNo{\rightarrow}(SN,Age)$,$Dept{\rightarrow}MN$,则 $(SNo,Dept){\rightarrow}(SN,Age,MN)$ 即可顺利得出。

在以上推理规则中,自反律、增广律和传递律称为函数依赖公理,是基于函数依赖的定义来证明的公理的正确性;合并律、伪传递律、分解律和复合律属于一般的推理规则,它们的正确性可用公理予以证明。

例 4-1 设有关系模式 $R(X,Y,Z)$ 与它的函数依赖集 $F=\{X{\rightarrow}Y,Y{\rightarrow}Z\}$,求函数依赖集 F 的闭包 F^{+}。

根据函数依赖的推理规则,可推出 F 的闭包 F^{+} 有 43 个函数依赖,它们是:

$$F=\begin{cases} X{\rightarrow}\varnothing,XY{\rightarrow}\varnothing,XZ{\rightarrow}\varnothing,XYZ{\rightarrow}\varnothing,Y{\rightarrow}\varnothing,YZ{\rightarrow}\varnothing,Z{\rightarrow}\varnothing,\varnothing{\rightarrow}\varnothing \\ X{\rightarrow}X,XY{\rightarrow}X,XZ{\rightarrow}X,XYZ{\rightarrow}X \\ X{\rightarrow}Y,XY{\rightarrow}Y,XZ{\rightarrow}Y,XYZ{\rightarrow}Y,Y{\rightarrow}Y,YZ{\rightarrow}Y \\ X{\rightarrow}Z,XY{\rightarrow}Z,XZ{\rightarrow}Z,XYZ{\rightarrow}Z,Y{\rightarrow}Z,YZ{\rightarrow}Z,Z{\rightarrow}Z \\ X{\rightarrow}XY,XY{\rightarrow}XY,XZ{\rightarrow}XY,XYZ{\rightarrow}XY \\ X{\rightarrow}XZ,XY{\rightarrow}XZ,XZ{\rightarrow}XZ,XYZ{\rightarrow}XZ \\ X{\rightarrow}YZ,XY{\rightarrow}YZ,XZ{\rightarrow}YZ,XYZ{\rightarrow}YZ,Y{\rightarrow}YZ,YZ{\rightarrow}YZ \\ X{\rightarrow}XYZ,XY{\rightarrow}XYZ,XZ{\rightarrow}XYZ,XYZ{\rightarrow}XYZ \end{cases}$$

其中,可以通过前面学过的函数依赖的推理规则来证明各函数依赖的正确性。譬如,空集 $\varnothing$ 可看成任何集合的子集,因此,根据自反律,可以证明第一行中的所有函数依赖都是正确的。其他各行的函数依赖读者可根据函数依赖的推导规则自行进行证明。

4.4 多值依赖和连接依赖

4.4.1 多值依赖

函数依赖是一种比较直观且容易理解的数据依赖联系。但关系模式的属性之间除了函数依赖以外,其他依赖联系也是存在的,多值依赖(multivalued dependence,MVD)就是其中之一,虽然这些依赖联系不大直观,理解起来有一定的难度,但它确实是现实世界中事物联系的客观反映。一个关系模式,即使在函数依赖范畴内已属于 BCNF,但若存在多值依赖,数据冗余过多的情况,插入异常和删除异常等问题仍然是存在的。

1.多值依赖的定义

在介绍多值依赖定义之前,先来看一个例子。

某高等学校为描述该校每个系有哪些教师和哪些学生,系(DeptName)、教师(Teacher)和学生名(Sname)三者之间的关系可通过一个非规范化的表格来表示如表 4-4 所示。

表 4-4　DeptName、Teacher 和 Sname 之间的关系

DeptName	Teacher	Sname
计算机系	张华	李明
	朱红	王方 江河
	...	...
自动化系	黄山	刘平
	刘林	程红
	...	...

表 4-4 变成一张规范化的二维表,就成为如表 4-5 所示。

表 4-5　规范化的关系 DeptInfo

DeptName	Teacher	Sname
计算机系	张华	李明
计算机系	张华	王方
计算机系	张华	江河
计算机系	朱红	李明
计算机系	朱红	王方
计算机系	朱红	江河
自动化系	黄山	刘平
自动化系	黄山	程红
自动化系	刘林	刘平
自动化系	刘林	程红

关系模式 DeptInfo(DeptName,Teacher,Sname)的唯一候选键是{Deptname,Teacher,Sname},即 DeptInfo 的属性都是主属性,因此关系模式 DeptInfo∈BCNF。但它以下一些问题仍然未从根本上得到解决:

①数据冗余过大。每个系的学生是固定的,但每增加一名教师,其学生姓名就要重复存放一份,大量数据冗余的情况就会发生。

②增加操作复杂。当某一系(计算机系)增加一名教师(林海)时,必须插入多个元组(其个数与学生数量有关,这里是三个):(计算机系,林海,李明);(计算机系,林海,王方);(计算机系,林海,江河)。

③删除操作复杂。当某一系(计算机系)有学生(李明)退学时,则多个元组(其个数与教师数量有关,这里是两个)就需要被删除:(计算机系,张华,李明);(计算机系,朱红,李明)。

由此可见,这个关系模式虽然已是 BCNF,但其数据的增加和删除操作起来仍然不是很方便,数据冗余十分明显。仔细考察这类关系模式可知,一个系有多名教师(一对多联系),一个系有多名学生(一对多联系),而且教师与学生之间没有直接联系。系与教师、学生的这种联系被称为多值依赖,正是这种多值依赖导致了关系模式 DeptInfo 出现以上的数据冗余过大,增

加和删除元组的操作复杂等问题。

定义 4-9 设 $R(U)$ 是属性集 U 上的一个关系模式，X,Y,Z 是 U 的子集，并且 $Z=U-X-Y$。若对于 $R(U)$ 的任一具体关系 r,r 在属性 (X,Z) 上的每一个值，就有属性 Y 上的一组值与之对应，且这组值仅仅决定于 X 上的值而与 Z 上的值没有直接关系，则称 Y 多值依赖于 X，记为 $X \twoheadrightarrow Y$。

2. 多值依赖的性质

对关系模式 $R(U)$，其属性间的多值依赖具有以下性质：

①互补律：若 $X \twoheadrightarrow Y$，则 $X \twoheadrightarrow Z$，其中 $Z=U-X-Y$。多值依赖的互补性还可以称之为对称性。

比如，对关系模式 DeptInfo 的具体关系 DeptInfo(表 4-5)，因为 DeptName $\twoheadrightarrow$ Teacher，由互补性不难得出：DeptName $\twoheadrightarrow$ Sname。

②函数依赖导出多值依赖：若 $X \rightarrow Y$，则 $X \twoheadrightarrow Y$。

多值依赖的特殊情况即为函数依赖，这是由于当 $X \rightarrow Y$ 时，对 X 的每一个值 X，Y 有一个确定的值 Y 与之对应。所以 $X \twoheadrightarrow Y$。

③传递律：若 $X \twoheadrightarrow Y$ 且 $Y \twoheadrightarrow Z$，则 $X \twoheadrightarrow (Z-Y)$。

④增广律：若 $X \twoheadrightarrow Y$，且 $V \subseteq W$，则 $WX \twoheadrightarrow VY$。

⑤自反律：若 $Y \in X$，则 $X \twoheadrightarrow Y$。

⑥多值依赖导出函数依赖：若 $X \twoheadrightarrow Y,Z \subseteq Y,Y \cap W = \varnothing,W \rightarrow Z$，则 $X \rightarrow Z$。

⑦合并律：若 $X \twoheadrightarrow Y,Y \twoheadrightarrow Z$，则 $X \twoheadrightarrow YZ$。

⑧分解律：若 $X \twoheadrightarrow Y,X \twoheadrightarrow Z$，则 $X \twoheadrightarrow (Y-Z)$，$X \twoheadrightarrow (Z-Y)$。

与函数依赖一样，多值依赖也有平凡多值依赖概念。

对于关系模式 $R(U)$，设 X,Y 是 U 的子集，若 $X \twoheadrightarrow Y$，其中 $Z=U-X-Y=\varnothing$，则称 $X \twoheadrightarrow Y$ 为平凡多值依赖，否则称为非平凡多值依赖。

多值依赖和函数依赖的区别主要体现在以下几点：

①多值依赖没有与函数依赖一样的分解律。在函数依赖中有这样的分解律：若关系模式 $R(U)$ 的属性集 X、Y 有 $X \rightarrow Y$ 成立，则对于任何 $Y' \in Y$ 都有 $X \rightarrow Y'$ 成立。

然而，多值依赖则没有这样的分解律，即若 $R(U)$ 的属性集 X、Y 有多值依赖 $X \twoheadrightarrow Y$ 在 U 上成立，对于任何 $Y' \in Y$ 有 $X \twoheadrightarrow Y'$ 成立这点是无法断言的。

②多值依赖的有效性与属性集的范围有直接关系。若 $X \twoheadrightarrow Y$ 在 U 上成立，则 $X \twoheadrightarrow Y$ 在 $W(W \in U)$ 上成立。反之则不然，即若 $X \twoheadrightarrow Y$ 在 $W(W \subset U)$ 上成立，而 U 在上则不一定成立。一般地，在 $R(U)$ 上若有 $X \twoheadrightarrow Y$ 在 $W(W \subset U)$ 上成立，则称 $X \twoheadrightarrow Y$ 为 $R(U)$ 的嵌入型多值依赖。

而在函数依赖中与属性集范围没有任何关系，即函数依赖 $X \rightarrow Y$ 的有效性仅决定于 X,Y 这两个属性集的值。只要在 $R(U)$ 的任何一个关系 r 中，任一元组在 X 和 Y 上的值对于前面的定义都是满足的话，则函数依赖 $X \rightarrow Y$ 在任何属性集 $W(XY \subseteq W \subseteq U)$ 上都成立。

③多值依赖的动态性。函数依赖只考虑关系模式的静态结构，对于具体关系增加或减少元组不涉及，其属性之间的函数依赖对应联系没有发生任何变化。而多值依赖则受其具体关

系取值的动态变化影响，即当关系中增加或删除一些元组后，多值依赖的对应联系就不会再维持不变的状态。

4.4.2 连接依赖

连接依赖，于反映属性间的相互约束。函数依赖是多值依赖的一种特殊情况，而多值依赖实际上又是连接依赖的一种特殊情况。将关系投影分解后再通过自然连接重组时，连接依赖应是函数依赖的最一般形式，不存在更一般的依赖使得连接依赖是它的特殊情况。

尽管连接依赖反映的也是属性之间的相互约束，不过，连接依赖不像函数依赖和多值依赖那样能够由语义直接导出，它只有在关系的连接运算时，才能反映出来，是为了实现关系的无损连接而引入的约束。

例 4-2 将一个关系 $R(U)$ 进行投影分解成 S 与 T 两个关系，若利用连接运算能将 S 与 T 连接成 R，则称此连接运算为无损失连接，如图 4-1 所示。

$$S=\prod x,y(R),T=\prod y,z(R)$$

即 $R=S*T$。

R

X	Y	Z
X_1	Y_1	Z_1
X_2	Y_2	Z_2
X_3	Y_3	Z_3

S

X	Y
X_1	Y_1
X_2	Y_2
X_3	Y_3

T

Y	Z
Y_1	Z_1
Y_2	Z_2
Y_3	Z_3

(a) 关系 R 的分解

S

X	Y
X_1	Y_1
X_2	Y_2
X_3	Y_3

*

T

Y	Z
Y_1	Z_1
Y_2	Z_2
Y_3	Z_3

=

R

X	Y	Z
X_1	Y_1	Z_1
X_2	Y_2	Z_2
X_3	Y_3	Z_3

(b) 关系 R 的重组

图 4-1 无损失连接

假定 $R(U)$ 为关系模式，$X_1,X_2,\cdots,X_k$ 为属性集 U 的子集，且 $U=X_1\cup X_2\cup\cdots\cup X_k$，$r$ 为 $R(U)$ 上的任意一个具体关系，如果满足 $r=\bowtie_{i=1}^{k}\left[\prod_{xi} r\right]$，则称 $R(U)$ 在 $X_1,X_2,\cdots,X_k$ 具

有 k 目连接依赖,$(k-JD)$ 用 $JD[X_1,X_2,\cdots,X_k]$ 来表示。

有上述定义可以看出,尽管 JD 也用"依赖"这个术语,但与前面的 MVD 和 FD 是有一定区别的。首先表现在 FD 和 MVD 都表示关系中的属性子集之间的一个约束,而 JD 则表示各属性子集共同与关系整体之间的约束。之所以它也是用术语"依赖",是从"关系通过投影而分解,在通过连接而还原"这个处理框来说的,FD、MVD 和 JD 是一致的。其次则表现在 FD 和 MVD 都有一套完整推导规则,而 JD 没有。

对于 JD,Fagin 定理可以写成:

设有关系模式 $R=(X、Y、Z),Z=R-\{X\cup Y\}$。$R$ 满足 JD $\bowtie\{XY,XZ\}$ 的必要充分条件是 $X\twoheadrightarrow Y$(或等同的 $X\twoheadrightarrow Z$)。

4.5 关系模式的范式

在关系数据库设计中,设计和构造一个合理的关系模式极其重要。由于有的关系模式会具有一些不好的性质,需要对这类关系模式进行分解。那么,怎样才能规范化地进行关系模式的分解呢? 用什么标准来评价分解以后模式的优劣呢?

为了消除数据操作异常问题并定性地衡量数据库被规范化的程度,学者们提出了"范式(Normal Forms,NF)"的概念。

范式有不同的等级,不同的范式满足不同程度规范化的要求。满足最低要求的范式称为第一范式(简记为 1NF),第一范式是其他范式的基础,高一级的范式是以低一级的范式为基础的。如果在第一范式中进一步满足其他一些要求则为第二范式(简记为 2NF);依此类推。所谓"第 N 范式"就是表示关系模式的某种级别,因此经常称某一关系模式为低级范式。

如果把范式理解为满足某一种级别的关系模式的集合,则各类范式之间的包含关系有:$5NF\subset 4NF\subset BCNF\subset 3NF\subset 2NF\subset 1NF$,如图 4-2 所示。

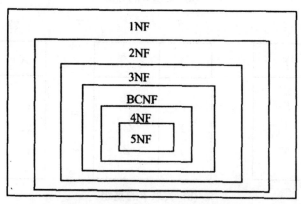

图 4-2 各类范式之间的包含关系

其中外层的范式规范化程度较低,内层的范式规范化程度较高。在已知的范式中,最高级是 5NF,最低级是 1NF。规范化程度高的关系模式可以最大限度地避免冗余,并能够有效地消除插入、修改和删除异常。一个低级范式的关系模式,经过模式分解可转换为若干高级范式的关系模式的集合,这种分解转换的过程称为关系模式规范化。关系数据库的设计者应该尽量使关系模式规范化。

4.5.1　第一范式(1NF)

若关系模式 R 中的所有属性值都是不可再分解的最小数据单位,那么就称关系 R 符合第一范式(first normal form,1NF),记作 $R \in 1NF$。

第一范式是最基本的范式,也是一个不含重复组的关系。不是 1NF 的关系称为非规范化的关系,满足 1NF 的关系称简为关系。1NF 是对关系模式的起码要求,在关系型数据库管理系统中,涉及的研究对象都满足 1NF 的规范化关系。

1NF 满足的条件:

①在关系的属性集中,不存在组合属性。例如,在学生表中,籍贯是学生的属性,若籍贯被分成 3 类:省、市、县,则籍贯就不再是简单的属性。相应的模式:XS(学号,姓名,所在院系,籍贯(省,市,县))不满足 1NF 条件。

②模式中所有属性的类型为基本类型,不存在多值属性。

如果关系不满足 1NF 条件,则可以通过下面几种方法将其转化为 1NF。

·若模式中有组合属性,则将组合属性去除即可。如籍贯是组合属性,可以将其换为省,市,县三个属性。相应的模式就变为:XS(学号,姓名,所在院系,省,市,县)。当然,也可以把籍贯作为一个基本属性,取消其复合属性。

·若属性的值不是基本类型,则可以通过增加属性或引入新的联系将该属性去除。例如,学生的联系电话是一个多值属性,规定每个学生只可以留两个电话,则只要把联系电话分为两个属性:宿舍电话和移动电话即可解决多值属性问题。

关系中的属性是否为原子,取决于实际研究对象的重要程度。例如,在某个关系中,属性 address 是否是原子的,取决于该属性所属的关系模式在数据库模式中的重要程度和该属性在所在关系模式中的重要程度。如果属性 address 在该关系模式中非常重要,那么属性 address 是非原子的,还要继续细分成属性 province、city、street、building 和 number;如果属性 address 不重要,可以将其认为成是原子的。

例 4-3　设有关系模式 SLC(读者号,图书号,工作单位,地址,出版社,借阅日期)

函数依赖包括:

(读者号,图书号) $\xrightarrow{F}$ 借阅日期

读者号→工作单位,(读者号,图书号) $\xrightarrow{P}$ 工作单位

读者号→地址,(读者号,图书号) $\xrightarrow{P}$ 地址

用图 4-3 可以直观地表示这些函数依赖。图中实线表示完全函数依赖,虚线表示部分函数。

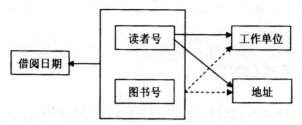

图 4-3　关系模式 SLC 的函数依赖

这里,(读者号,图书号)两个属性一起函数决定借阅日期。

(读者号,图书号)也函数决定工作单位和出版社。有(读者号,图书号)$\xrightarrow{F}$(读者号,图书号,工作单位,地址,出版社,借阅日期),因此(读者号,图书号)是关系模式 SLC 的键,"读者号","图书号"为主属性。

因为读者号→工作单位,图书号→出版社,因此在关系模式 SLC 中存在非主属性"工作单位"和"出版社"部分函数依赖于键(读者号,图书号)。

SLC 关系模式存在着以下问题。

①插入异常。假如要插入一个读者号为"070501",工作单位为"清华大学",出版社为"北京大学出版社",但还未借书的读者,这个读者无图书号。这样的元组就不能插入 SLC 中,因为插入元组时必须给定键值,而此时键值的一部分为空,因而该读者的信息无法插入。

②删除异常。假定某个读者(如 070501)只借阅了"003"一本书。现在连"003"号图书他也不借阅了。图书号是主属性,删除了"003"号课程,整个元组就被删除,"070501"的其他信息也跟着被删除了,产生了删除异常。即不应删除的信息也被删除了。

③数据冗余度大。如果一个读者借阅了 20 本图书,那么他的工作单位值就要重复 20 次存储。

④修改复杂。某个读者从清华大学转到北京大学了,本来只需修改读者的工作单位即可,由于工作单位重复存储了 K 次,当数据更新时必须无遗漏地修改 K 个元组中全部工作单位和地址信息,这就造成了修改的复杂化。因此 SLC 不是一个好的关系模式。正因为上述原因,引入了第二范式。

4.5.2　第二范式(2NF)

如果关系模式 $R \in$ 1NF,且每个非主属性都完全函数依赖于 R 的主关系键,则称 R 属于第二范式(Second Normal Form),简称 2NF,记作 $R \in$ 2NF。如果数据库模式中所有的关系模式都是 2NF,则这个数据库模式称为 2NF 的数据库模式。

在关系模式 SCD 中,Sno、CNo 为主属性,Age、Dept、SN、MN 和 Score 均为非主属性,经上述分析,非主属性对主关系键的部分函数依赖是存在着的,所以 SCD $\notin$ 2NF。而如图 4-5 所示的由 SCD 分解的三个关系模式 S、D 和 SC 中,S 的关系键为 SNo;D 的关系键为 Dept,它们都是单属性,部分函数依赖是根本不可能存在的。而对于 SC,(SNo,CNo)$\xrightarrow{f}$Score。所以 SCD 分解后,非主属性对主关系键的部分函数依赖也就得以消除,S、D 和 SC 均属于 2NF。

又如介绍全码的概念时给出的关系模式 TCS(T、C、S)，一个教师可以讲授多门课程，一门课程可以被多个教师讲授；同样一个学生可以选听多门课程，一门课程可以为多个学生选听，(T,C,S)三个属性的组合是关系键，T、C 和 S 都是主属性，而没有非主属性，所以非主属性对主关系键的部分函数依赖也就根本不存在，因此 TCS∈2NF。

经以上分析，可以得到两个结论：

①从 1NF 关系中消除非主属性对主关系键的部分函数依赖，则可得到 2NF 关系；

②如果 R 的关系键为单属性，或 R 的全体属性均为主属性，则 $R \in 2NF$。

1. 2NF 规范化

2NF 规范化是指把 1NF 关系模式通过投影分解，转换成 2NF 关系模式的集合。

"一事一地"分解时遵循的基本原则，让一个关系只描述一个实体或者实体间的联系。如果多于一个实体或联系，投影分解的工作就需要进行。

下面以关系模式 SCD 为例，来说明 2NF 规范化的过程。

例 4-4　将 SCD(SNo,SN,Age,Dept,MN,CNo,Score)规范为 2NF。

由 $SNo \rightarrow SN, SNo \rightarrow Age, SNo \rightarrow Dept, (Sno, CNo) \xrightarrow{f} Score$，可以判断，关系 SCD 描述了至少是两个实体，一个为学生实体，属性有 Sno、SN、Age、Dept 和 MN；另一个是学生与课程的联系(选课)，属性有 Sno、CNo 和 Score。根据分解的原则，可以将 SCD 分解成如下两个关系，如图 4-4 所示。

SD(SNo,SN,Age,Dept,MN)，描述学生实体；SC(SNo,CNo,Score)，描述学生与课程的联系。

SD

SNo	SN	Age	Dept	MN
S1	赵亦	17	计算机	刘伟
S2	钱尔	18	信息	王平
S3	孙珊	20	信息	王平
S4	李思	21	自动化	刘伟

SC

SNo	CNo	Score
S1	C1	90
S1	C2	85
S2	C5	57
S2	C6	80
S2	C7	
S2	C4	70
S3	C1	75
S3	C2	70
S3	C4	85
S4	C1	93

图 4-4　关系 SD 和 SC

对于分解后的两个关系 SD 和 SC，SNo 和（SNo,CNo）依次为主键，非主属性对主键完全函数依赖。因此,SD∈2NF,SC∈2NF,而且前面已经讨论,任何信息在 SCD 的这种分解中都不会丢失,具有无损连接性。

分解后,SD 和 SC 的函数依赖分别如图 4-5 和图 4-6 所示。

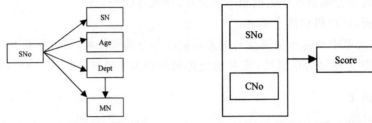

图 4-5　SD 中的函数依赖关系图　　　图 4-6　SC 中的函数依赖关系图

1NF 的关系模式经过投影分解转换成 2NF 后,一些数据冗余得以消除。分析图 4-5 中 SD 和 SC 中的数据,可以看出,和关系模式 SCD 比较起来,它们存储的冗余度有了较大幅度的降低。学生的姓名、年龄不需要重复存储多次。这样便可在一定程度上避免数据更新所造成的数据不一致的问题。由于把学生的基本信息与选课信息分开存储,则学生基本信息因没有选课而不能插入的问题得到了有效解决,插入异常现象也有了一定的部分改善。同样,如果某个学生不再选修 C1 课程,只在选课关系 SC 中删去该学生选修 C1 的记录即可,不会影响到 SD 中有关该学生的其他信息,部分删除异常问题也得到了有效解决。因此可以说关系模式 SD 和 SC 在性能上比 SCD 有了显著提高。

下面对 2NF 规范化作形式化的描述。

算法 4-1　设有关系模式 $R(X,Y,Z)$,$R∈1NF$,但 $R∉2NF$,其中,X 是主属性,Y,Z 是非主属性,且存在部分函数依赖,$X \xrightarrow{p} Y$。设 X 可表示为 X_1,X_2,其中 $X_1 \xrightarrow{f} Y$,则 $R(X,Y,Z)$ 可以分解为 $R[X_1,Y]$ 和 $R[X,Z]$。因为 $X_1 \xrightarrow{f} Y$,所以 $R(X,Y,Z)=R[X_1,Y] * R[X_1,X_2,Z]=R[X_1,Y] * R[X,Z]$,即 R 等于其投影 $R[X_1,Y]$ 和 $R[X,Z]$ 在 X_1 上的自然连接,R 的分解具有无损连接性。

由于 $X_1 \xrightarrow{f} Y$,因此 $R[X_1,Y]∈2NF$。若 $R[X_1,Y]∉2NF$,投影分解的进行可以按照上述方法继续下去,直到将 $R[X,Z]$ 分解为属于 2NF 关系的集合,且这种分解必定是有限的。

2. 2NF 的缺点

1NF 中存在的一些问题在 2NF 的关系模式得到了解决,2NF 规范化的程度比 1NF 前进了一步,但 2NF 的关系模式在进行数据操作时,以下问题仍然得不到根本上解决。

①数据冗余。如每个系名和系主任的名字存储的次数等于该系的学生人数。

②插入异常。如当一个新系没有招生时,有关该系信息的插入是无法实现的。

③删除异常。如某系学生全部毕业而没有招生时,删除全部学生的记录也随之删除了该系的有关信息。

④更新异常。如更换系主任时,较多的学生记录仍需改动。

之所以这些问题无法避免,是由于在 SCD 中存在着非主属性对主键的传递函数依赖。分析 SCD 中的函数依赖关系,$SNo \rightarrow SN$,$SNo \rightarrow Age$,$SNo \rightarrow Dept$,$Dept \rightarrow MN$,$SNo \xrightarrow{t} MN$,非主属性 MN 对主键 SNo 传递函数依赖。为此,对关系模式 SCD 的进一步简化还是有必要的,消除这种传递函数依赖,这样就得到了 3NF。

4.5.3　第三范式(3NF)

如果关系模式 $R \in 2NF$,且每个非主属性都不传递依赖于 R 的码,则称关系 R 属于第三范式,简称为 3NF,记作 $R \in 3NF$。

此定义的含义即为,若 $R \in 3NF$,则每一个非主属性既不部分依赖于码也不传递依赖于码。由此可知,第三范式的实质是要从第二范式中去掉非主属性对码的传递函数依赖。

1.3NF 性质

①一个 3NF 的关系必定符合 2NF。

由于在 3NF 中必然不存在非主属性对候选码的部分依赖,因此该关系必定符合 2NF。

②3NF 不存在非主属性之间的函数依赖,但仍然存在主属性之间的函数依赖。

证明 3NF 只针对非主属性与候选码所构成的函数依赖的限制,这样,可能存在主属性对候选码的部分依赖和传递依赖。

现证明 3NF 不存在非主属性之间的函数依赖。利用反证法,设 3NF 中存在非主属性之间的函数依赖。

因为候选码决定所有属性,也就决定了非主属性,因此,存在着非主属性对候选码的传递依赖。其相应的模式就不是 3NF。这与前提矛盾。故 3NF 不存在非主属性之间的函数依赖。这里把由主属性和非主属性合起来决定非主属性的情况也归结为非主属性之间的函数依赖。例如,设 A 是主属性,B,C 是非主属性,函数依赖 $AB \rightarrow C$ 是非主属性之间的函数依赖。

由此可知,在 3NF 中,除了候选码决定非主属性外,其他任何属性组均不能决定非主属性。由此可得判别 3NF 的方法。

2.判别 3NF 的方法

①找候选码,确定非主属性。

②考察非主属性对候选码的函数依赖是否存在部分函数依赖。如果存在,则相应的关系模式不是 2NF,否则是 2NF。

③考察非主属性之间是否存在函数依赖。如果存在,相应模式不是 3NF,否则是 3NF。

采用上述判别方法能够逐级判别关系模式的范式级别。此外,还可根据 3NF 定义,判断是否存在非主属性对候选码的传递函数依赖。

例 4-5　在关系模式 $STJ(S,T,J)$ 中,S 表示学生,T 表示教师,J 表示课程。

假设每个教师只教一门课。每门课由若干教师教,某一学生选定某门课,就确定了一个固定的教师。由语义可得到如下的函数依赖。

$(S,J) \rightarrow T$,$(S,T) \rightarrow J$,$T \rightarrow J$,可通过图 4-7 所示。

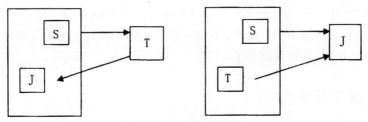

图 4-7 STJ 的函数依赖

从中可以发现 $STJ(S,T,J)$ 中的 (S,J)、(S,T) 都是候选键。

因为 (S,J)，(S,T) 都是候选键，S,T,J 都是主属性，虽然 J 对候选键 (S,T) 存在部分函数依赖，T 对候选键 (S,J) 存在部分函数依赖，但都是主属性对候选键的部分函数依赖，所以 $STJ \in 3NF$。

$3NF$ 的 STJ 关系模式也存在一些问题。

①插入异常。如果某个学生刚刚入校，尚未选修课程，则因受主属性不能为空的限制，有关信息无法存入数据库中。

②删除异常。如果选修过某门课程的学生全部毕业了，在删除这些学生元组的同时，相应教师开设该门课程的信息也同时丢掉了。

③数据冗余度大。虽然一个教师只教一门课程，但每个选修该教师该门课程的学生元组都要记录这一信息。

④修改复杂。某个教师开设的某门课程改名后，所有选修了该教师该门课程的学生元组都要进行相应的修改。

因此，虽然 $STJ \in 3NF$，但它仍不是一个理想的关系模式。

4.5.4 BCNF 范式

事实上，在函数依赖的范畴内，达到 3NF 还是不能解决所有的异常问题，只有达到 BCNF 才能真正避免数据操作的异常问题。BCNF(Boyce Codd Norm Form)是由 Boyce 和 Codd 提出的，该范式是对 3NF 的一种改进，是建立在 1NF 的基础之上的。当关系模式具有多个候选键且这些候选键具有公共属性时，3NF 不能满意地解决问题，需要进一步将其转换为 BCNF 范式。

设 R 是一个关系模式，如果 R 的每个属性都不传递函数依赖于 R 的候选键。则称 R 满足 BCNF。

对于 BCNF 有如下形式的等价定义：

设 R 是一个关系模式，F 是 R 的函数依赖集，如果对于 F 中的每一个非平凡的函数依赖 $X \rightarrow Y$，都有 X 是 R 的超键，则称 R 满足 BCNF。

可以证明，如果关系模式 R 满足 BCNF，则 R 一定满足 3NF，反之则不然。可以说，BCNF 是在函数依赖的条件下，对一个关系模式进行分解所能达到的最高程度。如果说一个关系模式 R 分解后得到的一组关系都属于 BDNF，那么在函数依赖范围内，这个关系模式已经彻底分解了，先出了插入、删除等异常现象。

例 4-6　设关系模式 $R(S\#,CN,TN)$ 中的属性分别表示学生的学号、课程名称和任课教师的姓名。如果每门课程可以有几位教师讲授，但每位教师只教一门课程，每名学生可以选修几门课程。则有函数依赖：

$$(S\#,CN)\to TN,(S\#,TN)\to CN,TN\to CN$$

这里，$(S\#,CN)$ 和 $(S\#,TN)$ 都可以作为候选键。该关系模式满足 3NF，因为没有任何非主属性传递函数依赖或部分函数依赖于键。但该关系模式不满足 BCNF，因为左部 TN 不包含键。这样，当已经设置了课程并确定了任课教师，但还没有学生选修时，任课教师与课程的信息就不能插入；当学生毕业需删除有关元组时，则任课教师与课程的信息也将被删除。因此该关系模式存在插入异常和删除异常等弊端。

如果将关系模式 R 分解为以下两个关系：$R_1(S\#,TN)$，$R_2(TN,CN)$。则 R_1 和 R_2 都满足 BCNF，且消除了插入和删除等操作异常。

4.5.5　第四范式(4NF)

定义 4-10　关系模式 $R<U,F>\in 1NF$，若对于 R 的每个非平凡多值依赖 $X\to\to Y(Y\nsubseteq X)$，X 均含有码，那么称 $R<U,F>\in 4NF$。

4NF 就是限制关系模式的属性之间不允许有非平凡且非函数依赖的多值依赖。由于按照定义，对于每一个非平凡的多值依赖 $X\to\to Y$，X 都含有候选码，从而有 $X\to Y$，因此 4NF 所允许的非平凡的多值依赖实际上是函数依赖。[①]

易知，若一个关系模式是 4NF，则必为 BCNF。

如果一个关系模式已达到了 BCNF，但是并不是 4NF，该关系模式依旧具有不好的性质。

函数依赖和多值依赖是两种最重要的数据依赖。若仅仅考虑函数依赖，那么属于 BCNF 的关系模式规范化程度已经是最高的了。若考虑多值依赖，则属于 4NF 的关系模式规范化程度是最高的。

4.5.6　第五范式

在实际情况中，如果不对具有连接依赖的关系模式进行分解，则对该模式的关系进行操作会出现困难和异常等。如插入异常，删除异常和修改困难等，并且存在着数据冗余严重等问题。为此，我们可以引入更高的第五范式，也可以称为投影连接范式，记为 PJNF。

投影连接范式的定义为：假定 $R(U)$ 为一关系模式，当且仅当 $R(U)$ 的每个连接依赖都按照它的候选关键字进行连接运算时，则称关系模式 $R(U)$ 符合第五范式，记为 5NF。

如图 4-8(b)所示的关系 R 的连接依赖为 $JD[XY,YZ]$，其连接运算不是按候选关键字进行的，所以关系 R 是一个 4NF 关系，不是 5NF。如图 4-8 所示关系 R 是一个 5NF，其连接运算是按候选关键字进行的，即

$$R=V*W$$

---

① 　王珊，萨师煊. 数据库系统概念[M]. 4 版. 北京：高等教育出版社，2006

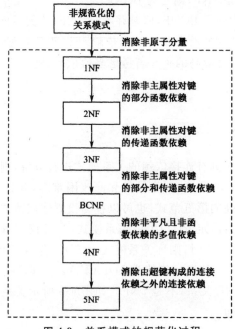

图 4-8　5NF 关系

从原则上说,利用逐步分解的方法可以将任何一个非 5NF 的关系都分解成一组 5NF 的关系,每个关系中不存在任何连接依赖。这就是说 5NF 是可以达到的。

判定一个关系是否为 5NF。需要知道该关系的全部候选关键字和连接依赖,然后判断每个连接是否按照候选关键字进行。不过,正确地判断一个关系是否为 5NF 仍然是一个不完全清楚的过程,因为要想找出一个关系的所有连接依赖是非常困难的。

若一个关系是 3NF 的,并且它的每个关键字都是单属性,则它是 5NF 的。这个结论在实际应用中非常重要,它使得在判断一个关系是否 5NF 时,不必考虑其 MVD 和 JD 问题。

综上所述,关系模式的规范化过程是通过对关系模式进行分解来实现的,即将规范化程度低的关系模式分解为多个高一级的关系模式,从而最大限度地消除某些插入、修改和删除等异常问题。对于大多数实际应用而言,将关系模式分解到 3NF 就可以满足要求了。但有一些实际问题则还需要进一步分解为 BCNF 或 4NF 甚至 5NF。关于 4NF 和 5NF 需要涉及多值依赖和连接依赖等概念,在这里不作深入探讨。关系模式的规范化过程如图 4-9 所示。

图 4-9　关系模式的规范化过程

4.6　关系模式的分解

4.6.1　关系模式分解定义

对函数依赖的基本性质有了初步的了解之后,就可以学习模式分解的有关知识了。关系模式分解的目的是使模式更加规范化,从而减少以至消除数据冗余和更新异常。但是,在对关系模式中的诸多属性进行分解时,要注意什么问题,如何在多种不同的分解方式中正确地判别优劣呢?

1. 模式分解的一个实例

首先分析关系模式成绩(学号,课程名,教师姓名,成绩),各关系如表 4-6 所示。

表 4-6　关系成绩

学号	课程名	教师姓名	成绩
010125	数据库原理	张静	96
010138	数据库原理	张静	88
020308	数据库原理	张静	90
010125	C 语言	刘天民	92

如下为成绩关系的函数依赖集:

(学号,课程名)→教师姓名,成绩

(学号,教师姓名)→课程名,成绩

教师姓名→课程名

其中,主键为(学号,课程名)和(学号,教师姓名)。因为"课程名"为主属性,并且函数依赖:教师姓名→课程名的决定因素"教师姓名"只是主键的一部分而不包含整个主键,所以该模式不符合 BC 范式。

可以把关系模式成绩分解成关系 M 和 N:

M(学号,课程名,成绩)

N(学号,教师姓名)

分解后的关系 M 和 N 如表 4-7 与表 4-8 所示。

表 4-7　关系 M

学号	课程名	成绩
010125	数据库原理	96

学号	课程名	成绩
010138	数据库原理	88
020308	数据库原理	90
010125	C 语言	92

表 4-8　关系 N

学号	教师姓名
010125	张静
010138	张静
020308	张静
010125	刘天民

在关系 M 中的函数依赖为：

(学号,课程名)→成绩

其中,(学号,课程名)为主键。对于关系 N 来说,学生与教师之间为多对多的联系,即一个学生可修读多门课,从而面对多位教师,而一名教师显然要教多个学生,并不存在函数依赖。于是,M 中的两个属性共同构成主键。

通过从上面分析可知分解后的关系 M 和 N 都符合 BC 范式,至此范式分解完毕。下面通过实例仔细分析一下这样的结论能否经得起检验。

当要查询某位教师上什么课时,就要对 M 和 N 两个关系以学号为公共属性进行自然连接,这时得到的实例如表 4-9 所示。

表 4-9　M ⋈ N 后得到的结果

学号	课程名	教师姓名	成绩	
010125	数据库原理	张静	96	
010125	数据库原理	刘天民	96	※
010138	数据库原理	张静	88	
020308	数据库原理	张静	90	
010125	C 语言	刘天民	92	
010125	C 语言	张静	92	※

很明显,此时比原来多了两个元组。但分析发现多出来的两个元组与实情不符,是不正确的。之所以会出现这种问题是由于丢失了函数依赖:教师姓名→课程名。按现在的实例,一名教师可能开几门课,但事实上规定一名教师只能开一门课。原因是,在模式分解时把相关的两个属性分开了,即使以后连在一起,有些内在的联系也不能再现。

通过分析上面的例子,显然,对模式的分解不是随意的。它主要涉及无损连接和保持依赖两个原则,在后面将会详细介绍。

2. 模式分解的定义

分解是关系向更高一级范式规范化的一种唯一手段。所谓关系模式的分解,是将关系模式的属性集划分成若干子集,并以各属性子集构成的关系模式的集合来代替原关系模式,则该关系模式集就叫原关系模式的一个分解。

下面给分解一个形式定义:

关系模式 $R(U)$ 中有如下的一个集合: $\rho = \{R_1(U_1), R_2(U_2), \cdots, R_n(U_n)\}$,其中 $U = U_1 \cup U_2 \cup \cdots \cup U_n$,且对于任何 $1 \leqslant i, j \leqslant n, i \neq j, U_i \subseteq U_j$ 都不成立。则称 ρ 为关系模 R 的一个分解。

由于关系模式的分解方案并不是唯一的,在分解时分解后的关系模式是否能够准确反映原关系模式的所有信息,并且不会增加任何不存在的信息是其主要关系的问题。由于关系模式的分解直接引起关系(体)的分解,它是在对应模式分解上的投影所得到的一组关系。因此,一方面要求分解后的关系模式经过某种连接操作后与元组相同,既没有增加也没有减少;另一方面要求分解后的关系模式保持原关系模式中的函数依赖。以上这两个方面是进行关系模式分解时必须要遵守的原则。

针对关系模式分解原则的第一个要求,即保证模式分解不丢失原关系模式中的信息,本书引入分解的无损连接性的概念;针对关系模式分解的第二个要求,即保证模式分解不丢失原关系模式中的函数依赖,本书又引入保持函数依赖性的概念。

4.6.2　模式分解原则

关系模式的规范化过程是通过对关系模式的分解来实现的,但把低一级的关系模式分解成为若干个高一级的关系模式的方法并不是唯一的。判断一个分解是否与原关系模式等价可以有三种不同的标准:分解具有无损连接性;分解要保持函数依赖;分解既要保持函数依赖,又要具有无损连接性。

如果一个分解具有无损连接性,则它能够保证不丢失信息。如果一个分解保持了函数依赖,则它可以减轻或解决各种情况。

分解具有无损连接性和分解保持函数依赖是两个互相独立的标准。保持函数依赖的分解也不一定具有无损连接性。同样,具有无损连接性的分解不一定能够保持函数依赖。

规范化的理论提供了一套完整的模式分解算法,按照这套算法能够做到:

①若要求分解保持函数依赖,则模式分解一定能够达到 3NF,但不一定能够达到 BCNF。

②若要求分解既具有无损连接性,又保持函数依赖,则模式分解一定能够达到 3NF,但不一定能够达到 BCNF。

③若要求分解具有无损连接性,则模式分解一定能够达到 4NF。

4.6.3 无损连接分解

1.无损连接分解的定义

无损连接分解(lossless-join decomposition)也可简称无损分解。无损连接分解的定义为:

设 R 为一关系模式,F 为其 FD 集,$\rho=\{R_1,R_2,\cdots,R_k\}$ 为 R 的一个分解。若对于模式 R 的任一满足 F 中函数依赖的实例(关系)r 有:

$$r=\pi R_1(r)\bowtie \pi R_2(r)\bowtie\cdots\bowtie \pi R_k(r)$$

即 r 与它在 $R_1,R_2,\cdots,R_k$ 上投影自然连接的结果相等,则称为 R 的一个无损连接分解。

也就是说,若关系模式 R 的任一关系 r 都是它在各分解模式上的投影的自然连接,则该分解就是无损连接分解;否则,为有损连接分解(loss-join decomposition),或称有损分解。从定义可以看出,所谓"有损连接",其实并未损失什么,反而是"更多"点什么了。就是这个"更多"使原来一些确定的信息变成不确定了,从这个意义上讲,是损失了(确定性)。将一个关系的两个投影分解再作自然连接,其结果会包含一些非原关系的元组。

例 4-7 假设关系模式 $R(A,B,C)$,试采用两种方案对该模式进行分解。

方案一:$\rho_1=\{R_1(A,B),R_2(B,C)\}$,如图 4-10 所示。

A	B	C
a_1	b_1	c_1
a_2	b_1	c_2

(a) 关系 r

A	B
a_1	b_1
a_2	b_1

(b) 关系 r_1

B	C
b_1	c_1
b_1	c_2

(c) 关系 r_2

A	B	C
a_1	b_1	c_1
a_1	b_1	c_2
a_2	b_1	c_1
a_2	b_1	c_2

(d) 关系 $r_1 \bowtie r_2$

图 4-10 关系模式 R 的第一种分解方案

图中,(a)是 R 上的一个关系,(b)和(c)分别是 r 在模式 R_1 和 R_2 上的投影 r_1 和 r_2,(d)是关系 r_1 和 r_2 上的自然连接。显然,$r\neq r_1 \bowtie r_2$,r 在投影和连接以后比原来的 r 相比发生变化,因此分解方案 ρ_1 不具有无损连接性。

方案二:$\rho_2=\{R_1(A,B),R_2(A,C)\}$,如图 4-11 所示。

A	B	C
a_1	b_1	c_1
a_2	b_1	c_2

（a）关系 r

A	B
a_1	b_1
a_2	b_1

（b）关系 r_1

A	B	C
a_1	b_1	c_1
a_2	b_1	c_2

（c）关系 r_2

A	B
a_1	b_1
a_2	b_1

（d）关系 $r_1 \bowtie r_2$

图 4-11　关系模式的第二种分解方案

图中，(a)是 R 上的一个关系，(b)和(c)分别是 r 在模式 R_1 和 R_2 上的投影 r_1 和 r_2，(d)是关系 r_1 和 r_2 的自然连接，显然，$r=r_1 \bowtie r_2$，r 在投影和连接以后仍然能够恢复为 r，即模式分解没有丢失任何信息，因此分解方案 ρ_2 具有无损连接性。

2. 无损连接分解的判定及其检测

如果一个关系模式的分解不能保持无损连接性，那么分解后得到的关系就不能通过自然连接运算恢复分解前关系的原样。要保证关系模式的分解具有无损连接性，就需要在模式分解时利用该模式的属性间的函数依赖，并且通过在分解后的关系中保留传递依赖的桥梁因素来保证关系的无损连接性。

下面定理对判别一个分解是否是无损的具有重要意义。

定理 4-3　设 $\rho=(R_1, R_2)$ 是关系模式 R 的一个分解，F 为 R 的 FD 集。当且仅当 $R_1 \cap R_2 \to (R_1 - R_2)$ 或 $R_1 \cap R_2 \to (R_2 - R_1)$ 属于 F^+ 时，ρ 是 R 的无损连接分解。

对于该定理的证明在此不作详细说明。有的将该定理中的必要条件改为 $R_1 \cap R_2 \to R_1$ 或 $R_1 \cap R_2 \to R_2$ 属于 F^+，实质上这两者是完全等价的。

例 4-8　对于图 4-11 中的分解，假定其 FD 集 $F=\{A\to B, C\to B\}$，判断该分解是否是连接无损的。

利用定理 4-2 来判断。此时 $R_1 \cap R_2 = B, R_1 - R_2 = A, R_2 - R_1 = C$ 由于在 FD 集中，既无 $B\to A$，也无 $B\to C$，故其分解是有损的。

例 4-9　对于图 4-12 中的分解及其 FD 集，可判别该分解是无损的。

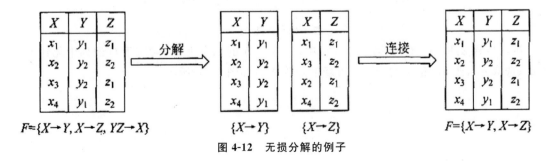

图 4-12　无损分解的例子

定理 4-3 给出了一种分解关系模式成两部分的连接无损分解判定法。那么如何判断一般情况分解的连接无损性呢？这里介绍一种检测方法。设有关系模式 $R=(A_1,A_2,\cdots,A_k)$，F 为其 FD 集，$\rho=\{R_1,R_2,\cdots,R_k\}$ 为 R 的分解，其检测算法描述如下：

算法 4-2 LOSSLESS_DECOMP( )

输入：R 的 FD 集 F 及分解 ρ

输出：确定 ρ 是否为 R 的无损分解

步骤：

(1)构造一个以 R_i 为行、A_j 为列的 $k \times n$ 矩阵 $M\{m_{ij}\}$，其中，若 $A_j \in R_i$，则 $m_{ij}=a_j$；否则 $m_{ij}=b_{ij}$（a_j,b_{ij} 仅是一种符号，无专门含义）。

(2)自 F 中取下一个 FD $X \rightarrow Y$；在矩阵中寻找对应于 X 中属性的所有列上符号 a_j 或 b_{ij} 全相同的那些行，按下列情况分别进行处理：

①若找到两个（或多个）这样的行，则让这些行中对应于 Y 中属性的所有列的符号相同：若符号中有一个 a_j，则全为 a_j；否则全为其中的某一符号 b_{ij}；

②若未找到两个这样的行，则转下一步。

(3)对 F 集中所有 FD 重复执行步骤(2)，直至不再对矩阵 $M\{m_{ij}\}$ 引起任何变动；

(4)寻找 $M\{m_{ij}\}$ 中全为"a"，即形如($a_1,a_2,\cdots,a_n$)的行，若存在这样的行，则 ρ 为无损分解，否则为有损分解。

现对该算法进行举例说明。

例 4-10 设有关系模式 R，其函数依赖集 F 和 R 的一个分解 ρ 如下：

$R=(A,B,C,D,E)$

$F=\{A \rightarrow C,B \rightarrow C,C \rightarrow D,DE \rightarrow C,CE \rightarrow A\}$

$\rho=(R_1,R_2,R_3,R_4,R_5)$

$R_1=(A,D),R_2=(A,B),R_3=(B,E),R_4=(C,D,E),R_5=(A,E)$

执行步骤 1：建立矩阵 M，如图 4-13 所示。

M:	A	B	C	D	E
$R_1=(A,D)$	a_1	b_{12}	b_{13}	a_4	b_{15}
$R_2=(A,B)$	a_1	a_2	b_{23}	b_{24}	b_{25}
$R_3=(B,E)$	b_{31}	a_2	b_{33}	b_{34}	a_5
$R_4=(C,D,E)$	b_{41}	b_{42}	a_3	a_4	a_5
$R_5=(A,E)$	a_1	b_{52}	b_{53}	b_{54}	a_5

图 4-13　矩阵 M

执行步骤 2：取 $A \rightarrow C$，在第 1,2,5 行中，对应于 A 的列全为 a_1，对应于 C 的列中无任何一个 a_i；选取 b_{13}，改 b_{23} 和 b_{53} 均为 b_{13}，得新的矩阵 M_1，如图 4-14 所示。

$$
\begin{array}{c|ccccc}
M_1: & A & B & C & D & E \\
\hline
R_1=(A,D) & a_1 & b_{12} & b_{13} & a_4 & b_{15} \\
R_2=(A,B) & a_1 & a_2 & b_{13} & b_{24} & b_{25} \\
R_3=(B,E) & b_{31} & a_2 & b_{33} & b_{34} & a_5 \\
R_4=(C,D,E) & b_{41} & b_{42} & a_3 & a_4 & a_5 \\
R_5=(A,E) & a_1 & b_{52} & b_{13} & b_{54} & a_5 \\
\end{array}
$$

图 4-14　矩阵 M_1

执行步骤 3：再取 $B \rightarrow C$，重复执行步骤 2，此时第 2、3 行的 B 列为 a_2，同上步一样，替换 C 列中的 b_{33} 为 b_{13} 得矩阵 M_2，如图 4-15 所示。

$$
\begin{array}{c|ccccc}
M_2: & A & B & C & D & E \\
\hline
R_1=(A,D) & a_1 & b_{12} & b_{13} & a_4 & b_{15} \\
R_2=(A,B) & a_1 & a_2 & b_{13} & b_{24} & b_{25} \\
R_3=(B,E) & b_{31} & a_2 & b_{13} & b_{34} & a_5 \\
R_4=(C,D,E) & b_{41} & b_{42} & a_3 & a_4 & a_5 \\
R_5=(A,E) & a_1 & b_{52} & b_{13} & b_{54} & a_5 \\
\end{array}
$$

图 4-15　矩阵 M_2

依次取 FD，直至用完 $CE \rightarrow A$ 后，得矩阵 M_3，如图 4-16 所示。此时出现了第 3 行全为 "a"。要指出的是，算法到此本来应该结束了，ρ 是无损分解，但按算法的循环控制，可能并未终止。虽然可以修改控制，在第三步进行全"a"测试，但这样做不一定划算，总的代价可能更高。

$$
\begin{array}{c|ccccc}
M_3: & A & B & C & D & E \\
\hline
R_1=(A,D) & a_1 & b_{12} & b_{13} & a_4 & b_{15} \\
R_2=(A,B) & a_1 & a_2 & b_{13} & a_4 & b_{25} \\
R_3=(B,E) & a_1 & a_2 & a_3 & a_4 & a_5 \\
R_4=(C,D,E) & a_1 & b_{42} & a_3 & a_4 & a_5 \\
R_5=(A,E) & a_1 & b_{52} & a_3 & a_4 & a_5 \\
\end{array}
$$

图 4-16　矩阵 M_3

可以证明下列定理成立。

定理 4-4　算法 4-2 LOSSLESS_DECOMP 可以正确地确定一个分解是否是连接无损的。

4.6.4　保持函数依赖的分解

关系模式分解的第二个要求是要保证模式分解不丢失原关系模式中的函数依赖，为此本书又引入保持函数依赖性的概念。

1. 保持函数依赖分解的定义

假设 F 是属性集 U 上的函数依赖集，Z 是 U 的二个子集，F 在属性集 Z 上的投影用 $\pi Z(F)$ 表示，定义为

$$\pi Z(F) = \{X \rightarrow Y \mid X \rightarrow Y \in F^+ \text{ 且 } XY \subseteq Z\}$$

注意：函数依赖集的投影，并不要求 $X \rightarrow Y \in F$，只要它属于 F^+。函数依赖投影的意义在于，模式分解后属性的语义没有发生改变，而函数关系会由于分解的不同而可能受到破坏。

所谓函数依赖保持性是指在对关系模式进行分解时，原关系模式的函数依赖在分解之后仍然能够保持。如果一个分解不具有函数依赖保持性，则该分解得到的关系模式与原关系模式将会有不同之处。

定义 4-11 设关系模式 $R(U)$ 的一个分解 $\rho = \{R_1(U_1), R_2(U_2), \cdots, R_n(U_n)\}$，$F$ 是 $R(U)$ 上一个函数依赖集。如果对于所有的 $i(i=1,2,\cdots,n)$，$\pi U_i(F)$ 的并集逻辑蕴涵 F 中的全部函数依赖，则称关系模式 R 的分解 ρ 具有保持函数依赖性。

从上述定义可以看出，保持函数依赖的分解就是指：一个关系模式 $R(U)$ 分解后，不但没有语义丢失，并且原模式的函数依赖关系都分散在分解后的子模式中。

例 4-11 假设有关系模式 $R(U,F)$，其中 $U=ABC$，$F=\{AB \rightarrow C, C \rightarrow A\}$，$R$ 的一个分解为 $\rho = \{(R_1(B,C), R_2(A,C)\}$，判断 ρ 是否具有保持函数依赖性。

首先，检查该分解是否具有无损连接性。

由于 $BC \cap AC = C$，$AC - BC = A$ 满足 $C \rightarrow A$，所以分解 ρ 具有无损连接性。

然后，进行以下推论：

$\pi U_1(F) = \{$按自反律推出的一些平凡函数依赖$\}$

$\pi U_2(F) = \{C \rightarrow A$ 以及按自反律推出的一些平凡函数依赖$\}$

$\pi U_1(F) \bigcup \pi U_2(F) = \{C \rightarrow A\}$

由于丢掉了函数依赖 $AB \rightarrow C$，所以分解 ρ 不具有保持函数依赖性。

通过上述分析可知，该分解不保持函数依赖性，所以在 $DBMS$ 中不能保证关系数据的完整性。由于 R_1 中的 B 和 C 之间无函数依赖关系，所以 $DBMS$ 无法检查。

假如在 R_1 的关系 r_1 中插入元组 (b_1, c_1) 和 (b_1, c_2)，系统将认为插入了两个不同的元组；再在 R_2 的关系 r_2 中插入元组 (a_1, c_1) 和 (a_1, c_2)。然后将 r_1 和 r_2 进行自然连接，可以得到 R 的一个关系 r，如图 4-17 所示。

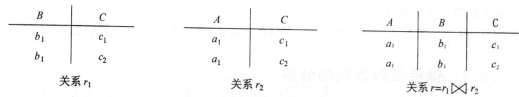

B	C
b_1	c_1
b_1	c_2

关系 r_1

A	C
a_1	c_1
a_1	c_2

关系 r_2

A	B	C
a_1	b_1	c_1
a_1	b_1	c_2

关系 $r=r_1 \bowtie r_2$

图 4-17 不保持函数依赖的分解

但是连接以后得到的关系 r 破坏了原关系模式 R 的函数依赖 $AB \rightarrow C$，无法保证原来关系数据的完整性约束，这主要是由于在分解过程中函数依赖丢失而造成。

2. 函数依赖保持分解的检验

由保持函数依赖的概念可知,判断一个分解是否保持函数依赖,实际上就是检验函数依赖集 $G = \overset{n}{\underset{i=1}{Y}} \pi U_i(F) = F^+$ 是否成立,也就是检验对于任意一个函数依赖 $X \to Y \in F^+$ 能否由 G 根据 Armstrong 公理导出,即 $Y \subseteq X_G^+$ 是否成立。

根据上面的分析,可以得到如下保持函数依赖的测试算法。

输入:关系模式 $R(U)$,$R(U)$ 上的函数依赖集 F,$R(U)$ 的一个分解 $\rho = \{R_1(U_1), R_2(U_2), \cdots, R_n(U_n)\}$。

输出:如果 ρ 保持 F,输出 True;否则输出 False。

计算步骤如下:

第一步:计算 F 在每一个 U_i 上的投影 $\pi U_i(F)(i=1,2,\cdots,n)$,并令 $G = \overset{n}{\underset{i=1}{Y}} \pi Ui(F)$。

第二步:for 每一个 $X \to Y \in F^+$ do

　　　　if $Y \not\subset X_G^+$ then return False

第三步:return True,算法结束。

例 4-12　假设有关系模式 $R(U,F)$,其中 $U=ABCD$,$F=(A \to B, B \to C, C \to D, D \to A)$,$R$ 的一个分解为 $\rho = \{(R_1(A,B), R_2(B,C), R_3(C,D)\}$,判断 ρ 是否具有保持函数依赖性。

依据上述检验算法可按以下步骤进行计算:

①根据下面三个等式 $\pi U_1(F) = \{A \to B, B \to A\}$、$\pi U_2(F) = \{B \to C, C \to B\}$、$\pi U_3(F) = \{C \to D, D \to C\}$,可以得出 $G = \pi U_1(F) \bigcup \pi U_2(F) \bigcup \pi U_3(F) = \{A \to B, B \to C, C \to D, D \to C, C \to B, C \to B\}$。

②在 G 中 $\{A \to B, B \to C, C \to D\}$ 保持,现在只需判断 $D \to A$ 是否保持。

求 D 关于 G 的闭包:$D^+ = \{A, B, C, D\}$,显然 $\{A\} \subseteq D^+$。

所以返回 True 值,即 ρ 具有保持函数依赖性。

综上所述,在对模式分解时,如果分解具有无损连接性,则分解后的关系通过自然连接可以恢复关系的原样,从而保证不丢失信息;如果分解具有保持函数依赖性,则它可以减轻或解决各种异常情况,从而保证关系数据满足完整性约束条件。

4.6.5　模式分解的算法

证明每个 $R_i<U_i, F_i>$ 一定属于 3NF。

设 $F'_i = \{X \to A_1, X \to A_2, \cdots, X \to A_k\}$,$U_i = \{X, A_1, A_2, \cdots, A_k\}$。

①$R_i<U_i, F_i>$ 必定以 X 为码。

②如果 $R_i<U_i, F_i>$ 不属于 3NF,那么一定存在非主属性 $A_m(l \leq m \leq k)$ 及属性组合 Y,$A_m \notin Y$,使得 $X \to Y, Y \to A_m \in F_i^+$,而 $Y \to X \notin F_i^+$。

如果 $Y \subset X$,则与 $X \to A_m$ 属于最小依赖集 F 相矛盾,所以 $Y \not\subset X$。令

$$Y \bigcap X = X_1, Y - X = \{A_1, \cdots, A_\rho\}$$

设 $G = F - \{X - A_m\}$，十分明显 $Y \subseteq X_G^+$，即 $X \rightarrow Y \in G^+$。

易知 $Y \rightarrow A_m$ 同样属于 G^+。由于 $Y \rightarrow A_m \in F_i^+$，因此 $A_m \in Y_F^+$。如果假设 $Y \rightarrow A_m$ 不属于 G^+，那么在求 Y_F^+ 的算法中，只有使用 $X \rightarrow A_m$ 才能将 A_m 引入。从而根据算法 4-2 一定有 j，使得 $X \subseteq Y^{(j)}$，于是 $Y \rightarrow X$ 成立是矛盾的。

因此 $X \rightarrow A_m$ 属于 G^+，同 F 是最小依赖集相矛盾。所以 $R_i < U_i, F_i >$ 一定属于 3NF。

算法 4-3　转换为 3NF 既有无损连接性又保持函数依赖的分解。

①设 X 是 $R < U, F >$ 的码。$R < U, F >$ 可分解为

$$\rho = \{R_1 < U_1, F_1 >, R_2 < U_2, F_2 >, \cdots, R_k < U_k, F_k >\},$$

令 $\tau = \rho \bigcup \{R^* < X, F_x >\}$。

②如果存在某个 U_i，$X \subseteq U_i$，将 $R^* < X, F_x >$ 从 τ 中去掉。

③τ 就是所求的分解。

显然 $R^* < X, F_x >$ 属于 3NF，但 τ 保持函数依赖也很显然，只要判定 τ 的无损连接性即可。

因为 τ 中必有某关系模式 $R(T)$ 的属性组 $T \supseteq X$。因为 X 是 $R < U, F >$ 的码，任取 $U - T$ 中的属性 B，必存在某个 i，使 $B \in T^{(i)}$（根据算法 4-2）。对 i 施行归纳法可以证明由算法 4-2，表中关系模式 $R(T)$ 所在的行一定可成为 $a_1, a_2, \cdots, a_n$。τ 的无损连接性得证。

算法 4-4（分解法）　转换为 BCNF 的无损连接分解。

①令 $\rho = \{R < U, F >\}$。

②检查 ρ 中各关系模式是否均属于 BCNF。如果属于 BCNF，那么此时算法终止。

③设 ρ 中 $R_i < U_i, F_i >$ 不属于 BCNF，则一定有 $X \rightarrow A \in F_i^+$（$A \notin X$），且 X 不是 R_i 的码。所以，XA 为 U_i 的真子集。对 R_i 进行分解：

$$\sigma = \{S_1, S_2\}, U_{S1} = XA, U_{S1} = U_i - \{A\}$$

以 σ 代替 $R_i < U_i, F_i >$ 返回第（2）步。

因为 U 中的属性有限，所以经过有限次循环后算法 4-4 必定终止。

这是一个自顶向下的算法。它自然地形成一棵对 $R < U, F >$ 的二叉分解树。这里需要指出，$R < U, F >$ 的分解树不一定是唯一的。这与步骤③中具体选定的 $X \rightarrow A$ 有关。

算法 4-4 最初令 $\rho = \{R < U, F >\}$，显然 ρ 是无损连接分解，而以后的分解则由下述的引理 4-1 确保其无损连接性。

引理 4-1　如果 $\rho = \{R_1 < U_1, F_1 >, R_2 < U_2, F_2 >, \cdots, R_k < U_k, F_k >\}$ 是 $R < U, F >$ 的一个无损连接分解，$\sigma = \{S_1, S_2, \cdots, S_m\}$ 为 ρ 中 $R_i < U_i, F_i >$ 的一个无损连接分解，则

$$\rho' = \{R_1, R_2, \cdots, R_{i-1}, S_1, S_2, \cdots, S_m, R_{i+1}, \cdots, R_k\},$$

$$\rho'' = \{R_1, R_2, \cdots, R_k, R_{k+1}, \cdots, R_n\}$$

（其中 ρ'' 是 $R < U, F >$ 包含 ρ 的关系模式集合的分解），均是 $R < U, F >$ 的无损连接分解。

引理 4-2　$(R_1 \bowtie R_2) \bowtie R_3 = R_1 \bowtie (R_2 \bowtie R_3)$。

证明：设 r_i 为 $R_i < U_i, F_i >$ 的关系，$i = 1, 2, 3$。

设 $U_1 \bigcap U_2 \bigcap U_3 = V$；

$U_1 \bigcap U_2 - V = X$；

$U_2 \bigcap U_3 - V = Y$；

$U_1 \bigcap U_3 - V = Z$(如图 4-18 所示)。

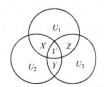

图 4-18　引理 4-1 三个关系属性的示意图

易证得 t 为$(R_1 \bowtie R_2) \bowtie R_3$ 中的一个元组的充要条件为：

T_{R_1}、T_{R_2}、T_{R_3} 为 t 的连串,此处 $T_{R_i} \in (i=1,2,3)$,$T_{R_1}[V]=T_{R_2}[V]=T_{R3}[V]$,$T_{R_1}[X]=T_{R_2}[X]$,$T_{R_1}[Z]=T_{R_3}[Z]$,$T_{R_2}[Y]=T_{R_3}[Y]$。而这也是 t 为 $R_1 \bowtie (R_2 \bowtie R_3)$ 中的元组的充要条件。从而有

$$(R_1 \bowtie R_2) \bowtie R_3 = R_1 \bowtie (R_2 \bowtie R_3)$$

一个关系模式中如果存在多值依赖,那么数据的冗余度大并且存在插入、修改等问题。为此要消除这种多值依赖,从而使模式分离达到一个新的高度 4NF。下面讨论达到 4NF 的具有无损连接性的分解。

定理 4-5　关系模式 $R<U,F>D$ 中,D 为 R 中函数依赖 FD 和多值依赖 MVD 的集合。

$X \twoheadrightarrow Y$,成立的充要条件是 R 的分解 $\rho=\{R_1<U_1,F_1>,R_2<U_2,F_2>\}$ 具有无损连接性,其中 $Z=U-X-Y$。

证明:首先证明其充分性。

如果 ρ 是 R 的一个无损连接分解,则对 $R<U,F>$ 的任一关系 r 有:

$$r = \pi_{R_1}(r) \bowtie \pi_{R_2}(r)。$$

设 $t,s \in r$,且 $t[X]=s[X]$,从而 $t[XY],s[XY] \in \pi_{R_1}(r),t[XZ],s[XZ] \in \pi_{R_2}(r)$。由于 $t[X]=s[X]$,所以 $t[XY] \cdot s[XZ]$ 与 $t[XZ] \cdot s[XY]$ 均属于 $\pi_{R_1}(r) \bowtie \pi_{R_2}(r)$,也属于 r。

设 $u=t[XY] \cdot s[XZ]$,$v=t[XZ] \cdot s[XY]$,则有

$u[X]=v[X]=t[X]$,

$u[Y]=t[Y]$,

$u[Z]=s[Z]$,

$v[Y]=s[Y]$,

$v[Z]=t[Z]$,

所以 $X \twoheadrightarrow Y$ 成立。

接下来证明其必要性。

如果 $X \twoheadrightarrow Y$ 成立,对于 $R<U,F>$ 的任一关系 r,任取 $\omega = \pi_{R_1}(r) \bowtie \pi_{R_2}(r)$,那么一定有 $t,s \in r$,使得 $\omega=t[XY] \cdot s[XZ]$,从而 $X \twoheadrightarrow Y$ 对 $R<U,F>$ 成立,ω 应当属于 r,因此 ρ 是无损连接分解。

定理 4-5 给出了对 $R<U,F>$ 的一个无损的分解方法。如果 $R<U,F>$ 中 $X \twoheadrightarrow Y$ 成立,那么 R 的分解 $\rho=\{R_1<U_1,F_1>,R_2<U_2,F_2>\}$ 具有无损连接性。

算法 4-5　达到 4NF 的具有无损连接性的分解。

首先使用算法 4-5,得到 R 的一个达到了 BCNF 的无损连接分解 ρ。然后对某一 $R_i<U_i$,

$F_i>$,如果不属于 4NF,此时可以根据定理 4-5 的作法进行分解。直到每一个关系模式均属于 4NF 为止。定理 4-5 和引理 4-2 保证了最后得到的分解的无损连接性。

关系模式 $R<U,F>$,U 为属性总体集,D 是 U 上的一组数据依赖(函数依赖和多值依赖),对于包含函数依赖和多值依赖的数据依赖有一个有效且完备的公理系统。

①如果 $Y\subseteq X\subseteq U$,则 $X\rightarrow Y$。

②如果 $X\rightarrow Y$,且 $Z\subseteq U$,则 $XZ\rightarrow YZ$。

③如果 $X\rightarrow Y$,$Y\rightarrow Z$,则 $X\rightarrow Z$。

④如果 $X\rightarrow\rightarrow Y$,$V\subseteq W\subseteq U$,则 $XW\rightarrow\rightarrow YV$。

⑤如果 $X\rightarrow\rightarrow Y$,则 $X\rightarrow\rightarrow U-X-Y$。

⑥如果 $X\rightarrow\rightarrow Y$,$Y\rightarrow\rightarrow Z$,则 $X\rightarrow\rightarrow Z-Y$。

⑦如果 $X\rightarrow Y$,则 $X\rightarrow\rightarrow Y$。

⑧如果 $X\rightarrow\rightarrow Y$,$W\rightarrow Z$,$M\bigcap Y=\varnothing$,$Z\subseteq Y$,则 $X\rightarrow Z$。

从 D 出发根据 8 条公理推导出的函数依赖或多值依赖一定为 D 蕴含的性质称为公理系统的有效性;凡 D 所蕴含的函数依赖或多值依赖均可从 D 根据 8 条公理推导出来的性质称为完备性。即在函数依赖和多值依赖的条件下,"蕴含"与"导出仍旧是相互等价的。

根据 8 条公理可得如下 4 条有用的推理规则:

①合并规则:$X\rightarrow\rightarrow Y$,$X\rightarrow\rightarrow Z$,则 $X\rightarrow\rightarrow YZ$。

②伪传递规则:$X\rightarrow\rightarrow Y$,$WY\rightarrow\rightarrow Z$,则 $WX\rightarrow\rightarrow Z-WY$。

③混合伪传递规则:$X\rightarrow\rightarrow Y$,$XY\rightarrow Z$,则 $X\rightarrow Z-Y$。

④分解规则:$X\rightarrow\rightarrow Y$,$X\rightarrow Z$,则 $X\rightarrow\rightarrow Y\bigcap Z$,$X\rightarrow\rightarrow Y-Z$,$X\rightarrow\rightarrow Z-Y$。

第5章　关系数据库设计

5.1　数据库设计概述

5.1.1　数据库设计的概念

简单来说,根据选择的数据库管理系统和用户需求对一个单位或部门的数据进行重新组织和构造的过程就是所谓的数据库设计。

一个从事数据库设计的专业人员应该具备以下几个方面的技术和知识:数据库的基本知识和数据库设计技术、计算机科学的基础知识和程序设计的方法和技巧、软件工程的原理和方法、应用领域的知识。

5.1.2　数据库设计的内容

数据库设计的内容主要包括数据库的结构特性设计、数据库的行为特性设计、数据库的物理模式设计。其中,数据库的结构特性设计最为关键,行为特性设计次之。

1. 数据库的结构特性设计

数据库的结构特性设计是指数据库结构的设计,设计结果能否得到一个合理的数据模型,是数据库设计的核心所在。由于数据库的结构特性是静态的,一般发生变动的情况并不多见,所以数据库的结构特性设计又称为数据库的静态结构设计。首先要将现实世界中的事物以及事物间的联系用 E-R 图表示出来,再对各个分 E-R 图进行汇总,从而得出数据库的概念结构模型,然后将概念结构模型转化为数据库的逻辑结构模型表示,最后进行数据库物理设计,并建立数据库。

2. 数据库的行为特性设计

数据库的行为特性设计是指应用程序、事务处理的设计。数据库的行为特性设计使立足于数据库用户的行为和动作进行设计,而用户行为总是更新数据库内容的操作,用户行为特性并不是一成不变的而是不断发生变化的,所以数据库的行为特性设计又称为数据库的动态特性设计。首先要将现实世界中的数据用数据流程图和数据字典表示,并将其中的数据操作要求详细描述出来,系统的功能模块结构和数据库的子模式即可得出。

3.数据库的物理模式设计

数据库的物理模式设计要求是:根据库结构的动态特性(即数据库应用处理要求),在选定的 DBMS 环境下,把数据库的逻辑结构模型加以物理实现,数据库的存储模式和存取方法即可有效获得。

在数据库设计中,通常将结构特性设计和行为特性设计结合起来进行综合考虑,相互参照,同步进行,才能较好地达到设计目标。数据库设计者在进行设计时,计算机的硬件环境和软件环境也需要考虑到,考虑到当前以及未来时间段内对系统的需求,所设计的系统既能满足用户的近期需求,同时对远期的数据需求也具有相应的处理方案。也就是说,数据库设计者应充分考虑到系统可能的扩充和改动,尽可能地保障系统具有较长的生命周期。

5.1.3 数据库设计方法学

一个方法是实现一个特定任务的有序逻辑过程,而一个方法学就是一个方法系统。数据库设计方法学系统由一个适合于数据库技术开发工程的组织框架及对其所使用的技术与工具集组成,而组织框架就是使用这些技术工具的步骤序列。

数据库设计方法学是利用现有的原则、工具和技术的结合,用于指导实施数据库系统的开发和研究的学科。数据库设计方法学主要就是研究如何规范开发数据库设计的方法以及注意事项的科学。

随着数据库技术的发展,数据库设计的方法层出不穷,常见的方法有以下几种:基本设计法、关系模式的设计方法、新奥尔良方法(New Orleans)、基于 E-R 模型的数据库设计方法、基于 3NF 的设计方法、基于抽象语法规范的设计方法、计算机辅助数据库设计方法。以上方法,可视系统结构复杂程度,应用环境等不同情况选择使用。其中,新奥尔良方法是比较常用的方法。

选择一种适合的设计方法应考虑如下原则:首先,设计人员能够以合理的工作量了解用户关于系统功能、性能、安全性、完整性及更新要求等各方面的要求;其次,设计方法应该灵活通用,能够为不同层次设计人员所掌握;最后,设计方法应具有确定性,不同的设计人员使用同样的方法解决同样的问题,应得到相近的结果。

以此为标准,一个数据库设计方法应至少具备以下内容。

(1)设计过程

数据库设计过程应由一系列步骤组成,每一步都应产生明确的结果。一旦某一步结果不能满足用户的要求,设计人员可以很快返回至前面任何一步,从那重新设计。

例如,新奥尔良法分五步:共同需求分析→信息分析和定义→逻辑设计→模式评价→模式求精。这五个步骤都是线形关系,除第一步,前一步都是后一步的原料,后一步骤负责检查前面各步骤的错误,如有错误则返回前面出错的步骤进行修改,如没有错误则继续下一步,直到系统完成。

（2）设计技术

设计过程的每一步都需使用一系列的设计技术。因为数据库设计的应用对象千差万别，所以很难找到一种合适所有应用对象的技术和工具。有时，设计者的经验和知识就决定了设计技术的高低。

（3）评价标准

任何一个设计方案都应有统一的评价标准。评价标准可分为定性和定量两方面：定量方面，包括开发成本，更新成本和查询响应时间等各种硬性指标；定性方面，包括系统的灵活性，系统的适应性，系统的恢复和重新启动能力，以及系统的扩充能力等。在进行系统评价时，设计人员可以根据这两方面的标准来衡量系统的质量。当然，最终系统是否成功取决于用户是否满意。

（4）信息需求

数据库设计的整个过程都需要的信息。信息分两类：结构信息和用法信息。结构信息是描述数据库中所有数据之间的本质和概念的联系；用法信息是描述应用程序中使用的数据及其联系。

（5）描述机制

在设计的各个阶段，不同层次人员都需要利用简单统一的模型来表达各阶段涉及的相关信息。这样，即使涉及较多信息的数据库设计，相关人员仍然能在理解它们时保持一致。

5.1.4　数据库设计的步骤

和软件工程中软件生命周期的概念大致相同，一般把数据库应用系统从开始规划、分析、设计、实施、投入运行后的维护直到最后被新的系统取代而停止使用的整个期间称为数据库系统的生存期。对数据库系统生存期的划分，目前的标准尚未在业界统一，通常将其分为 4 个时期（或 7 个阶段），即规划时期、设计时期（需求分析、概念设计、逻辑设计、物理设计）、实施时期和运行维护时期。各个时期之间的关系以及各个阶段结束时的输出可通过图 5-1 来了解。

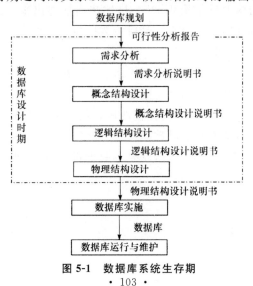

图 5-1　数据库系统生存期

数据库系统的生存期内各阶段的主要任务如下：

(1)数据库规划时期

这个时期进行建立数据库的必要性和可行性分析。如果是可行的,则建立数据库的总体目标需要明确,包括可靠性、安全性等方面的设想,并制定数据库设计与实施计划。这个时期的结束标记即为可行性分析报告通过评审。这个时期的作用和意义与软件工程中可行性研究基本一致。

(2)数据库设计时期

这个时期一般分为如下的4个阶段:

①需求分析阶段。数据库设计过程中比较费时、比较复杂和困难的一步即为需求分析阶段,当然也是非常最重要的一步。需求分析的好坏跟整个数据库的设计直接相关,如果需求分析工作做得不够完善的话,将导致数据库设计的返工工作量增大,有时甚至导致整个数据库设计工作重做。

②概念结构设计阶段。该阶段是整个数据库设计的关键,它是在需求分析的基础上,通过对用户需求进行分析、归纳、抽象,一个独立于具体DBMS和计算机硬件结构的整体概念结构得以有效形成,即概念模式。概念模式应该完全表达用户的需求,一般用E-R图表示。

③逻辑结构设计阶段。该阶段立足于概念结构设计,在一定的原则指导下将概念模式(E-R图)转换为某个具体DBMS支持的数据模型相符合的、经过优化的逻辑结构。如果选择的数据库管理系统是RDBMS,则逻辑结构是关系模式的集合。

④物理结构设计阶段。该阶段是为逻辑数据结构选取一个最适合应用环境的物理结构,这里说所得物理结构涉及存储结构和存取方法等。

由于不同DBMS产品所提供的物理环境、存储结构和存取方法的区别非常明显,提供给设计人员使用的设计变量、参数范围的差别也比较大,因此目前一个通用的物理设计方法仍然没有被发现。

(3)数据库实施时期

在这个时期内,设计人员要用DBMS提供的数据定义语言(DDL)和其他实用程序将数据库逻辑结构设计和物理结构设计结果用DDL描述严格描述出来,成为DBMS可以接受的源代码,再经过调试使得目标模式得以产生,最后将数据装入数据库。

(4)数据库运行与维护时期

这个时期的主要任务是收集和登记数据库运行的情况记录。数据库系统的性能的评价及改善是在这些数据库运行记录的基础上完成的。

在数据库运行和维护时期,数据库的完整性是必须要保持的,必须有效地处理数据故障和进行数据库恢复,此外,还必须不断地对数据库进行评价,必要时对数据库进行重组或重构。

要充分认识到,只要数据库还在运行,就要不断地进行评价、调整、修改,直至完全重新设计为止。

5.2 数据库设计的需求分析

5.2.1 需求分析的任务

需求分析的过程如图 5-2 所示。

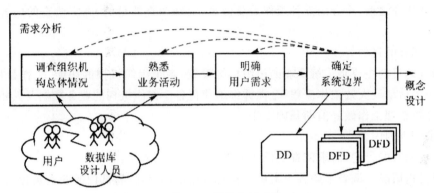

图 5-2 需求分析过程

需求分析的主要任务是对数据库应用系统所要处理的对象(组织、企业、部门等)进行全面的了解,收集用户对数据库的信息需求、处理需求、安全性和完整性需求,并以数据流图和数据字典等书面形式确定下来。其中,信息需求应指出未来系统用到的所有的信息及其联系,用户希望从数据库中获取什么信息,数据库中可能要存放哪些信息等。处理需求应说明用户希望未来系统对数据要进行什么样的处理,各种处理有无优先次序,对处理频率和响应时间有无特殊要求,处理方式是批处理还是联机处理等。安全性需求是指对数据库中存放的信息的安全保密要求。

在需求分析时应明确哪些信息是需要保密的,哪些信息是不需要保密的,各个可能的数据库用户对需要保密的信息具有什么样的权限等。而完整性需求应说明数据库中存放的数据应满足怎样的约束条件,即应了解什么样的数据在数据库中才算是正确的数据。

具体地说,需求分析阶段要做的工作包括以下几个方面:

①调查未来系统所涉及的用户的当前职能、业务活动及其流程,确定系统范围。明确用户业务活动中的哪些工作应由计算机系统来做,哪些由人工来做。

②确定用户对未来系统的各种要求,包括信息要求、处理要求、安全性和完整性要求。在此过程中,必须重点了解各用户在业务活动中要输入什么数据,对这些数据的格式、范围有何要求。另外,还需要了解用户会使用什么数据,如何处理这些数据,经过处理的数据的输出内容、格式是什么。最后,还应明确处理后的数据该送往何处,谁有权查看这些数据。

③深入分析用户的业务处理,用数据流图表达整个系统的数据流向和对数据进行的处理,描述数据与处理间的关系。

④分析系统数据,产生数据字典,以描述数据流图中涉及的各数据项、数据结构、数据流、数据存储和处理等。

5.2.2　需求分析的步骤

需求调查、分析整理和评审三个步骤共同组成了需求分析的任务。

1. 需求调查

需求调查又称为系统调查或需求信息的收集。为了充分地了解用户可能提出的需求,在进行实际调查研究之前,充分的准备工作需要做足,明确调查的目的、确定调查的内容和调查的方式等。

(1)需求调查的目的

需求调查的目的主要是了解企业的组织机构设置,各个组织机构的职能、工作目标、职责范围、主要业务活动及大致工作流程,全面详细地获得各个组织机构的业务数据及其相互联系的信息,为分析整理工作做好前期基础工作。

(2)需求调查的内容

为了实现调查的目的,需求调查工作要从以下几个方面入手:

①组织机构情况。调查了解各个组织机构有哪些部门组成,各部门的职责是什么,各部门管理工作存在的问题,各部门中哪些业务适合计算机管理,哪些业务不适合计算机管理。

②业务活动现状。需求调查的重点是各部门业务活动现状的调查,要弄清楚各部门输入和使用的数据,加工处理这些数据的方法,处理结果的输出数据,输出到哪个部门,输入/输出数据的格式等。在调查过程中应注意收集各种原始数据资料,如台账、单据、文档、档案、发票、收据,统计报表等,从而将数据库中需要存储哪些数据一一确定下来。

③外部要求。调查数据处理的响应时间、频度和如何发生的规则,以及经济效益的要求,安全性及完整性要求。

④未来规划中对数据的应用需求等。

这一阶段的工作是大量的和烦琐的。由于管理人员与数据库设计者之间存在一定的距离,所以需要管理部门和数据库设计者更加紧密地配合,充分提供有关信息和资料,为数据库设计打下良好的基础。

(3)需求调查方式

需求调查主要有以下几种方式:

①个别交谈。通过个别交谈对该用户业务范围的用户需求尽可能地了解,调查时也不受其他人员的影响。

②开座谈会。通过座谈会方式调查用户需求,可使与会人员互相启发,尽可能地获得不同业务之间的联系信息。

③发调查表。将要调查的用户需求问题设计成表格请用户填写,能获得设计人员关心的用户需求问题。调查的效果依赖于调查表设计的质量。

④查阅记录。就是查看现行系统的业务记录、票据、统计报表等数据记录,可了解具体的业务细节。

⑤跟班作业。通过亲自参加业务工作来了解业务活动情况,比较准确的用户需求能够有

效获得,但比较费时。

由于需求调查的对象可分为高层负责人、中层管理人员和基层业务人员三个层次,因此,对于不同的调查对象和调查内容,其相应的需求调查方式也会有所差异,也可同时采用几种不同的调查方式。即需求调查也可以按照以下三种策略来进行:

其一,对高层负责人的调查,一般采用个别交谈方式。在交谈之前,应给他们一份详细的调查提纲,以便他们做到心中有数。从交谈中可以获得有关企业高层管理活动和决策过程的信息需求以及企业的运行政策、未来发展变化趋势等与战略规划有关的信息。

其二,对中层管理人员的调查,可采用开座谈会、个别交谈或发调查表、查阅记录的调查方式,这样对于企业的具体业务控制方式和约束条件做到有效了解,不同业务之间的接口,日常控制管理的信息需求并预测未来发展的潜在信息需求。

其三,对基层业务人员的调查,主要采用发调查表、个别交谈或跟班作业的调查方式,有时也可以召开小型座谈会,主要了解每项具体业务的输入输出数据和工作过程、数据处理要求和约束条件等。

2. 分析整理

(1)业务流程分析与表示

业务流程及业务与数据联系的形式描述的获得是业务流程分析的目的所在。一般采用数据流分析法,分析结果以数据流图(data flow diagram,DFD 图)表示。

(2)需求信息的补充描述

由于用 DFD 图描述的仅仅是数据与处理关系及其数据流动的方向,而数据流中的数据项等细节信息则无法描述,因此除了用 DFD 图描述用户需求以外,还要用一些规范化表格对其进行补充描述。这些补充信息主要有以下内容:

①数据字典。主要用于数据库概念模式设计,即概念模式设计。

②业务活动清单。列出每一部门中最基本的工作任务,任务的定义、操作类型、执行频度、所属部门及涉及的数据项以及数据处理响应时间要求等相关信息都包括在内。

③其他需求清单。如完整性、一致性要求,安全性要求以及预期变化的影响需求等。

(3)撰写需求分析说明书

在需求调查的分析整理基础上,依据一定的规范,如国家标准(G856T－88)将需求说明书编写完成。数据的需求分析说明书一般用自然语言并辅以一定图形和表格书写。近年来许多计算机辅助设计工具的出现,如 Power Designer,IBM Rational Rose 等,已使设计人员可利用计算机的数据字典和需求分析语言来进行这一步工作,但由于这些工具对使用人员有一定知识和技术要求,在普通开发人员中的应用尚局限于一定的范围。

需求分析说明书的格式不仅有国家标准可供参考,一些大型软件企业也有自己的企业标准,这里不再详述。

3. 评审

确认某一阶段的任务是否完成,以保证设计质量,避免重大的疏漏或错误,是评审工作的重点。

5.2.3 需求分析的方法

数据应用系统设计的特点即为用户能够参加数据库设计,这一特点也是数据库设计理论不可分割的一部分。在数据需求分析阶段,任何调查研究没有用户的积极参加都是有一定难度的,设计人员应和用户取得共同的语言,帮助不熟悉计算机的用户建立数据库环境下的共同概念,所以这个过程中不同背景的人员之间互相了解与沟通也是非常关键的,同时方法也很重要。用于需求分析的方法有多种,自顶向下和自底向上是比较常见的方法,如图 5-3 所示。

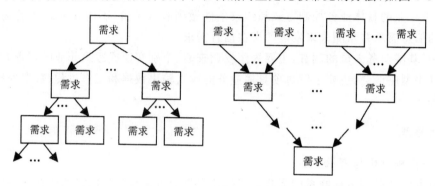

（a）自顶向下的需求分析　　　　　（b）自底向上的需求分析

图 5-3　需求分析的方法

其中自顶向下的分析方法(Structured Analysis,SA)是最简单实用的方法。SA 方法从最上层的系统组织机构入手,采用逐层分解的方式分析系统,用数据流图(Data Flow Diagram,DFD)和数据字典(Data Dictionary,DD)描述系统。下面简单介绍一下数据流图和数据字典。

1. 数据流图

使用 SA 方法,任何一个系统都可抽象为图 5-4 所示的数据流图。

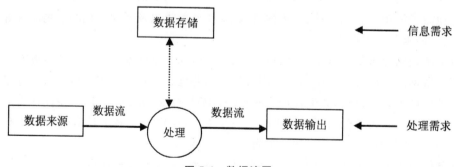

图 5-4　数据流图

在数据流图中,用命名的箭头表示数据流,用圆圈表示处理,用矩形或其他形状表示存储。图 5-5 是一个简单的数据流图。可用一张数据流图来表示一个简单的系统。当系统比较复杂时,为了便于理解,尽可能地控制其复杂性,可以采用分层描述的方法。一般用第一层描述系统的全貌,第二层分别描述各子系统的结构。如果系统结构复杂性仍然比较高,那么,可以继续细化,直到表达清楚为止。在处理功能逐步分解的同时,它们所用的数据也逐级分解,形成若干层次的数据流图。数据和处理过程的关系在数据流图中得到了充分表达。

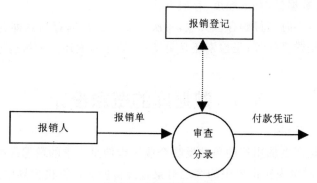

图 5-5 数据流图示例

在 SA 方法中,处理过程的处理逻辑常常借助判定表或判定树来描述,而系统中的数据则是借助数据字典来描述。

2. 数据字典

数据字典是对系统中数据的详细描述,是各类数据结构和属性的清单。它与数据流图互为注释。数据字典贯穿于数据库需求分析到数据库运行的全过程,在不同的阶段其内容和用途也有一定的区别。在需求分析阶段,它通常包含以下五部分内容。

(1)数据项

数据项是数据的最小单位,数据项名、含义说明、别名、类型、长度、取值范围、与其他数据项的关系都包括在内。

其中,取值范围、与其他数据项的关系这两项内容定义了完整性约束条件,是设计数据检验功能的依据。

(2)数据结构

数据结构是有意义的数据项集合。内容包括:数据结构名、含义说明,数据项名即由这些内容所组成。

(3)数据流

数据流可以是数据项,也可以是数据结构,它表示某一处理过程中数据在系统内传输的路径。内容包括:数据流名、说明、流出过程、流入过程,数据项或数据结构即由这些内容所组成。

其中,流出过程说明该数据流由什么过程而来;流入过程说明该数据流到什么过程。

(4)处理过程

通常情况下,用判定表或判定树来描述处理过程的处理逻辑,数据字典只用来描述处理过程的说明性信息。处理过程包括处理过程名、说明、输入(数据流)、输出(数据流)和处理(简要说明)。

最终形成的数据流图和数据字典为系统分析报告的主要内容,此过程即为进行概念结构设计的基础。

(5)数据存储

处理过程中数据的存放场所也是数据流的来源和去向之一。存储格式可以使手工凭证、手工文档或计算机文件。内容包括数据存储名、说明、输入数据流、输出数据流,这些内容组成数据项或数据结构、数据量、存取频度、存取方式。

其中,每天(或每小时、每周)存取几次,每次存取多少数据等信息即为存取频度。存取方法指的是批处理还是联机处理;是检索还是更新;是顺序检索还是随机检索等。

5.3 数据库的概念设计

概念结构设计是产生从用户的角度反映企业组织信息需求的数据库概念结构的过程。如图 5-6 所示,在设计时将现实世界中的客观对象直接转换为计算机世界中的对象,设计者会非常不方便,注意力被牵扯到更多的细节限制方面,而不能集中在最重要的信息的组织结构和处理模式上。因此,通常是将现实世界中的客观对象首先抽象为不依赖任何具体计算机的信息结构,这种信息结构不是 DBMS 支持的数据模型,而是概念模型,然后再把概念模型转换成具体计算机上 DBMS 支持的数据模型。概念模型就是现实世界到计算机世界的过渡中间层次。

图 5-6　数据模型转化过程

概念结构设计的主要原料是需求分析中得到的用户信息。在设计的过程中,如果检查出需求分析中有遗漏或错误的地方,应返回需求分析进行补救。同时,概念结构设计的成果又是逻辑设计的原料,因此,概念结构设计在整个设计过程中比较重要。概念模型在数据库的各级模型中的地位如图 5-7 所示。

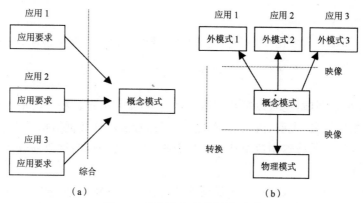

图 5-7　数据库各级模型的形成

5.3.1　概念结构设计的策略及步骤

1.概念结构设计的 4 种策略

（1）自顶向下策略

首先定义全局概念结构的框架，然后逐步细化，如图 5-8 所示。

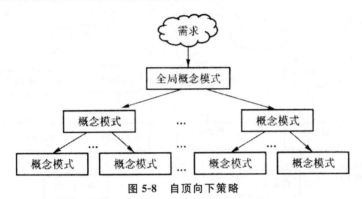

图 5-8　自顶向下策略

（2）自底向上策略

首先定义各局部应用的概念结构，然后将它们集成起来，得到全局概念结构，如图 5-9 所示。

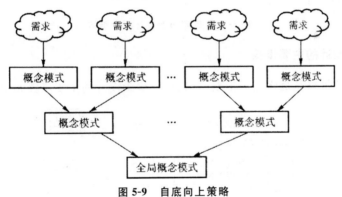

图 5-9　自底向上策略

（3）逐步扩张策略

首先定义最重要的核心概念结构，然后向外扩充，以滚雪球的方式逐步生成其他概念结构，直至总体概念结构，如图 5-10 所示。

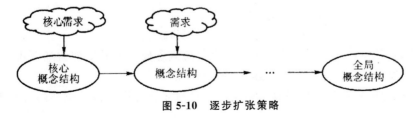

图 5-10　逐步扩张策略

（4）混合策略

即将自顶向下和自底向上策略相结合，用自顶向下策略设计一个全局概念结构的框架，以它为骨架集成由自底向上策略中设计的各局部概念结构。

其中，最经常采用的策略是自顶向下地进行需求分析，然后再自底向上地设计概念结构，如图 5-11 所示。

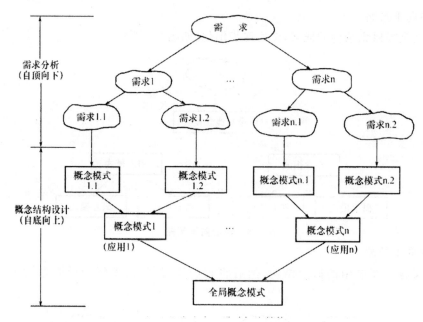

图 5-11　自底向上设计概念结构

2. 概念结构设计的主要步骤

自底向上设计策略是最常用的策略，其数据库概念设计的主要步骤如图 5-12 所示。

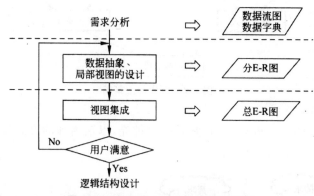

图 5-12　自底向上概念结构设计步骤

①进行数据抽象，设计局部概念模式。构建全局概念模式的基础即为局部用户的信息需求。因此，首先要根据用户的需求为其建立相应的局部概念结构。

②将局部概念模式综合成全局概念模式。在对局部概念模式进行综合的过程中，主要解

决各局部模式对各种对象定义不一致的问题。把各个局部结构合并,冗余问题就无法避免,或导致对信息需求的再调整与分析,以确定确切的含义。

③进行评审、改进。消除了所有冲突后,就可以把全局概念结构提交评审。由用户评审和系统开发人员评审构成了评审。前者的重点在于确认全局概念模式是否完整准确地反映了用户信息需求;而后者则侧重于确认全局结构是否完整,成分划分是否合理,不一致性是否存在等。如果在评审中发现问题,应及时改进。

5.3.2 数据抽象

概念结构是对现实世界的一种抽象。所谓抽象是对实际的人、物、事和概念进行人为处理,抽取所关心的共同特性,忽略非本质的细节,并把这些特性用各种概念精确地加以描述,这些概念组成了某种模型。

一般有以下三种抽象。

1. 分类(Classification)

定义某一类概念作为现实世界中一组对象的类型。这些对象具有某些共同的特性和行为。它抽象了对象值和型之间的"is member of"的语义。在 E-R 模型中,实体型就是这种抽象。例如,在学校环境中,张三是教师(如图 5-13 所示),表示张三是教师中的一员,具有教师们共同的特性和行为:在某个班管理某种专业,讲授某些课程。

图 5-13 分类

2. 聚集(Aggregation)

定义某一类型的组成成分。它抽象了对象内部类型和成分之间"is part of"的语义。在 E-R 模型中若干属性的聚集组成了实体型,就是这种抽象,如图 5-14 所示。

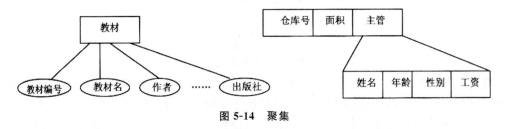

图 5-14 聚集

3. 概括(Generalization)

定义类型之间的一种子集联系。它抽象了类型之间的"is subset of"的语义。例如,学生是一个实体型,本科生、研究生也是实体型。本科生、研究生均是学生的子集。把学生称为超类(superclass),本科生、研究生称为学生的子类(subclass)。

原 E-R 模型不具有概括,本书对 E-R 模型作了扩充,允许定义超类实体型和子类实体型,用双竖边的矩形框表示子类,如图 5-15 所示。

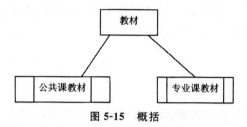

图 5-15　概括

概括有一个很重要的性质:继承性。子类继承超类上定义的所有抽象。这样,本科生、研究生继承了学生类型的属性。当然,子类可以增加自己的某些特殊属性。

5.3.3　采用 E-R 方法的数据库概念结构设计

1.设计局部 E-R 模型

通常情况下,一个数据库系统都是为多个不同用户服务的。信息处理需求也会因为用户观点的不同而存在一定的区别。在设计数据库概念结构时,先分别考虑各个用户的信息需求,形成局部概念结构,然后再综合成全局结构,即为一个比较有效且合理的策略。

局部 E-R 模型设计步骤如图 5-16 所示。

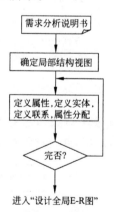

进入"设计全局E-R图"

图 5-16　局部 E-R 模型设计步骤

首先,确定局部结构的范围划分。划分的方式一般不外乎以下两种:一种是依据系统的当前用户进行自然划分,另一种是按用户要求数据库提供的服务归纳成几类,使每一类应用访问的数据和其他类明显区分开来,然后为每类应用设计一个局部模型。局部结构范围的划分要自然且易于管理,范围之间的界面要清晰,彼此之间的相互影响要尽可能地小,同时范围的大小要适度也是需要注意的一点。

实体、实体间的联系以及实体的属性的标定是接下来的工作重心。它们通常是按照对客观世界的理解和思维习惯,根据数据的逻辑关系来划分的。

划分实体和属性的基本准则中,以下几点不可忽视:

· 属性与它所描述的实体之间只能是单值联系,即联系只能是一对多的。

· 属性不能再有需要进一步描述的性质。

· 能作为属性的数据应尽量作为属性处理。

· 作为属性的数据项,除了它所描述的实体之外,与其他实体具有联系不要再存在。

2. 设计全局 E-R 模型

将所有局部的 E-R 图集成为全局的 E-R 图,即全局的概念模型。设计全局概念模型的过程如图 5-17 所示。

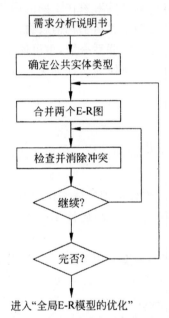

进入"全局E-R模型的优化"

图 5-17　进入"全局 E-R 模型的优化"

首先,各局部结构中的公共实体类型需要确定。在这一步中,公共实体类型的认定仅仅是根据实体类型名和关键字来实现的。一般把同名实体类型作为公共实体类型的一类候选,把具有相同键的实体类型作为公共实体类型的另一类候选。接下来就要把局部 E-R 图集成为全局 E-R 图。

把局部 E-R 图集成为全局 E-R 图时,两两集成是比较常用的方法,即先将具有相同实体的两个 E-R 图以该相同实体为基准进行集成,如果还有相同实体的 E-R 图,则再次集成,这样一直重复下去,直到所有具有相同实体的局部 E-R 图都被集成为止,全局的 E-R 图即可有效获得。

由于各类应用不同,不同的应用通常又由不同的人员设计成局部 E-R 模型,因此当将局部的 E-R 图集成为全局的 E-R 图时,不一致的地方也就无法避免,称之为冲突。通常可能存在三类冲突,分别为属性冲突、命名冲突和结构冲突。

(1)属性冲突

①属性域冲突,即属性值的类型、取值范围或取值集合不同。例如,由于学号是数字,因此

某些部门(即局部应用)将学号定义为整数形式,而由于学号无需参与运算,因此另一些部门(即局部应用)将学号定义为字符型形式。又如,某些部门(即局部应用)以出生日期形式表示学生的年龄,而另一些部门(即局部应用)对于学生的年龄是以正数的形式来表示。

②属性取值单位冲突。例如,学生的身高,有的以米为单位,有的以厘米为单位,有的以尺为单位。

通常用讨论、协商等行政手段来对属性冲突加以解决。

(2)命名冲突

命名冲突通常包括同名异义和异名同义两种。

①同名异义,即不同意义的对象在不同的局部应用中的名字是相同的。例如,局部应用 A 中将教室称为房间,局部应用 B 中将学生宿舍称为房间。

②异名同义(一义多名),即同一意义的对象在不同的局部应用中的名字是不同的。例如,有的部门把教科书称为课本,有的部门把教科书称为教材。

命名冲突的发生不仅仅局限于实体、联系一级,也可能发生在属性一级。其中属性的命名冲突更为常见。处理命名冲突通常也像处理属性冲突一样,通过讨论、协商等行政手段加以解决。

(3)结构冲突

结构冲突有三种情况:

①同一对象在不同应用中具有不同的抽象。例如,"课程"在某一局部应用中被当作实体,而在另一局部应用中被当作属性。

解决方法通常是把属性变换为实体或把实体变换为属性,使同一对象具有相同的抽象。

②同一实体在不同局部视图中所包含的属性不完全相同,或者属性的排列次序不完全相同。

这是很常见的一类冲突,不同的局部应用关心的是该实体的不同侧面是原因所在。解决方法是使该实体的属性取各分 E-R 图中属性的并集,再适当设计属性的次序。例如,在局部应用 A 中,"学生"实体由学号、姓名、性别、平均成绩四个属性组成;在局部应用 B 中,"学生"实体由姓名、学号、出生日期、所在系、年级五个属性组成;在局部应用 C 中,"学生"实体由姓名、政治面貌两个属性组成;在合并后的 E-R 图中,"学生"实体的属性为:学号、姓名、性别、出生日期、政治面貌、所在系、年级、平均成绩。

③实体之间的联系在不同局部视图中呈现出类型也是不同的。例如,实体 E1 与 E2 在局部应用 A 中是多对多联系,而在局部应用 B 中是一对多联系;又如在局部应用 X 中,E1 与 E2 发生联系,而在局部应用 Y 中,E1、E2、E3 三者之间有联系。

根据应用的语义对实体联系的类型进行综合或调整即为很好的解决方法。

3. 全局 E-R 图模型的优化

按照上节方法将各个局部 E-R 模式合并后就得到一个初步的全局 E-R 模式,之所以这样称呼是因为其中可能存在冗余的数据和冗余的联系等。所谓冗余的数据是指可由基本数据导出的数据,冗余的联系是指可由其他联系导出的联系。冗余的数据和冗余的联系容易破坏数据库的完整性,给数据库维护带来困难,因此在得到初步的全局 E-R 模式后,还应当进一步检查 E-R 图中是否存在冗余,如果存在冗余则一般应设法将其消除。一个好的全局 E-R 模式,不仅能全面、准确地反映用户需求,而且还应该满足如下的一些条件:实体型的个数尽可能少;实体型所含属性个数尽可能少;实体型之间联系无冗余。

下面给出优化全局 E-R 模式时需要重点考虑的几个问题。

(1)实体型是否合并的问题

前面的"公共实体型"的局部 E-R 模式合并并非是此处的合并,此处的合并是指两个有联系的实体型的合并。比如,两个具有 1∶1 联系的实体型通常可以合并成一个实体型,通过合并处理效率得到了明显提高,因为涉及多个实体集的信息需要连接操作才能获得,而连接运算的开销比选择和投影运算的开销大得多。

此外,对于具有相同主键的两个实体型,如果经常需要同时处理这两个实体型,那么也可以将其合并成一个实体型。当然,这样做,大量的空值即无法避免地产生,因此是否合并要在存储代价和查询效率之间进行权衡。

(2)冗余属性是否消除的问题

通常在各个局部 E-R 模式中冗余属性存在是不允许的。但在合并为全局 E-R 模式后,全局范围内冗余属性的产生可能性比较大。例如,在某个大学的数据库设计中,一个局部 E-R 模式可能有已毕业学生数、招生数、在校学生数和即将毕业学生数,而另一局部 E-R 模式中可能有毕业生数、招生数、各年级在校学生数和即将毕业生数,则这两个局部 E-R 模式自身都是不存在冗余的,但合并为一个全局 E-R 模式时,在校学生数就成为冗余属性,因此可考虑将其消除。

(3)冗余联系是否消除的问题

在初步全局 E-R 模式中可能存在有冗余的联系,对其的消除通常利用规范化理论中函数依赖的概念来实现。

5.4　数据库的逻辑设计

概念结构设计阶段得到的 E-R 模型是用户的模型,它和任何数据模型是独立存在的,独立于任何一个具体的 DBMS。为了建立用户所要求的数据库,需要把上述概念模型转换为某个具体的 DBMS 所支持的数据模型。将概念模型转换成特定 DBMS 所支持的数据模型的过程即为数据库逻辑设计的任务。从此开始便进入了"实现设计"阶段,具体的 DBMS 的性能、具体的数据模型特点这两点都是需要考虑到的。

5.4.1　逻辑结构设计的步骤

逻辑结构的设计过程如图 5-18 所示。

从图 5-18 中可以看出,概念模型向逻辑模型的转换过程分为 3 步进行:

①把概念模型转换为一般的数据模型。

②将一般的数据模型转换成特定的 DBMS 所支持的数据模型。

③通过优化方法将其转化为优化的数据模型。

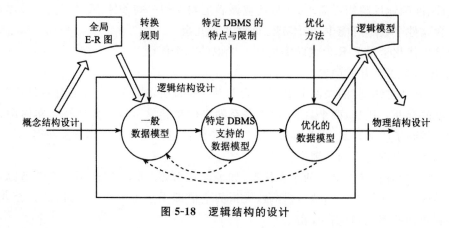

图 5-18　逻辑结构的设计

5.4.2　概念模型转换为一般的关系模型

E-R 方法所得到的全局概念模型是对信息世界的描述,计算机无法对其进行直接处理,为适合关系数据库系统的处理,必须将 E-R 图转换成关系模式。E-R 图是由实体、属性和联系三要素构成的,而关系模型中只有唯一的结构——关系模式,通常采用以下方法加以转换。

1. 实体向关系模式的转换

将 E-R 图中的实体逐一转换成为一个关系模式,实体名和关系模式的名称保持对应关系,实体的属性转换成关系模式的属性,实体标识符就是关系的键。

2. 联系向关系模式的转换

E-R 图中的联系有一对一联系、一对多联系和多对多联系 3 种,针对这 3 种不同的联系,其转换方法也各不相同。

①一对一联系的转换。一对一联系有两种方式向关系模式进行转换。一种方式是将联系转换成一个独立的关系模式,关系模式的名称取联系的名称,该联系所关联的两个实体的键及联系的属性都包括在关系模式的属性之内,关系的键取自任一方实体的键;另一种方式是将联系归并到关联的两个实体的任一方,给待归并的一方实体属性集中增加另一方实体的键和该联系的属性即可,归并后的实体键不会发生变化。

②一对多联系的转换。一对多联系有两种方式向关系模式进行转换。一种方式是将联系转换成一个独立的关系模式,关系模式的名称取联系的名称,该联系所关联的两个实体的键及联系的属性即为关系模式的属性,关系的键是多方实体的键;另一种方式是将联系归并到关联的两个实体的多方,给待归并的多方实体属性集中增加一方实体的键和该联系的属性即可,归并后的多方实体键不会发生变化。

③多对多联系的转换。多对多联系只能转换成一个独立的关系模式,关系模式的名称取联系的名称,该联系所关联的两个多方实体的键及联系的属性即为关系模式的属性,关系的键

是多方实体的键构成的属性组。

通过以上方法，就可以将全局 E-R 图中的实体、属性和联系全部转换为关系模式，建立初始的关系模式。

5.4.3 关系模型的优化

数据库逻辑结构设计的结果可能有多种，但为了提高数据库应用系统的性能，还应该根据具体的业务应用进行适当修改、调整关系模式，这就是数据模型的优化，优化的指导方针就是规范化理论。

①找出系统中所有的函数依赖。

②消除冗余的函数依赖。

③消除部分函数依赖、传递函数依赖、多值依赖等，取定关系模式的范式级别。

④判断当前的关系模式是否适用于当前的应用环境，如果需要，还要对关系模式进一步的合并或分解。

1. 关系规范化

关系规范化是指将 E-R 图转换为数据模型后，通常以规范化理论为指导，对关系进行分解或合并，这是关系模式的初步优化。可通过以下两步来实现：

①考察关系模式的函数依赖关系。按照需求分析得到的语义关系，将各个关系模式中的函数依赖关系提炼出来，对其进行极小化处理，消除冗余。

②按照数据依赖理论，将关系模式分解，至少达到第三范式，即部分函数依赖和传递依赖得以消除。并不是规范化程度越高关系就越优，因为规范化程度越高，系统就会越经常做连接运算，这时效率就无法得到保障。一般来说，达到第三范式就足够了。

2. 关系模式的评价及修正

根据规范化理论，对关系模式分解之后，就可以在理论上消除数据冗余和操作异常。但关系模式的规范化不是目的而是手段，数据库设计的目的是满足应用需求。因此，为了进一步提高数据库应用系统的性能，还应该对规范化后产生的关系模式进行评价、改进，经过反复尝试和比较，最后得到优化的关系模式。

（1）模式评价

模式评价的目的是检查所设计的数据库模式是否满足用户的功能要求、效率要求，以确定需要加以改进的部分。模式评价包括功能评价和性能评价。

①功能评价。功能评价是指对照需求分析的结果，检查规范化后的关系模式集合是否支持用户所有的应用要求。关系模式必须包括用户可能访问的所有属性。在涉及多个关系模式的应用中，应确保连接后不丢失信息。如果发现有的应用不被支持或不完全被支持，则应该改进关系模式。发生这种问题的原因可能是在逻辑结构设计阶段，也可能是在需求分析或概念结构设计阶段，是哪个阶段的问题就应返回到哪个阶段去，因此有可能还要对前两个阶段再进行评审，解决存在的问题。在功能评价的过程中，可能会发现冗余的关系模式或属性，这时应

区分它们是为未来发展预留的,还是因为某种错误造成的,比如名字混淆。如果属于错误处置,则进行改正即可;如果这种冗余来源于前两个设计阶段,则要返回重新进行评审。

②性能评价。对于目前得到的数据库模式,由于缺乏物理结构设计所提供的数量测量标准和相应的评价手段,所以性能评价是比较困难的,只能对实际性能进行估计,包括逻辑记录的存取数、传送量以及物理结构设计算法的模型等。

(2)模式改进

根据模式评价的结果,对已生成的模式进行改进。如果是需求分析、概念结构设计的疏漏导致某些应用不能得到支持,则应该增加新的关系模式或属性。如果因为考虑性能而要求改进,则可采用合并或分解的方法。

①合并。如果有若干个关系模式具有相同的码,且对这些关系模式的处理主要是查询操作(而且经常是多关系的查询),那么可对这些关系模式按照组合使用频率进行合并。这样,便可以减少连接操作从而提高查询效率。

②分解。为了提高数据操作的效率和存储空间的利用率,最常用和最重要的模式优化方法就是分解。即根据应用的不同要求,可以对关系模式进行水平分解和垂直分解。

水平分解是把关系的元组分为若干子集合,定义每个子集合为一个了关系的工作。对丁经常进行大量数据的分类条件查询的关系,可进行水平分解,这样可以减少应用系统每次查询需要访问的记录数,从而提高查询性能。

垂直分解是把关系模式的属性分解为若干子集合,形成若干子关系模式的工作。垂直分解的原则是把经常一起使用的属性分解出来,形成一个子关系模式。这样,可减少查询的数据传递量,提高查询速度。垂直分解可以提高某些事务的效率,但也有可能使另一些事务不得不执行连接操作,从而会降低效率。因此是否要进行垂直分解要看分解后所有事务的总效率是否得到了提高。垂直分解要保证分解后的关系具有无损连接性和函数依赖保持性。

经过多次的模式评价和模式改进之后,最终的数据库模式得以确定。逻辑结构设计阶段的结果是全局逻辑数据库结构。对于关系数据库系统来说,就是一组符合一定规范的关系模式组成的关系数据库模型。

5.4.4　设计用户子模式

将概念模型转换为全局逻辑模型后,还应该根据局部应用需求,结合具体 DBMS 的特点,设计用户的外模式。

目前 RDBMS 一般都提供了视图概念,可以利用这一功能设计更符合局部用户需要的外模式。

定义数据库模式主要是从系统的时间效率、空间效率、易维护等角度出发进行的。由于用户外模式与模式是独立的,因此在定义用户外模式时应该更注重考虑用户的习惯与方便。具体包括以下三个方面。

①合用户习惯的别名。在合并各局部 E-R 图时,曾进行了消除命名冲突的工作,以使一个数据库中关系和属性具有唯一的名字,这在设计数据库的整体结构时是非常必要的。运用视图机制可以在设计用户视图时重新定义某些属性名,使其与用户的使用习惯相一致。

②级别的用户定义不同的外模式,以满足系统对安全性的要求。不同级别的用户可以处理的数据只能是系统的部分数据,而确定关系模式时并没有考虑这一因素。如学校的学生管理,不同的院系只能访问和处理自己的学生信息,这就需要建立针对不同院系的视图,以满足这一要求。这样做可以在一定程度上提高数据的安全性。

③对系统的使用。如果某些应用中经常要使用某些很复杂的查询,则为了方便用户,可以将这些复杂查询定义为视图。用户每次只对定义好的视图进行查询,大大简化了用户的使用操作。

5.5　数据库的物理设计

数据库系统的实现离不开计算机,在实现数据库逻辑结构设计之后,就要确定数据库在计算机中的具体存储方法。数据库在屋里设备上的存储结构与存取方法称为数据库的物理结构,它依赖于给定的计算机系统。为一个给定的逻辑数据模型选取一个最适合应用要求的物理结构的过程,就是数据库的物理结构设计。

5.5.1　物理结构设计的环境

物理结构设计的整个过程,以逻辑结构设计的结果——模式和外模式为原料,综合考虑应用处理频率、操作顺序等用户具体要求,以及软硬件环境等等各方面的因素,在检查逻辑结构设计正确的基础上,设计出理想的物理结构,如图 5-19 示。

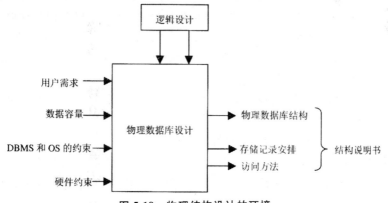

图 5-19　物理结构设计的环境

其中,输入信息包括:逻辑数据库结构包括模式和外模式结构,为物理设计提供一个工作框架;应用处理频率、操作顺序和运行要求由需求分析得到的用户需求而定;数据容量视系统给定的存储空间而定;DBMS 和 OS 为物理结构设计提供软件环境;硬件特性为物理结构设计提供硬件环境。

输出信息是物理数据库结构说明书,即物理结构设计的产品。说明书的主要内容有:存储记录格式、存储记录位置分布、访问方法等。

5.5.2 数据库物理设计的内容和方法

数据库的物理设计通常分为两步,即确定数据库的物理结构;对物理结构进行评价,评价的重点是时间和空间效率,如图 5-20 所示。

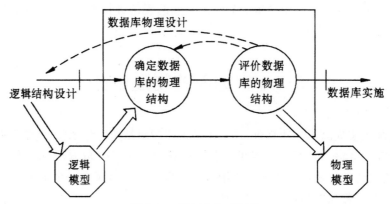

图 5-20 数据库物理设计

由于不同的数据库产品所提供的物理环境、存取方法和存储结构存在一定的差异,供设计人员使用的设计变量、参数范围也各不相同,在对数据库的物理设计时可遵循的通用的设计方法是不存在的,仅有一般的设计内容和设计原则供数据库设计人员参考。

数据库设计人员都希望自己设计的物理数据库结构对于事务在数据库上运行时响应时间短、存储空间利用率高和事务吞吐率大的要求能够有效满足。为此,设计人员应该对要运行的事务进行详细的分析,获得选择物理数据库设计所需要的参数,并且对于给定的 DBMS 的功能、DBMS 提供的物理环境和工具做到详细全面地了解,尤其是存储结构和存取方法。

数据库设计者在确定数据存取方法时,以下三种相关的信息需要清楚掌握:

①数据库查询事务的信息,它包括查询所需要的关系、查询条件所涉及的属性、连接条件所涉及的属性、查询的投影属性等信息。

②数据库更新事务的信息,它包括更新操作所需要的关系、每个关系上的更新操作所涉及的属性、修改操作要改变的属性值等信息。

③每个事务在各关系上运行的频率和性能要求。

例如,某个事务必须在 5s 内结束,这能够直接影响到存取方法的选择。这些事务信息会不断地发生变化,所以数据库的物理结构要能够做适当的调整,对事务变化的需要做到尽可能地满足。

关系数据库物理设计的内容主要指选择存取方法和存储结构,包括确定关系、索引、聚簇、日志、备份等的存储安排和存储结构,确定系统配置等。

5.5.3 数据库物理结构设计的三个方面

1. 聚簇设计

聚簇(cluster)是将有关的数据元组集中存放于一个物理块内或若干相邻物理块内或同一柱面内,使得查询效率得以提高的数据存储结构。目前,对一个关系按照一个或几个属性进行聚簇存储的功能在商品化 RDBMS 中都具备,即提供了建立聚簇索引的命令。所谓聚簇设计,就是根据用户需求确定每个关系是否需要建立聚簇,如果需要,则在该关系的哪些属性列上建立聚簇是需要确定的。

当一个关系按照某些属性列建立聚簇后,关系中的元组都按照聚簇属性列的顺序存放在磁盘的一个物理块或若干相邻物理块内,因此对这些属性列的查询效果显著,它可以明显提高查询效率,但是对于非聚簇属性列的查询效果就不是特别理想。此外,数据库系统建立和维护聚簇的开销很大,每次修改聚簇属性列值或增加、删除元组都将导致关系中的元组移动其物理存储位置,并且该关系的聚簇得以重建。因此,只有在遇到以下一些特定情况时才考虑对一个关系建立聚簇:

①当对一个关系的某些属性列的访问是该关系的主要应用,而对其他属性的访问很少或是次要应用时,可以考虑对该关系在这些属性列上建立聚簇。

②如果一个关系一旦装入数据,某些属性列的值需要修改的情况很少,也很少增加或删除元组,则可以考虑对该关系在这些组属性列上建立聚簇。

③如果一个关系在某些属性列上的值重复率很高,则对该关系在这些组属性列上建立聚簇就有必要进行考虑。

2. 索引设计

数据库物理设计的基本问题即为索引的设计,对关系选择有效的索引对提高数据库访问效率有很大的帮助。索引也是按照关系的某些属性列建立的,它与聚簇的不同之处体现在,当索引属性列发生变化,或增加、删除元组时,变化的发生仅仅局限于索引,而关系中原先元组的存放位置不受影响。此外,每个关系只能建立一个聚簇,但却可以同时建立多个索引。

对于一个确定的关系,索引的建立通常在下列情况下可以考虑:

①在主键属性列和外键属性列上通常都可分别建立索引,不仅有助于唯一性检查和完整性检查,而且可以加快连接查询的速度。

②以查询为主的关系使得尽可能多的索引得以建立。

③对等值连接,但满足条件的元组较少的查询可考虑建立索引。

④如果查询可以从索引直接得到结果而不必访问关系,则对此种查询可建立索引。比如,为查询某个属性的 MIN,MAX,AVG,SUM,COUNT 等函数值,可在该属性列上建立索引。

3. 分区设计

数据库中的数据,包括关系、索引、聚簇、日志等,一般都存放在磁盘内,由于数据量的增大,就需要涉及多个磁盘驱动器或磁盘阵列,数据在多个磁盘如何分配的问题也就产生了,即磁盘分区设计问题。磁盘分区设计的本质是确定数据库数据的存放位置,其目的是提高系统性能,是数据库物理设计的内容之一。

磁盘分区设计的一般原则是:

①分散热点数据,均衡 I/O 负担。在数据库中数据访问的频率不是均匀分布的,那些经常被访问的数据称为热点数据(hot spot data),此类数据宜分散存放于不同的磁盘上,以均衡各个磁盘的负荷,充分发挥多磁盘并行操作的优势。

②减少访问冲突,提高 I/O 并行性。多个事务并发访问同一磁盘时,会产生磁盘访问冲突从而使得效率无法得到保障,如果事务访问数据能均匀分布于不同磁盘上,则 I/O 可并发执行,从而提高数据库访问速度。

③保证关键数据快速访问,缓解系统"瓶颈"。在数据库中有些数据如数据字典等的访问频率很高,为保证对它的访问不直接影响整个系统的效率,可以将其存放在某一固定磁盘上,从而使得快速访问得到保证。

根据以上原则,并结合应用情况可将数据库数据的易变部分与稳定部分、经常存取部分和存取频率较低部分分别存放在不同的磁盘上。比如,可以将关系和索引放在不同的磁盘上,在查询时,由于两个磁盘驱动器并行工作,物理 I/O 的效率得以有效提高;也可以将比较大的关系分放在两个磁盘上,使得存取速度得以加快;还可以将日志文件与数据库本身放在不同的磁盘上以改进系统的性能。此外,数据库的数据备份和日志文件备份等只在故障恢复时才使用,且数据量很大,因此可以存放在磁带上。

5.5.4 确定数据库的存储结构

确定数据库物理结构主要指确定数据的存放位置和存储结构,包括确定关系、索引、聚簇、日志、备份等的存储安排和存储结构,确定系统配置等。

确定数据的存放位置和存储结构要综合考虑存取时间、存储空间利用率和维护代价等诸方面的因素。这几个方面经常相互矛盾,因此需要进行权衡,选择一个折中方案。

1. 确定数据的存放位置

为了提高系统性能,应该根据应用情况将数据的易变部分与稳定部分、经常存取部分和存取频率较低部分分开存放。

例如,目前许多计算机有多个磁盘或磁盘阵列,因此可以将表和索引放在不同的磁盘上。在查询时,由于磁盘驱动器并行工作,可以提高物理 I/O 读/写的效率;也可以将比较大的表分放在两个磁盘上,以加快存取速度,这在多用户环境下特别有效;还可以将日志文件与数据库对象(表、索引等)放在不同的磁盘上,以改进系统的性能。

由于各个系统所能提供的对数据进行物理安排的手段、方法差异很大,因此设计人员应仔细了解给定的 RDBMS 提供的方法和参数,并针对应用环境的要求,对数据进行适当的物理安排。

2. 确定系统配置

DBMS 产品一般都提供了一些系统配置变量、存储分配参数,供设计人员和 DBA 对数据库进行物理优化。初始情况下,系统都为这些变量赋予了合理的默认值,但是这些值不一定适合每一种应用环境。在进行物理设计时,需要重新对这些变量赋值,以改善系统的性能。

系统配置变量很多,例如同时使用数据库的用户数、同时打开的数据库对象数、内存分配参数、缓冲区分配参数(使用的缓冲区长度、个数)、存储分配参数、物理块的大小、物理块装填因子、时间片大小、数据库的大小、锁的数目等。这些参数值影响存取时间和存储空间的分配,在物理设计时要根据应用环境确定这些参数值,以使系统性能最佳。

在物理设计时对系统配置变量的调整只是初步的,在系统运行时还要根据系统实际运行情况做进一步调整,以改进系统性能。

3. 评价物理结构

在设计过程中,效率问题的考虑只能在各种约束得到满足且确定方案可行之后进行。下面对物理设计的性能进行简单介绍。

多性能测量方面设计者能灵活地对初始设计过程和未来的修整做出决策。假设数据库性能用“开销”(cost),即时间、空间及可能的费用来衡量,则在数据库应用系统生存期中,规划开销、设计开销、实施和测试开销、操作开销和运行维护开销都包括在总的开销之内。

对物理设计者来说,操作开销是主要考虑的方面,即为使用户获得及时、准确的数据所需的开销和计算机资源的开销。可分为如下几类:

①查询和响应时间:从查询开始到查询结果开始显示之间所经历的时间即为响应时间,它包括 CPU 服务时间、CPU 队列等待时间、I/O 队列等待时间、封锁延迟时间和通信延迟时间。

一个好的应用程序设计能够有效减少 CPU 服务时间和 I/O 服务时间。例如,有效地使用数据压缩技术,选择好访问路径和合理安排记录的存储等,都能够有效缩短服务时间。

②主存储空间开销:包括程序和数据所占用的空间的开销。一般对数据库设计者来说,可以对缓冲区分配(包括缓冲区个数和大小)做适当的调整,使得空间开销尽可能地减少。

③辅助存储空间:分为数据块和索引块两种空间。索引块的大小、装载因子、指针选择项和数据冗余度等都可以由设计者来进行控制。

④更新事务的开销:主要包括修改索引、重写物理块或文件、校验等方面的开销。

⑤报告生成的开销:主要包括检索、重组、排序和结果显示方面的开销。

实际上,数据块设计者能有效控制 I/O 服务和辅助空间;有限地控制封锁延迟,CPU 时间和主存空间;而 CPU 和 I/O 队列等待时间无法得到完全控制,以及数据通信延迟时间。

第6章　数据库的实施与调优

6.1　数据库实施

在完成物理设计之后，设计人员应结合 DBMS 提供的数据定义语言、逻辑设计、物理设计的结果，形成 DBMS 能接受的源程序，经过调试产生目标模式，组织数据入库，这个阶段称为实施阶段。

数据库实施是指根据逻辑设计和物理设计的结果，在计算机上建立起实际的数据库结构、装入数据、进行测试和试运行的过程。数据库实施不外乎以下几个方面：建立实际数据库结构、装入数据、应用程序编码与调试、数据库试运行和整理文档。

6.1.1　建立实际数据库结构

数据库结构可由 DBMS 提供的数据定义语言（DDL）来进行定义。可使用前面介绍的 SQL 定义语句中的 CREATE TABLE 语句定义所需的基本表，使用 CREATE VIEW 语句定义视图。

6.1.2　装入数据

装入数据又称为数据库加载（Loading），是数据库实施阶段的主要工作。在数据库结构建立好之后，向数据库中加载数据的工作即可展开。

由于数据库的数据量一般都很大，它们分散于一个企业（或组织）中各个部门的数据文件、报表或多种形式的单据中，大量的重复是无法避免的，并且其格式和结构一般都对于数据库的要求都不符合，必须把这些数据收集起来加以整理，去掉冗余并转换成数据库所规定的格式，这样处理之后才能装入数据库。因此，需要耗费大量的人力、物力，是一种非常单调乏味而又意义重大的工作。

由于应用环境和数据来源的差异，故普遍通用的转换规则是不存在的，现有的 DBMS 并不提供通用的数据转换软件来完成这一工作。

对于一般的小型系统，装入的数据量比较有限，可以采用人工方法来完成。其步骤如下：
①筛选数据。需要装入数据库中的数据通常都分散在各个部门的数据文件或原始凭证

中,所以首先必须把需要入库的数据筛选出来。

②转换数据格式。筛选出来的需要入库的数据,其格式往往不符合数据库要求,还需要进行转换。这种转换有时可能很复杂。

③输入数据。将转换好的数据输入计算机中。

④校验数据。检查输入的数据是否有误。

对于中、大型系统,由于数据量极大,用人工方式组织数据入库将会耗费大量人力和物力,而且很难保证数据的正确性。因此应该设计一个数据输入子系统由计算机完成辅助数据入库的工作。数据输入子系统应提供数据输入的界面,并采用多种检验技术检查输入数据的正确性。数据输入子系统根据数据库系统的要求,从录入的数据中抽取有用成分对其进行分类转换,最后将其综合成符合新设计的数据库结构的形式。

为了保证装入数据库中数据的正确无误,数据的校验工作必须高度重视。在输入子系统的设计中多种数据检验技术均应该考虑在内,在数据转换过程中应使用不同的方法进行多次检验,确认正确如果在数据库设计时,原来的数据库系统仍在使用,则数据的转换工作是将原来老系统中的数据转换成新系统中的数据结构。同时还要转换原来的应用程序,使之能在新系统下有效地运行。

数据的转换、分类和综合不是说一次就可完成,而是需要多次才能完成,因而输入子系统的设计和实施是一个非常复杂的工作,需要编写许多应用程序,由于这一工作需要耗费较多的时间,为了保证数据能够及时入库,应该在数据库物理设计的同时编制数据输入子系统,而不能等物理设计完成后才开始。

6.1.3　编码与调试应用程序

数据库应用程序的设计属于一般的程序设计范畴,但数据库应用程序有自身独特的特点。例如,大量使用屏幕显示控制语句、形式多样的输出报表、重视数据的有效性和完整性检查、有灵活的交互功能等。

为了加快应用系统的开发速度,第四代语言开发环境是理想选择,利用自动生成技术和软件复用技术,在程序设计编写中往往采用工具软件来帮助编写程序和文档,如目前普遍使用的 PowerBuilder、Delphi 以及由北京航空航天大学研制的 863/CMIS 支持的数据库开发工具 OpenTools 等。

数据库结构建立好之后,对数据库的应用程序的编制与调试工作即可展开,这时由于数据入库尚未完成,调试程序时可以先使用模拟数据。

6.1.4　数据库试运行

在所有的程序模块都通过了调试以后,就需要将它们联合起来进行调试,这一过程称为数据库的试运行。

这一阶段要实际运行数据库应用程序,执行对数据库的各种操作,测试应用程序的功能是否满足设计要求。如果不满足,对应用程序部分则要修改、调整,直到达到设计要求为止。

在数据库试运行时,还要测试系统的性能指标,分析其是否达到设计目标。在对数据库进行物理设计时已初步确定了系统的物理参数值,但一般的情况下,设计时的考虑在许多方面只是近似的估计,和实际系统运行总有一定的差距,因此必须在试运行阶段实际测量和评价系统性能指标。事实上,有些参数的最佳值往往是经过运行调试后找到的。如果测试的结果与设计目标不符,则要返回物理设计阶段,重新调整物理结构,修改系统参数,某些情况下甚至要返回逻辑设计阶段,修改逻辑结构。

这里特别要强调两点。第一,上面已经讲到组织数据入库是十分费时、费力的事,如果试运行后还要修改数据库的设计,还要重新组织数据入库。因此应分期分批地组织数据入库,先输入小批量数据做调试用,待试运行基本合格后,再大批量输入数据,逐步增加数据量,逐步完成运行评价。第二,在数据库试运行阶段,由于系统还不稳定,硬、软件故障随时都可能发生。而系统的操作人员对新系统还不熟悉,误操作也不可避免,因此应首先调试运行 DBMS 的恢复功能,做好数据库的转储和恢复工作。一旦故障发生,能使数据库尽快恢复,尽量减少对数据库的破坏。

6.1.5　整理文档

在程序的编码调试和试运行中,应该将发现的问题和解决方法记录下来,将它们整理存档作为资料,供以后正式运行和改进时参考。全部的调试工作完成之后,应用系统的技术说明书和使用说明书应当编写出来,在正式运行时随系统一起交给用户。完整的文件资料是应用系统的重要组成部分,但这一点常被忽视。必须强调这一工作的重要性,使得用户与设计人员能够关注这一方面。

6.2　数据库运行

数据库试运行结果符合设计目标后,数据库就可以真正投入运行了。数据库投入运行标志着开发任务的基本完成和维护工作的开始,但并不意味着设计过程的终结,由于应用环境在不断变化,数据库运行过程中物理存储也会不断变化,对数据库设计进行评价、调整、修改等维护工作是一个长期的任务,也是设计工作的继续。

在数据库运行阶段,对数据库经常性的维护工作主要是由 DBA 完成的,它包括以下几个方面:

6.2.1　数据库的转储和恢复

数据库的转储和恢复是系统正式运行后最重要的维护工作之一。DBA 要针对不同的应用要求制定的转储计划也有所区别,定期对数据库和日志文件进行备份,以保证数据库中数据在遭到破坏后能及时进行恢复。现在的商品化 RDBMS 都为 DBA 提供了数据库转储与恢复的工具或命令。

6.2.2　维持数据库的完整性与安全性

数据的质量不仅表现在能够及时、准确地反映现实世界的状态,而且要求保持数据的一致性,即满足数据的完整性约束。数据库的安全性的重要程度也很高,DBA 应采取有效措施保护数据不受非法盗用和遭到任何破坏。数据库的安全性控制与管理涉及以下内容:

①通过权限管理、口令、跟踪及审计等 RDBMS 的功能保证数据库的安全。

②通过行政手段,建立一定规章制度以确保数据库的安全。

③应采取有关措施尽可能地防止病毒入侵,当出现病毒后应及时消毒。

④数据库应备有多个副本并保存在不同的安全地点。

6.3　对数据库性能的监测、分析和改善

在数据库运行过程中,监测系统运行,并对监测数据进行分析,找出改进系统性能的方法是 DBA 的又一重要任务。DBA 需要随时观察数据库的动态变化,并在数据库出现错误、故障或产生不适应情况(如数据库死锁、对数据库的误操作等)时能够随时采取有效措施对数据库进行有效保护。

数据库在经过一定时间运行后,其性能会有一定的下降,下降的原因主要是由于不断的修改、删除与插入所造成的。因为不断的删除会造成磁盘区内碎块的增多使得 I/O 速度受到影响,此外,不断的删除与插入会造成聚簇的性能下降,同时也会造成存储空间分配的零散化,使得一个完整关系的存储空间过分零散,存取效率也就会有所下降。正因为如此,必须对数据库进行重组,即按照原先的设计要求重新安排数据的存储位置,调整磁盘分区方法和存储空间,整理回收碎块等。

数据库重组涉及大量数据的搬迁,使用频率比较高的方法是先卸载,再重新加载,即将数据库的数据卸载到其他存储区或存储介质上,然后按照数据模式的定义,加载到指定的存储空间。数据库重组是对数据库存储空间的全面调整,较耗时,但重组可以提高数据库性能,因此,合理应用计算机系统的空闲时间对数据库进行重组,选择合理的重组周期是非常有必要的。目前的商品化 RDBMS 一般都为 DBA 提供了数据库再组的实用程序,数据库的重组任务得以有效完成。

数据库的逻辑结构一般是相对稳定的,但是,由于数据库应用环境的变化、新应用的出现或老应用内容的更新,数据库的逻辑结构也会有所变化,这就是数据库的重构。数据库的重构不是将原先的设计推倒重来,而主要是在原来设计的基础上进行适当的扩充和修改,如增加新的数据项、改变数据项的类型、改变数据库的容量、增加或删除索引,修改完整型约束条件等。数据库重构须在 DBA 的统一策划下进行,新的数据模式要及时通知用户,也有必要对应用程序进行维护。商品化 RDBMS 同样为 DBA 提供了数据库重构的命令和工具,以完成数据库的重构任务。

数据库的重组区别于数据库的重构,前者不改变数据库原先的逻辑结构和物理结构,而后

者则会部分修改原数据库的模式或内模式,有时还会引起应用程序的修改。

当然,数据库重构的程度是有限的,若应用需求变化太大,重构起到的作用也非常微弱,则表明数据库的生存期已经结束,应该重新设计数据库,从而新数据库的生存期就开始了。

第7章 数据完整性约束

7.1 数据完整性概述

数据库的完整性(Integrity)包含三方面的含义,即保持数据的正确性(Correctness)、独立性(Independence)和有效性(Validity)。凡是已经失真了的数据都可以说其完整性受到了破坏,这种情况下就不能再使用数据库,否则可能造成严重的后果。

与完整性相关联的另一个概念是一致性。英文术语"Consistency"常译为一致性。Consistency 的含义是指数据库中的两个以上数据的相容(In Agreement)的要求。但是人们常不加区别,混用完整性和一致性这两个词。

7.1.1 完整性受到破坏的常见原因

完整性受到破坏的常见原因有以下一些。

1. 错误的数据

当录入数据时输入了错误的数据。

2. 错误的更新操作

数据库的状态是通过插入、修改、删除等更新操作而改变的。在正常情况下,一个数据库事务把数据库从一个保持完整性的状态改变为另一个保持完整性的状态。但是,如果事务的更新操作有误,就可能破坏数据库的一致性和完整性。例如,从某个银行账号支出一笔钱,但没有同时对该账号的余额予以修改,就产生数据的不一致性。又如,在输入职工年龄时,键入了一个负数或大于 1000 的数。这显然是错误的数据。如果数据库不加检查就接受,就导致完整性受到破坏。

3. 各种硬软件故障

在执行事务的过程中,如果发生系统硬软件故障,使得事务不能正常完成,就有可能在数据库中留下不一致的数据。硬软件发生故障后,可以用数据库恢复的方法,恢复数据库到一致的状态。

4. 并发访问

多个事务并发访问数据库,如不加妥善控制就容易产生更新丢失,读出错误数据、读出数据不可重复等错误,导致数据库的完整性受到破坏。

5. 人为破坏

防止人为破坏更需依赖系统的安全保护和管理措施。

7.1.2 完整性约束条件

为维护数据库的完整性,DBMS 必须提供一种机制来检查数据库中数据的完整性。DBMS 保证数据库中数据完整性的方法之一是设置完整性条件和检验机制。对数据库中的数据设置一些语义约束条件称为数据库的完整性约束条件,它一般是对数据库中数据本身的语义限制、数据间逻辑联系以及数据变化时所应遵循的规则等。约束条件一般在数据模式中给出,作为模式的一部分存入数据字典中。在运行时由 DBMS 自动检查,当不满足条件时,系统就会立即向用户通报以便采取措施。

1. 完整性约束条件的作用状态

完整性约束条件的作用状态分为静态约束条件和动态约束条件两种。

(1)静态约束

数据库中数据的语法、语义限制与数据之间逻辑约束称为静态约束,数据及数据之间固有的逻辑特性有它反映。如国家公务员的年龄约束为 18～60 岁,工资约束为 300～5000 元等,它们可分别用逻辑公式表示为

$Age \leqslant 60$ AND $Age \geqslant 18$

$Salary \leqslant 5000$ AND $Salary \geqslant 300$

(2)动态约束

数据库中的数据变化应遵循的规则称为数据动态约束,它反映了数据变化的规则。如职工工资增加时新工资必大于等于旧工资。

综上所述,整个完整性控制都是围绕完整性约束条件进行的,因此,完整性约束条件是完整性控制机制的关键所在。

2. 完整性约束条件的类型

根据完整性约束条件的作用对象和状态,可以将完整性约束条件可以进一步分为以下六种类型。

(1)静态列级约束

对一个列的取值域的说明即为静态列级约束,主要有:

①对数据类型的约束。包括数据的类型、长度、单位、精度等。比如,可以规定学生姓名的数据类型为字符型,长度为 8。

②对数据格式的约束。比如,可以规定学号的格式为 8 位,其中前 2 位表示入学年份,中间 2 位为系级编号,最后 4 位为顺序号,也可规定出生日期的格式为 YYYY—MM—DD 等。

③对取值范围或取值集合的约束。比如,可以规定学生成绩的取值范围为 0～100,性别的取值集合为[男,女]等。

④对空值的约束。比如,规定成绩可以为空值,姓名不能为空值。空值也就是说没有定义和未知的值,它既不是零也不是空字符。

(2)静态元组约束

一个元组是由若干列值组成的,静态元组约束是规定组成一个元组的各列值之间的约束关系。例如,教师表中包括职称、职称津贴等,并规定教授津贴不低于 950 元就是静态元组约束。

(3)静态关系约束

在一个关系的各个元组之间或者若干关系之间常常存在各种联系或约束。实体完整性约束、参照完整性约束、函数依赖约束和统计约束是常见的静态关系约束,其中函数依赖约束一般在关系模式中定义。

(4)动态列级约束

动态列级约束是修改定义或修改列值时应满足的约束条件。例如,如果规定将原来允许为空值的列改为不允许为空值时,该列目前已存在空值,则这种修改就会被拒绝,此为修改列级时的约束。又如,要将职工工资调整不得低于其原来工资,这时修改列值需要参照其旧值,并且新旧值之间需要满足一定的约束条件。

(5)动态元组约束

动态元组约束是指修改元组时元组各个列之间需要满足的某种约束条件。例如,职工工资调整不低于其原来工资＋工龄×1.5 等。

(6)动态关系约束

动态关系约束是加在关系变化前后状态上的限制条件,如事务一致性约束条件。

当然,完整性的约束条件从不同的角度进行分类,因此存在多种分类方法,这里不予赘述。

7.1.3　数据库完整性的实施规则

1. 创建规则

创建规则使用 CREATE RULE 语句,其语法格式如下:
CREATE RULE rule AS condition_expression

2. 绑定规则

规则创建后,需要把它和列绑定到一起,则新插入的数据必须符合该规则。
语法格式如下:
sp_bindrule[@rulename＝]<rule_name>
[@objectname＝]'object_name'

［,@futureonle＝]'futureonly_flag'

3.解除和删除规则

对于不再使用的规则,可以使用 DROP RULE 语句删除。要删除规则首先要解除规则的绑定,解除规则的绑定可以使用 sp_unbindrule 存储过程。

语法格式如下：

sp unbindrule[@objname＝]object_name'

［,[@futureonly：]'futureonly flag']

［,futureonly];

例如：

sp_unbindrule 'student. age'

drop rule age rule;

7.2 域完整性约束

域完整性约束是指关系中属性的值应是域中的值,并由语义决定其能否为空值(NULL)。NULL 是用来说明在数据库中某些属性值可能是未知的,或在某些场合下是不适应的一种标志。例如,在教师关系 T 中,一个新调入的教师在未分配具体单位之前,其属性"系部"一列是可以取空值的。

域完整性约束是最简单、最基本的约束。在目前的 RDBMS 中,一般都有域完整性约束检查。

7.3 引用完整性约束

现实世界中的实体之间往往存在某种联系,我们知道在关系模型中实体及实体间的联系都是用关系来描述的,这样就存在着关系与关系间的引用。引用关系是指关系中某属性的值需要参照另一关系的属性来取值。

引用完整性又称为参照完整性,它定义了外码与主码之间的引用规则。为了描述不同关系之间的联系,外码起了重要的作用。外码与主码提供了一种表示原则之间关系的手段,外码要么空缺,要么引用一个实际存在的主码值。

1.外码和参照关系

设 F 是基本关系 R 的一个或一组属性,但不是关系 R 的主码(或候选码)。如果 F 与基本关系 S 的主码 K_s 相对应,则称 F 是基本关系 R 的外码,并称基本关系 R 为外码表或参照关系,基本关系 S 为主码表或被参照关系。

例如,"基层单位数据库"中有"职工"和"部门"两个关系,其关系模式如下：

职工(<u>职工号</u>,姓名,工资,性别,部门号)

部门(<u>部门号</u>,名称,领导人号)

其中:主码用下划线标出,外码用曲线标出。

在职工表中,部门号不是主码,但部门表中部门号为主码,则职工表中的部门号为外码,职工表为外码表。对于职工表来说,部门表为主码表。同理,在部门表中领导人号(实际为领导人的职工号)不是主码,它是非主属性,而在职工表中职工号为主码,则这时部门表中的领导人号为外码,部门表为外码表,职工表为部门表的主码表。

再如,在学生课程库中,有学生,课程和选修三个关系,其关系模式表示为:

学生(<u>学号</u>,姓名,性别,专业号,年龄)

课程(<u>课程号</u>,课程名,学分)

选修(<u>学号</u>,<u>课程号</u>,成绩)

其中:主码用下划线标出。

在选修关系中,学号和课程号合在一起为主码。单独的学号或课程号仅为关系的主属性,而不是关系的主码。由于在学生表中学号是主码,在课程表中课程号也是主码,因此,学号和课程号为选修关系中的外码,而学生表和课程表为选修表的参照表,它们之间要满足参照完整性规则。

2. 参照完整性规则

关系的参照完整性规则是:若属性 F 是基本关系 R 的外码,它与基本关系 S 的主码 K_s 相对应,则对于 R 中每个元组在 F 上的值必须取空值或者等于 S 中某个元组的主码值。

7.4　实体完整性约束

实体完整性约束是一种关系内部的约束,如果用户在数据模式中说明了主键,则数据库管理系统可以进行实体完整性的检查。

实体完整性规则:若属性 A 是基本关系 R 的主属性,则 A 不能取空值。所谓空值(NULL Value)就是"不知道"或"不存在"的值。

对于实体完整性规则说明如下:

①实体完整性规则是针对基本关系的约束和限定。一个基本关系通常对应于现实世界中的一个实体集,如课程关系对应于课程的集合。

②实体具有唯一性标识——主码。如每门课程都是独立的个体,是不一样的。

③主属性不能取空值。如果主属性取空值,说明存在某个不可标识的实体,即存在不可区分的实体,这与参照完整性规则相矛盾,因此,这个规则称为实体完整性规则。

实体完整性规则规定基本关系的所有主属性都不能取空值,而不仅是其中的某个或者某几个主属性不能取空值。例如,学生关系(学号,姓名,性别,出生年月,入学年份,专业编号,家庭住址)中,主键为"学号",则"学号"不能取空值;在学生成绩关系(学号,课程编号,平时成绩,期末成绩,总评成绩)中,"学号,课程号"为主键,则"学号"和"课程编号"两个属性都不能取空值。

7.5 其他完整性约束

实体完整性和参照完整性规则适用于任何关系数据库系统,它们是关系数据模型必须要满足的,或者说是关系数据模型固有的特性。

另外,根据应用环境的不同,往往还需要一些特殊的约束条件。完整性需求由用户定义的,称为自定义完整性规则,或用户定义完整性规则。用户定义完整性约束:针对某一具体数据的约束条件,由应用环境决定。由于不同的数据库系统所应用的环境不同,往往需要用户根据需要制定一些特殊的约束条件。用户按照实际的数据库运行环境要求,对关系中的数据定义约束条件,它反映的是某一具体应用所涉及的数据必须要满足的语义要求。例如,考试表中"成绩"的取值范围是0~100,学生登记表中"性别"的取值为"男"和"女"等,都是针对具体关系提出的完整性约束条件。DBMS应该提供定义和检查这类完整性的机制,以便用统一的系统方法处理它们,不再由应用程序承担这项工作。

在自定义完整性规则中最常见的是限定属性的取值范围,即对值域的约束,这包括说明属性的数据类型、精度、取值范围、是否允许空值等。对取值范围又可以分为静态定义和动态定义两种,静态取值范围是指属性的值域范围是固定的,而动态取值范围是指属性值域的范围动态依赖于其他属性的值。

7.6 完整性约束的说明

数据完整性的作用就是要保证数据库中的数据是正确的,这种保证是相对的,例如在域完整性中规定了属性的取值范围在15~30之间,如果将20误写为22,这种错误靠数据模型或关系系统是无法拒绝的。

但是通过数据完整性规则还是大大提高了数据库的正确度,通过在数据模型中定义实体完整性规则、参照完整性规则和用户定义完整性规则,数据库管理系统将检查和维护数据库中数据的完整性。

为了护维数据库中数据的完整性,在对关系数据库执行插入、删除和修改操作时,就要检查是否满足上述三类完整性规则。

1. 执行插入操作时检查完整性

执行插入操作时需要分别检查实体完整性规则、参照完整性规则和用户定义完整性规则。

首先检查实体完整性规则,如果插入元组的主关键字的属性不为空值、并且相应的属性值在关系中不存在(即保持唯一性),则可以执行插入操作,否则不可以执行插入操作。

接着再检查参照完整性规则,如果是向被参照关系插入元组,则无须检查参照完整性;如果是向参照关系插入元组,则要检查外部关键字属性上的值是否在被参照关系中存在对应的主关键字的值,如果存在则可以执行插入操作,否则不允许执行插入操作。另外,如果插入元组的外部关键字允许为空值,则当外部关键字是空值时也允许执行插入操作。

最后检查用户定义完整性规则,如果插入的元组在相应的属性值上遵守了用户定义完整性规则,则可以执行插入操作,否则不可以执行插入操作。

综上所述,在插入一个元组时只有满足了所有的数据完整性规则,插入操作才能成功,否则插入操作不成功。

2. 执行删除操作时检查完整性

执行删除操作时一般只需要检查参照完整性规则。

如果删除的是参照关系的元组,则不需要进行参照完整性检查,可以执行删除操作。

如果删除的是被参照关系的元组,则检查被删除元组的主关键字属性的值是否被参照关系中某个元组的外部关键字引用,如果未被引用则可以执行删除操作;否则可能有三种情况:

①不可以执行删除操作,即拒绝删除;

②可以删除,但需同时将参照关系中引用了该元组的对应元组一起删除,即执行级联删除;

③可以删除,但需同时将参照关系中引用了该元组的对应元组的外部关键字置为空值,即空值删除。

采用以上哪种方法进行删除,用户是可以定义的。

3. 执行更新操作时检查完整性

执行更新操作可以看作是先删除旧的元组,然后再插入新的元组。所以执行更新操作时的完整性检查综合了上述两种情况。

第8章 数据库的安全性

8.1 数据库的安全

数据库的误用是对数据库安全造成危害的最大隐患之一。数据库的误用包含两个方面，一是故意的数据泄露、更改和破坏，另一个是无意的错误改变，它们分别属于安全性和完整性两个不同领域中的问题。

数据库的安全性是指保护数据库以防止非法使用所造成的数据泄露、更改或破坏。安全性问题有许多方面，其中主要内容涵盖以下几点：

①法律、社会和伦理方面的问题，如请求查询信息的人是不是有合法的权力。

②物理控制方面的问题，如计算机房是否应该加锁或用其他方法加以保护。

③政策方面的问题，如确定存取原则，允许指定用户存取指定数据。

④运行方面的问题，如使用口令时，如何使口令保密。

⑤硬件控制方面的问题，如CPU是否提供任何安全性方面的功能诸如存储保护键或特权工作方式。

⑥操作系统安全性方面的问题，如在主存储器和数据文件用过以后，操作系统是否把它们的内容清除掉。

⑦数据库系统本身的安全性方面的问题。

8.1.1 实现数据库安全性的目标

数据库安全性的目标如下：

①数据机密性。通过为数据指定不同的安全级别，来为授予用户对各种数据不同的存取权限，例如，任何人可以看自己的档案，但不能查看别人的档案。

②数据诚实性。允许数据被授权的用户进行合法的存取，拒绝非法存取。例如，学生可以查看自己的成绩，但不能修改；授课的老师可以在一定的条件下修改其所授课程的某学生的成绩。

③数据可用性。不能拒绝已授权用户对相应数据的存取，例如，应允许设计师存取和修改其设计的产品数据。

8.1.2　数据库的安全标准

目前,国际上及我国均颁布有数据库安全的等级标准。最早的标准是美国国防部(DOD)于 1985 年颁布的《可信计算机系统评估标准》(Computer System Evaluation Criteria,TC-SEC)。1991 年美国国家计算机安全中心(NCSC)颁布了《可信计算机系统评估标准关于可信数据库系统的解释》(Trusted Database Interpretation,TDI),将 TCSEC 扩展到数据库管理系统。1996 年国际标准化组织(ISO)又颁布了《信息技术安全技术——信息技术安全性评估准则》(Information Technology Security Techniques Evaluation Criteria For It Security)。我国政府于 1999 年颁布了《计算机信息系统评估准则》。

目前国际上广泛采用的是美国标准 TCSEC(TDI),在此标准中将数据库安全划分为 4 大类,由低到高依次为 D、C、B、A。其中 C 级由低到高分为 C1 和 C2,B 级由低到高分为 B1、B2和 B3。每级都包括其下级的所有特性,各级指标如下:

①D 级标准:为无安全保护的系统。

②C1 级标准:只提供非常初级的自主安全保护。能实现对用户和数据的分离,进行自主存取控制(DAC),保护或限制用户权限的传播。

③C2 级标准:提供受控的存取保护,即将 C1 级的 DAC 进一步细化,以个人身份注册负责,并实施审计和资源隔离。很多商业产品已得到该级别的认证。

④B1 级标准:标记安全保护。对数据库系统的数据加以标记,并对标记的主体和客体实施强制存取控制(MAC)以及审计等安全机制。一个数据库系统凡符合 B1 级标准者称为安全数据库系统或可信数据库系统。

⑤B2 级标准:结构化保护。建立形式化的安全策略模型并对数据库系统内的所有主体和客体实施 DAC 和 MAC。

⑥B3 级标准:安全域。满足访问监控器的要求,审计跟踪能力更强,并提供数据库系统的恢复过程。

⑦A 级标准:验证设计,即提供 B3 级保护的同时给出数据库系统的形式化设计说明和验证,以确信各种安全保护真正实现。

我国国家标准的基本结构与 TCSEC 相似。我国标准分为 5 级,从第 1 级到第 5 级依次与 TCSEC 标准的 C 级(C1、C2)及 B 级(B1、B2、B3)一致。

8.1.3　DBMS 提供的安全支持

为了实现数据库安全,需要 DBMS 提供的支持如下:

• 安全策略说明。即安全性说明语言。

• 安全策略管理。即安全约束目录的存储结构、存取方法和维护机制。

• 安全性检查。执行"授权"(authorization)及其检验。

• 用户识别。即标识和确认用户。

现代 DBMS 一般都会采用"自主"(discretionary)和"强制"(mandatory)两种存取控制方

法来解决安全性问题。在自主存取控制方法中,每一用户对各个数据对象被授予不同的存取权力(authority)或特权(privilege),哪些用户对哪些数据对象有哪些存取权力都按存取控制方案执行,并不完全固定。而在强制存取控制方法中,所有的数据对象被标定一个密级,所有的用户也被授予一个许可证级别(clearance level)。对于任一数据对象,凡具有相应许可证级别的用户就可存取,否则不能。

8.2　数据库的安全性控制

安全性控制是指要尽可能地杜绝所有可能的数据库非法访问。用户非法使用数据库可以有很多种情况。例如,编写合法的程序绕过 DBMS 授权机制,通过操作系统直接存取、修改或备份有关数据:用户非法访问数据,无论是有意的还是无意的,都应该严格加以控制。因此,系统还要考虑数据信息的流动问题并对此加以控制,否则系统就有隐蔽的危险性。因为数据的流动可能使无权访问的用户获得访问权利。例如,甲用户可以访问文件 F1,但无权访问文件 F2,如果乙用户把文件 F2 移至文件 F1 中之后,则由于乙用户的操作,使甲用户获得了对文件 F2 的访问权。此外,用户可以多次利用允许的访问结果,经过逻辑推理得到他无权访问的数据。为防止这一点,访问的许可权还要结合过去访问的情况而定。可见安全性的实施是要花费一定代价的,安全保护策略就是要以最小的代价来防止对数据的非法访问,层层设置安全措施。

实际上,安全性问题并不是数据库系统所独有的,所有计算机系统都存在这个问题。在计算机系统中,安全措施是一级一级层层设置的,安全控制模型如图 8-1 所示。

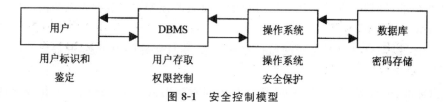

图 8-1　安全控制模型

根据图 8-1 所示的安全控制模型,当用户进入计算机系统时,系统首先根据输入的用户标识进行身份的鉴定,只有合法的用户才允许进入系统。对已进入系统的用户,DBMS 还要进行存取权限控制,只允许用户进行合法的操作。DBMS 是建立在操作系统之上的,安全的操作系统是数据库安全的前提。操作系统应能保证数据库中的数据必须由 DBMS 访问,而不允许用户越过 DBMS 直接通过操作系统访问。数据最后可以通过密码的形式存储到数据库中。

用户标识与鉴别,即用户认证,是系统提供的最外层安全保护措施。其方法是由系统提供一定的方式让用户标识自己的名字或身份,每次用户要求进入系统时,由系统进行核对,用户只有通过鉴定后才能获得机器使用权。对于获得使用权的用户若要使用数据库时,数据库管理系统还要进行用户标识和鉴定。用户标识和鉴定的方法有很多种,而且在一个系统中往往是多种方法并用的,以得到更强的安全性。常用的方法是用户名和口令。通过用户名和口令来鉴定用户的方法简单易行,但其可靠程度极差,容易被他人猜到或测出。因此,设置口令法对安全强度要求比较高的系统并不适用。近年来,一些更加有效的身份认证技术迅速发展起来。例如使用某种计算机过程和函数、智能卡技术,物理特征(指纹、声音、手图、虹膜等)认证技术等具有高强度的身份认证技术日益成熟,并取得了不少应用成果,为将来达到更高的安全强度要求打下了坚实的基础。

图 8-2 所示为数据库安全性控制整体结构图。

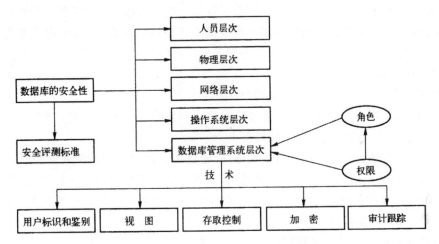

图 8-2 数据库安全性控制整体结构

8.2.1 安全性控制的层次

数据库安全性问题和计算机系统的安全性,包括操作系统、网络系统的安全性是紧密联系和相互支持的。因而为确保数据的安全性,可以从以下几个方面入手来采取相应的安全性措施。

· 人员层(human):对用户的授权要做到慎之又慎,以减少授权用户因接受贿赂或其他好处而给入侵者提供访问机会的可能性。

· 物理层(physical):计算机系统所位于的结点(一个或多个)必须在物理上受到保护,以防止入侵者强行闯入或暗中潜入。

· 网络层(network):由于几乎所有的数据库系统都允许通过终端或网络进行远程访问,网络软件的软件层安全性和物理安全性是相同的,不管在因特网上还是在私有的网络内。

· 操作系统层(operating system):数据库管理系统 DBMS 是运行在操作系统之上的,所以操作系统的安全是非常关键的。操作系统安全性方面的弱点总是可能成为对数据库进行未经授权访问的一种手段。

· 数据库系统层(database system):数据库系统的某些用户获得的授权可能只允许他访问数据库中有限的部分,而另外一些用户获得的授权可能允许他提出查询,但不允许他修改数据。保证这样的授权限制不被违反是数据库系统的责任。

8.2.2 安全性控制的方法

安全性控制常用的技术包括用户标识和鉴别、视图、统计数据库的存取控制、数据加密以及跟踪审计等。目前正在使用的数据库管理系统都或多或少都采用了这些技术,以保证数据库的安全,防止未经许可的人员窃取、篡改或破坏数据库中的内容。

1. 用户标识与鉴别

数据库系统不允许一个未经授权的用户对数据库进行操作。系统提供的最外层的安全保护措施即为用户标识与鉴别。数据库用户在数据库管理系统注册时,每个用户都有一个用户标识符。但一般来说,用户标识符是用户公开的标识,无法成为鉴别用户身份的凭证。为了鉴别用户身份,一般采用以下几种方法。

(1)利用只有用户知道的信息鉴别用户

通常采用口令(Password),系统通过核对口令对用户身份的真伪进行判定,为了保密起见,用户在终端上输入的口令不显示在屏幕上。

其次是采用类似地下工作者对暗语的方法,通过用户回答问题的方式来对其身份进行鉴别。例如,系统与某一用户先约定一个表达式,如 $X+3Y$。系统给定 $X=1,Y=1$,如果用户回答 4,那该用户的身份就得到了证实。当然,在实际使用中系统可以设计更为复杂的表达式,或设置与环境有关的参数,如日期时间等。

(2)利用用户的个人特征鉴别用户

利用用户的体貌特征、指纹、签字等技术措施进行身份识别。这种方式非常具有可靠性,但需要昂贵的、特殊的鉴别装置,因而使得其推广和使用受到限制。

(3)利用只有用户具有的物品鉴别用户

密钥就是属于这种性质的鉴别物。此外,计算机系统常利用用户持有的证件,如光卡、磁卡等,进行身份识别。这种方式要求系统有读卡装置,不足之处是卡丢失或被盗的情况也时有发生。

目前,口令识别用户是几乎所有的商品化数据库管理系统都采用的手段。为提高安全性,数据库管理系统采取了多种措施:口令一般由用户选择;口令输入时不显示以免被偷看;口令的选择既要便于记忆,又要不容易被别人猜出;系统限定用户必须定期更换口令;对口令的长度、可使用的字符等加入一定的限制;对多次尝试进入系统未能成功者,将中断其尝试,并记录在案以便核查;系统中存放密码的表以密文形式存放等等。口令识别这种控制机制的优点是简单且推广起来比较容易。目前,尝试猜测、假冒登录和搜索系统口令表等是对其进行攻击的常用办法。

2. 视图机制

视图是从一个或几个基本表(或视图)导出的表,它与基本表不同,是一个虚表。基本表中的数据发生变化,从视图中查询出的数据也就随之改变了。在设计数据库应用系统时,对不同的用户定义不同的视图,使要保密数据对无权存取的用户隐藏起来。

视图机制也是提供数据库安全性的一个措施。由于安全性的考虑,有时并不希望所有用户都看到整个逻辑模型,就可以建立视图将部分数据提取出来给相应的用户。用户可以访问部分数据,进行查询和修改,但是表或数据库的其余部分是不可见的,也不能进行访问。

这样,通过视图机制把要保密的数据对无权存取的用户隐藏起来,以实现对数据一定程度的安全保护。

例 8-1　在 class MIS 数据库中,假设有一个需要知道该数据库下表 st_student 中姓名为"张三"的用户。该用户不能看到除"张三"以外的任何与班级相关的信息。因此,该用户对班级关系的直接访问必须被禁止,但是,需要提供他能够访问到"张三"的途径,于是可以建立视图 p_view,这一视图仅由姓名构成,其定义如下:

Create view p_view as select st_name from st_student Where st_name＝′张三′

然后将对该视图的访问权限授予该用户,而不能将对该班级的访问权限授予该用户,因此,建立视图保证了对数据库的安全性。

通过视图机制可以将访问限制在基表中行的子集内、列的子集内,也可以将访问限制在符合多个基表连接的行内,以及将访问限制在基表中数据统计汇总内。此外,视图机制还可以将访问限制在另一个视图的子集内或视图和基表组合的子集内。视图隐藏数据的能力使得用户只关注那些需要的数据,从而也简化了系统的操作。

3. 存取控制

(1)存取控制机制

数据库安全所关心的是 DBMS 的存取控制机制。数据库安全最重要的一点就是确保只授权给有资格的用户访问数据库的权限,同时令所有未被授权的人员无法接近数据。数据库管理员必须能够为不同用户授予不同的数据库使用权。一个用户可能被授权仅使用数据库的某些文件甚至某些字段。不同用户可以被授权使用相同的数据库数据集合。这主要通过数据库系统的存取控制机制实现。

存取控制机制主要包括两部分:

①定义用户权限。用户对某一数据对象的操作权力称为权限。在数据库系统中,为了保证用户只能访问他有权存取的数据,必须预先对每个用户定义存取权限。

某个用户应该具有何种权限是个管理问题和政策问题,而不是技术问题。DBMS 的职责是保证这些权限的执行。为此,DBMS 系统必须提供适当的语言定义用户权限,这些定义经过编译后存放在数据字典中,被称作安全规则或授权规则。

②检查存取权限。对于通过鉴定获得上机权的用户(即合法用户),系统根据他的存取权限定义对他的各种操作请求进行控制,确保他只执行合法操作。当用户发出存取数据库的操作请求后(请求一般包括操作类型、操作对象和操作用户等信息),DBMS 查找数据字典,根据安全规则进行合法权限检查,若用户的操作请求超出定义的权限,系统将拒绝执行此操作。

用户权限定义和合法权限检查机制一起组成了 DBMS 的安全子系统。

(2)自主存取控制

大型数据库系统几乎都支持自主存取控制(Discretionary Access Control,DAC)方法。自主存取控制是以存取权限为基础的,用户对于不同的对象有不同的存取权限,不同的用户对同一对象也有不同的权限,而且用户还可将其拥有的存取权限转授给其他用户。一旦用户创建了一个数据库对象,如一个表或一个视图,就自动获得了在这个表或视图的所有权限。接下去 DBMS 会跟踪这些特权是如何授给其他用户的,也可能是取消特权以确保任何时候只有具有权限的用户能够访问对象。

一般情况下,自主存取控制是很有效的,它能够通过授权机制有效地控制其他用户对敏感数据的存取。但是由于用户对数据的存取权限是"自主"的,用户可以自由地决定将其拥有的存取权限自由地转给其他用户,而系统对此无法控制,这样就会导致数据的"无意泄露"。例如,甲用户将自己所管理的一部分数据的查看权限授予合法的乙用户,其本意是只允许乙用户本人查看这些数据,但是乙一旦能查看这些数据,就可以对数据进行备份,获得自身权限内的副本,并在不征得甲同意的情况下传播数据副本。造成这一问题的根本原因在于,这种机制仅仅通过对数据的存取权限来进行安全控制,而数据本身并无安全性标记。要解决这一问题,就需要对系统控制下的所有主客体实施强制存取控制策略。

DBMS 提供了完善的授权机制,它可以给用户授予各种不同对象(表、属性列、视图等)的不同使用权限(如 SELECT、UPDATE、INSERT、DELETE 等),还可以授予数据库模式方面的授权,如创建和删除索引、创建新关系、添加或删除关系中的属性、删除关系等。

SQL 标准支持自主存取控制。这主要通过 SQL 的 GRANT 语句和 REVOKE 语句实现。GRANT 语句用于向用户授予权限,REVOKE 语句用于收回授予的权限。

①GRANT 语句。GRANT 语句的一般格式为:

GRANT ＜权限＞[,＜权限＞]……

[ON ＜对象名＞]

TO ＜用户＞[,＜用户＞]……

[WITH GRANT OPTION];

将对指定操作对象的指定操作权限授予指定的用户。发出该语句的可以是 DBA,也可以是该数据对象的建立者(即属主),也可以是已经拥有该权限的用户。接受该权限的用户可以M 或多个用户,也可以是 PUBLIC,即全体用户。

如果指定了 WITH GRANT OPTION 子句,则获得权限的用户还可以把这种权限再授予别的用户。如果没有 WITH GRANT OPTION 子句,则获得权限的用户只能使用权限,不能传播该权限。

虽然数据库对象的权限采用分散控制方式,允许具有 WITH GRANT OPTION 的用户把相应权限或其子集传递授予其他用户,但不允许循环授权,即被授权者不能把权限回给授权者。

②REVOKE 语句。REVOKE 语句的一般格式为:

REVOKE ＜权限＞[,＜权限＞]……

[ON ＜对象名＞]

FROM ＜用户＞[,＜用户＞]……

收回指定用户对指定操作对象.$f==$的指定操作权限。发出该语句的可以是授权者,也可以是 DBA。

③数据库角色。如果要给成千上万个职员分配权限,将面临很大的管理难题,每次有职员到来或者离开时,就得有人分配或去除可能与数百张表或视图有关的权限。这项任务很耗时间而且非常容易出错。一个相对简单有效的解决方案就是定义数据库角色。

数据库角色是被命名的一组与数据库操作相关的权限,角色是一组权限的集合。因此,可以为一组具有相同权限的用户创建一个角色,使用角色来管理数据库权限可以简化授权的过程。

角色授权管理机制如图 8-3 所示。在这种授权机制下,先创建角色,并且把需要的权限分配给角色而不是分配给个人用户,然后再把角色授予特定用户,这样用户就拥有了这个角色所有的权限。当有新的职员到来时,把角色授予用户就提供了所有必要的权限;当有职员离开时,把该用户的角色收回就可以了。

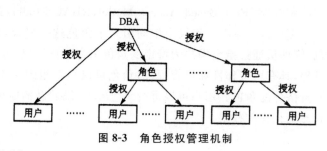

图 8-3 角色授权管理机制

(3)强制存取控制

自主存取控制是关系数据库的传统方法,可对数据库提供充分保护,但它不支持随数据库各部分的机密性而变化,技术高超的专业人员可能突破该保护机制获得未授权访问;另外,由于用户对数据的存取权限是"自主"的,用户可以自由地决定将数据的存取权限授予何人、是否也将"授权"的权限授予别人。

强制存取控制(Mandatory Access Control,MAC)是基于系统策略的,它不能由单个用户改变。在这种方法中,每一个数据库对象都被赋予一个安全级别,对每个安全级别用户都被赋予一个许可证,并且一组规则会强加在用户要读写的数据库对象上。DBMS 基于某一规则可以决定是否允许用户对给定的对象进行读或写。这些规则设法保证绝不允许那些不具有必要许可证的用户访问敏感数据。强制存取控制因此相对比较严格。

在 MAC 机制中,DBMS 所管理的全部实体被分为主体与客体。主体是系统中的活动实体,包括 DBMS 所管理的实际用户,也包括用户的各进程;客体是系统中的被动实体,是受主体操纵的,包括文件、基本表、索引、视图等。DBMS 为主体和客体的每个实例指派一个敏感度标记(label)。主体的敏感度标记被称为许可证级别(clearance level),客体的敏感度标记被称为密级(classification level),敏感度标记分为若干个级别,如绝密(top secret)、机密(secret)、可信(confidential)、公开(public)等。MAC 机制就是通过对比主体的 label 和客体的 label,最终确定主体是否能够存取客体。

MAC 机制的规则如下:当某一用户(或某一主体)以标记 label 登录数据库系统时,系统要求他对任何密体的存取必须遵循下面两条规则。

①仅当主体的许可证级别大于或等于客体的密级时,该主体才能读取相应的客体。

②仅当主体的许可证级别小于或等于客体的密级时,该主体才能写相应的客体。

这两条规则规定仅当主体的许可证级别小于或等于客体的密级时,该主体才能写相应的客体,即用户可以为写入的数据对象赋予高于自己的许可证级别的密级。这样一旦数据被写入,该用户自己也不能再读该数据对象了。这两种规则的共同点在于它们均禁止了拥有高许可证级别的主体更新低密级的数据对象,从而防止了敏感数据的泄露。

强制存取控制是对数据本身进行密级标记,无论数据如何复制,标记与数据是一个不可分的整体,只有符合密级标记要求的用户才可以操纵数据,从而提供了更高级别的安全性。前面已经提到,较高安全性级别提供的安全保护要包含较低级别的所有保护,因此在实现 MAC 时要首先实现 DAC,即 DAC 与 MAC 共同构成 DBMS 的安全机制。系统首先进行 DAC 检查,对通过 DAC 检查的允许存取的数据对象再由系统自动进行 MAC 检查,只有通过 MAC 检查的数据对象方可存取。

基于角色的访问控制模型(Role-Based Access Model,RBAC Model)是一种新的访问策略,由美国 Ravi Sandhu 提出,它在用户和权限中间引入了角色这一概念,把拥有相同权限的用户归入同一类角色,管理员通过指定用户为特定的角色来为用户授权,可以简化具有大量用户的数据库的授权管理,具有可操作性和可管理性,角色可以根据组织中不同的工作创建,然后根据用户的责任和资格分配角色。用户可以进行角色转换,随着新的应用和系统的增加,角色可以随时增加或者撤销相应的权限。

4. 安全审计

上面介绍的各种数据库安全保护措施,都无法说万无一失的。窃密者总有可能突破这些控制,只是付出的代价多少而已。

DBMS 的审计主要分为语句审计、特权审计、模式对象审计和资源审计。语句审计是指监视一个或多个特定用户或者所有用户提交的数据库操作(如 SQL)语句;特权审计是指监视一个或多个特定用户或所有用户使用的系统特权;模式对象审计是指监视一个模式中在一个或多个对象上发生的行为;资源审计是指监视分配给每个用户的系统资源。

安全审计是一种监视措施,对于某些高度敏感的保密数据,系统跟踪记录有关这些数据的访问活动,并将跟踪的结果记录在一个特殊文件——审计日志(Audit Log)中,对潜在的窃密企图进行的事后分析和调查可根据这些数据来进行。审计日志记录一般包括以下内容:

①操作日期和时间。

②操作终端标识与操作者标识。

③操作类型如查询、修改等。

④操作所涉及的数据如表、视图、记录、属性等。

⑤数据的前像和后像。

其中最后一项在数据恢复中也会有所涉及,有些数据库管理系统把安全审计记录与运行记录合在一起。除了对数据进行安全审计外,对每次成功或失败的注册以及每次成功或失败的授权或收权也进行记录。

使用安全审计功能将使得系统的开销得以增加,所以数据库管理系统通常将其作为可选项,提供相应的操作语句对于审计功能可以灵活地打开或关闭。

审计跟踪由 DBA 控制,或由数据的属主控制。DBMS 提供相应的语句供施加和撤销跟踪审计之用。一般地,将审计跟踪和数据库日志记录结合起来,会达到更好的安全审计效果。

在 Oracle 中可以对用户的注册登录、操作、数据库对象(如表、索引等)进行跟踪审计。审计的结果可以从 DBA_AUDIT_OBJECT 等视图查看。

Oracle 的跟踪审计命令的一般语句格式为

AUDIT⟨[<t_option>,<t_option>]···| ALL}

ON{<t_name>| DEFAULT}

[BY{ACCESS | SESSION}]

[WHENEVER[NOT]SUCCESSFUL]

其中,<t_option>表示对<t_name>要进行操作的 SQL 语句,这些操作将被审计。<t_option>包括:ALTER、AUDIT、COMMENT、DELETE、GRANT、INDEX、INSERT、LOCK、RENAME、SELECT、UPDATE 等。<t_name>表示视图或基本表或同义词。BY 子句说明在什么情况下要在跟踪审计表中做记录。BY ACCESS,指对每个存取操作做审计记录;BY SESSION,指每次 Oracle 的登录都做审计记录,这是缺省情况。WHENEVER 子句进一步说明应当把什么样的操作写入到审计记录中去。WHENEVER SUCCESSFUL 说明只对成功的操作做记录,WHENEVER NOT SUCCESSFUL 说明只对不成功的操作做记录。

关闭审计的命令为

NOAUDIT{[<t_option>,<t_option>]…| ALL}

ON{<t_name>| DEFAULT}

[BY{ACCESS | SESSION)]

[WHENEVER[NOT]SUCCESSFUL]

8.2.3 数据库安全性的控制策略

安全策略是粗线条描述安全需求以及规则的说明,是一组规定如何管理、保护和指派敏感信息的法律、规则及实践经验的集合。

数据库系统至少具有以下一些安全策略:

①保证数据库的存在安全。确保数据库系统的安全首先要确保数据库系统的存在安全。

②保证数据库的可用性。数据库管理系统的可用性表现在两个方面:一是需要阻止发布某些非保护数据以防止敏感数据的泄漏;二是当两个用户同时请求同一记录时进行仲裁。

③保障数据库系统的机密性。其内容主要包括用户身份认证、访问控制和可审计性等。

④保证数据库的完整性。数据库的完整性包括物理完整性、逻辑完整性和元素完整性。物理完整性是指存储介质和运行环境的完整性。逻辑完整性主要指实体完整性和引用完整性。元素完整性是指数据库元素的正确性和准确性。

1. 安全策略语言

安全策略是粗线条描述安全需求以及规则的说明,使用安全策略语言描述定义的不同层次的安全策略。

(1)安全策略基本元素

安全策略定义语言具有以下一些基本概念与标记。

主体(Subject):系统中的活动实体,主体在系统中的活动受安全策略控制。主体一般记为 $S = \{s_1, \cdots, s_n\}$。

客体(Object):是系统中的被动实体,每个客体可以有自己的类型。客体一般记为 $O = \{O_1, \cdots, O_n\}$。

类型(Type)：每个客体都可以有自己的类型。

角色(Role)：在系统中进行特定活动所需权限的集合。角色可以被主体激活,主体可以同时担任不同的角色。角色一般记为 $R=\{r_1,\cdots,r_n\}$。

任务(Task)：任务一般记为 $TK=\{tk_l,\cdots,tk_n\}$。

转换过程(Tansformation Procedure,TP)：可以是通常的读、写操作或一系列简单操作组合形成的特定应用过程。

(2)SPSL

SPSL 是一种策略规范语言,它的主要目的是描述安全操作系统中使用的安全策略,即授权决策策略。授权决策是一个从请求到决策的映射 $AD=\{(q,d)\,|\,q\in Q,d\in D\}$,其中,$Q$ 是请求集,D 是决策集。SPSL 属于逻辑语言,主要由常量、变量和谓词三部分组成。主体集 S、客体集 O、动作集 A 和访问'权限集 SA 均是 SPSL 的常量。SPSL 的变量包括 4 个集合：V_s、V_o、V_a、V_{sa} 分别表示主体、客体、动作和带符号访问权限的变量集合。分别用 s_t,o_t,a_t 和 sa_t 表示 4 个集合中的项。

SPSL 的谓词有 13 个：$cando(s_t,o_t,sa_t)$,$decando(s_t,o_t,sa_t)$,$do(s,o,sa_t)$,$done(s,o,a_t)$,$fail(s,o,a_t)$,$din(s_1,s_2)$,$in(s_1,s_2)$,$cooper(e_1,e_2)$,$conflict(e_1,e_2)$,$super(e_1,e_2)$,$owner(e_1,e_2)$,$typeof(e,t)$ 和 $spof(e)$。

下面用简单的实例说明如何用 SPSL 描述自主访问控制策略。假定 $o\in O,s_1\in S,s_2\in S,s_3\in S,g\in G,others=G-g$,自主访问控制策略可表示为：

客体属主访问规则：$cando(s_1,o,a)\leftarrow owner(o,s_1)$。

同组用户访问规则：$cando(s_2,o,a')\leftarrow cando(g,o,n)\ \&\ in(sl,g)\sim in(s_2,g)$。

其他人访问规则：$cando(s_3,o,a'')\leftarrow cando(others,o,a')\ \&\ \neg in(s_3,g)$。

2. 安全策略模型

安全模型的作用是在一个安全策略中,描述策略控制实体并且声明构成策略的规则。

(1)状态机模型

状态机模型将系统描述为一个抽象的数学状态机。在这种模型里,状态变量表示机器的状态,随着系统的运行而不断地变化。状态转移函数是对系统调用的抽象表示,精确地描述了状态的变化情况。主体和客体被模拟为集合 S 和 O 的函数。

开发一个状态机安全模型一般有以下一些步骤：定义与安全有关的状态变量。定义安全状态需满足的条件是静态表达式,表达了在状态转移期间,状态变量值之间必须保持的关系。定义状态转移函数。证明转移函数能供维持安全状态。定义系统运行的初始状态,并用安全状态的定义证明初始状态是安全的。

(2)Clark-Wilson 模型

Clark-Wilson 模型对于许多商业系统的建模更加符合实际。该模型用程序作为主体和客体之间的中间控制层,主体被授权执行某些程序,客体可以通过特定的程序进行访问。Clark-Wilson 模型将从属于其完整性控制的数据定义为约束型数据项(CDI),而将不从属于完整性控制的数据定义为非约束性数据项(UDI)。

Clark-Wilson 模型定义了两组过程：完整性验证过程(IVP)和转换过程(TP)。Clark-

Wilson 模型采用了两个基本的方法,即所谓的严格转变(Well-Formed Transition)和责任分离(Segregation of Duties)。严格转变是 Clark-Wilson 模型中保证应用完整性的一个机制。责任分离的目的是保证数据对象与它所代表的现实世界对象的对应,而计算机本身并不能直接保证这种外部的一致性。

数据完整性 Clark-Wilson 模型有两类规则:证明规则(CR)和实施规则(ER)。实施规则是与应用无关的安全功能。证明规则是与具体应用相关的安全功能。

(3)Harrison-Ruzzo-Ullman(HRU)模型

HRU 模型的访问方式有两种:静态和动态。静态访问方式有读、写、执行和拥有等。动态访问方式有对进程的控制权、授予/撤销权限等。

HRU 模型的操作有 6 条:①授予权限,为特定的对象赋予操作权限;②撤销权限;③添加主体;④删除主体;⑤添加客体;⑥删除客体。HRU 模型逻辑关系明确,操作管理方便,但是效率低下,所以必须采用一定的方法来提高效率。

3. 安全策略的执行

(1)基于 SQL 的安全策略执行

SQL 语言可以定义安全策略。最简单的情形就是 SQL 语言具有 GRANT 和 REVOKE 子构件,可以向用户授予访问权限和撤销用户访问权限。例如,如果用户 Peter 可以分别读取 name 和 salary,但是不能同时读取这两个属性,可以采用如下 SQL 类型语言定义:

GRANT Peter READ emp. salary;

GRANT Peter READ emp. name;

NOT GRANT Peter READ Tcflether(emp. name,emp. salary);

如果不允许 Peter 访问薪金超过 50000 元的雇员信息,可以定义如下:

GRANT Peter READ emp WHERE emp. Salary<50000;

(2)查询修改

查询修改(Query Modification)是基于 SQL 的安全策略执行机制的重要功能,其核心思想是根据约束修改查询,这种方法对于强制安全策略和自主安全策略均可有效使用。假定 Peter 请求查询 emp 的所有元组,根据安全策略,Peter 无法查询 salary>=50000 且雇员不是安全部门的记录,则查询修改如下:

SELECT * FROM emp;

修改为

SELECT * FROM emp WHERE salary<50000 AND dept is NOT security;

4. 关系数据库的授权机制

授权机制是关系数据库实现安全与保护的重要途径。授权机制的总体目标是提供保护与安全控制,允许授权用户合法地访问信息。

(1)授权规则

• 肯定授权(Positive Authorization)

• 否定授权(Negative Authorization)

- 冲突解决(Conflict Resolution)
- 强授权与弱授权(Strong and Weak Authorization)
- 授权规则的传播(Propagation of Authorization Rules)
- 特殊规则(Special Rules)
- 一致和完整性规则(Consistency and Completeness of Rules)

（2）GRANT 命令

授权机制贯穿于关系及视图动态创建、动态撤销整个过程，包括授予（GRANT）、检查（CHECKING）、撤销（REVOKE）等动态环节。通常，授权可以通过访问控制列表方式实现，这种方式支持撤销。

在 SQL Server 中，任意用户可以授权创建新 Table。创建者被唯一全权授予 Table 的所有访问控制权限。如果希望其他用户共享某些访问控制，必须向各种用户授予指定的权限。可以授予的权限包括：

READ：允许通过查询使用 Table，包括读取关系元组、根据关系定义视图等。

INSERT：向 Table 添加新行（元组）。

DELETE：从 Table 中删除行（元组）。

UPDATE：修改 Table 中现存数据，可以限制于一定的列（属性）。

DROP：删除整个 Table。

授权的语法格式基本类似，可以表示为 GRANT[ALL RIGHTS|＜privileges＞|ALL BUT＜privileges＞]ON＜table＞TO＜user-list＞[WITH GRAND OPTION]。可以对表所有权先进行授权，或者授予指定系列的权限，或者授予明确声明以外所有权限。

例如，被授予者进一步向其他用户授权：

GRANT READ,INSERT ON EMP TO B WITH GRANT OPTION

（3）REVOKE 命令

REVOKE 的语法格式基本类似，可以表示为 REVOKE[ALL RIGHTS l＜privileges＞]ON＜table＞FROM＜user-list＞。允许 REVOKE 先前授予的权限增加了授权机制的复杂性。仅采用两个元组表示用户在表上的权限并不充分，必须同时保留授权者的身份信息，因为一般指允许用户撤销由他先前授予的权限。例如，执行授权撤销序列后的权限：

REVOKE INSERT,UPDATE ON EMP FROM C

本节对数据库的安全策略语言、策略模型、策略的执行机制做了全面的介绍，同时重点介绍了关于数据库授权策略实现机制。选择合适的安全策略，构建相应的安全模型在数据库系统的开发应用过程中有着举足轻重的作用。安全策略及模型从集中于面向军事领域的机密性要求，转而面向商业领域的完整性要求，又发展到支持策略独立性。随着人们对安全威胁的认识逐步加深以及各种安全技术的不断发展，采取多种安全机制支持多种安全策略逐渐成为安全系统研究的共同特征。

8.3　数据库加密技术

一般而言对数据库提供的其安全技术能够满足数据库应用的基本需要,但对于一些重要部门或敏感领域的应用,仅靠上述这些措施是难以完全保证数据的安全性的。某些用户可能非法获取用户名、口令字或利用其他方法越权使用数据库,甚至可以直接打开数据库文件来窃取或篡改信息。因此有必要对数据库中存储的重要数据进行加密处理,以强化数据存储的安全保护。

数据加密就是将明文数据经过一定的变换变成密文数据。数据脱密是加密的逆过程,即将密文数据转变成可见的明文数据。数据加密和解密的过程如图 8-4 所示。

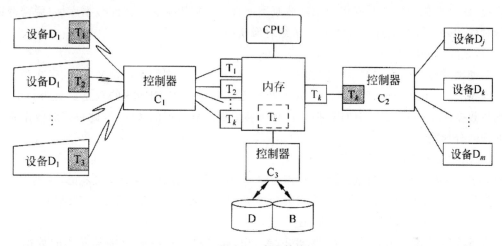

图 8-4　密码转换

数据库加密的目标首先是对那些不超出安全域界限的数据采取对数据进行加密的措施,包括静态的和动态的加密措施。

一个密码系统包含明文集合、密文集合、密钥和算法,这些构成了密码系统的基本单元。数据库密码系统要求将明文数据加密成密文数据,数据库中存储密文数据,查询时将密文数据取出脱密得到明文信息。

相比传统的数据加密技术,数据库密码系统有其自身的要求和特点。传统的加密以报文为单位,加脱密都是从头至尾顺序进行。数据库数据的使用方法决定了它不可能以整个数据库文件为单位进行加密,当符合检索条件的记录被检索出来后,就必须对该记录迅速脱密,然而该记录是数据库文件中随机的一段,无法从中间开始脱密,除非从头到尾进行一次脱密,然后再去查找相应的这个记录,显然这是不合适的,必须解决随机的从数据库文件中某一段数据开始脱密的问题。

(1)加密算法

加密算法是数据加密的核心,一个好的加密算法产生的密文应该频率平衡,随机无重码规律,周期很长而又不可能产生重复现象。窃密者很难通过密文频率、重码等特征的分析获得成功,同时算法必须适应数据库系统的特性,加/脱密响应迅速。

（2）多级密钥结构

数据库关系运算中参与运算的最小单位是字段，查询路径依次是库名、表名、记录号和字段名，因此字段是最小的加密单位，也就是说当查得一个数据后，该数据所在的库名、表名、记录名、字段名都应是知道的。对应的库名、表名、记录号、字段名都应该具有自己的子密钥，这些子密钥组成一个能够随时加/脱密的公开密钥。

（3）公开密钥

有些公开密钥体制的密码，如 RSA 密码，其加密密钥是公开的，算法也是公开的，只是其算法是各人一套，但是作为数据库密码的加密算法不能因人而异，因为数据库共享用户的数量大大超过一般 RSA 算法涉及的点到点加密通信系统中的用户数目。设计或寻找大批这类算法有其困难和局限性，也不可能在每个数据库服务器的节点为每个用户建立和存放一份专用的算法；因此这类典型的公开密钥的加密体制不适合于数据库加密。因此数据库加/脱密密钥应该是对称的、公开的，而加密算法应该是绝对保密的。

（4）数据库加密的限制

数据加密通过对明文进行复杂的加密操作，以达到无法发现明文和密文之间、密文和密钥之间的内在关系，也就是说经过加密的数据经得起来自 OS 与 DBMS 的攻击。另外，DBMS要完成对数据库文件的管理和使用，必须具有能够识别部分数据的条件，据此只能对数据库中数据进行部分加密。

（5）索引项字段不能加密

为了达到迅速查询的目的，数据库文件需要建立一些索引，索引必须是明文状态，否则将失去索引的作用，有的 DBMS 中可以建立簇聚索引，这类索引也需要在明文状态下建立和维护使用。

（6）关系运算的比较字段的加密问题

DBMS 要组织和完成关系运算，参加并、差、积、商、投影、选择和连接等操作的数据一般都要经过条件筛选，这种"条件"选择项必须是明文，否则 DBMS 将无法进行比较筛选。

（7）表间的连接码字段的加密问题

数据模型规范化以后，数据库表之间存在着密切的联系，这种相关性往往是通过"外码"联系的，若对这些码加密也无法进行表与表之间的连接运算。

目前 DBMS 的功能比较完备，然而数据库数据加密以后，它的一些功能将无法使用。

①对数据约束条件的定义。有些数据库管理系统利用规则定义数据库的约束条件，数据一旦加密 DBMS 将无法实现这一功能，而且值域的定义也无法进行。

②SQL 语言中的内部函数将对加密数据失去作用。DBMS 对各种类型的数据均提供了一些内部函数这些函数不能直接作用于加密数据。

③密文数据的排序、分组和分类。SQL 语言中 Select 语句的操作对象应当是明文状态，如果是加密数据，则数据的分组、排序、分类等操作的逻辑含义完全丧失；数据不能体现原语句的分组、排序、分类的逻辑语义。因此，密文的上述操作是无法实现的，必须根据明文状态操作，而这样的操作必然将大量数据在一个相对长的时间内，以明文状态在计算机内操作，这当然是在冒很大的失密的风险。

④DBMS 的一些应用开发工具的使用受到限制。

由于传统加密算法不能适应数据库的需要，因此数据库中的加密算法多采用类似 DES 的分组加密算法。

8.4　其他数据库安全性手段

8.4.1　授权

授权(Authorization)是指对用户存取权限的规定和限制。在数据库管理系统中,用户存取权限指的是不同的用户对于不同数据对象所允许执行的操作权限,每个用户只能访问他有权存取的数据并执行有权进行的操作。存取权限由两个要素组成:数据对象和操作类型。对一个用户进行授权就是定义这个用户可以在哪些数据对象上进行哪些类型的操作。

授权包括系统特权和对象特权两种。系统特权由 DBA 授予某些数据库用户,只有得到系统特权,才能成为数据库用户。对象特权是授予数据库用户对某些数据对象进行某些操作的特权,它既可由 DBA 或数据对象的创建者来授予。在系统初始化时,系统中 DBA 特权的用户至少有一个。

有了第一个 DBA 用户之后,就可通过 GRANT 语句授权给其他用户,也可通过 RE-VOKE 语句收回所授予的特权。这些授权定义经过编译后以一张授权表的形式存放在数据字典中。用户标识符、数据对象和访问特权是授权表的主要属性。用户标识符既可以是用户个人,也可以是团体、程序或终端。在非关系数据库管理系统中,存取控制的数据对象仅限于数据本身,而在关系数据库管理系统中,基本表、属性列等数据本身都可以是存储控制的数据对象,存储控制的数据对象还包括内模式、模式和外模式等数据字典中的内容。访问特权是指创建、检索、修改模式以及对数据的查询、增、删、改等。

授权粒度是授权表中一个衡量授权机制的重要指标。授权粒度为可以定义数据对象的范围。在关系数据库中,授权粒度包括关系、记录或属性。一般来说,授权定义中粒度越细,授权子系统的灵活度就越高。如表 8-1 所示是一个授权粒度很粗的表,只对整个关系授权:USER1 拥有对关系 A 的所有权限,USER2 拥有对关系 B 的 SELECT 权限和对关系 C 的 UPDATE 权限,USER3 则拥有对关系 C 的 INSERT 权限。而表 8-2 的授权精确到关系的某一属性,授权粒度较为精细:USER2 只能查询关系 B 的 ID 列和关系 C 的 NAME 列。

表 8-1　授权表一

用户标识	数据对象	访问特权
USER1	关系 A	ALL
USER2	关系 B	SELECT
USER2	关系 C	UPDATE
USER3	关系 C	INSERT
...	...	...

表 8-2　授权表二

用户标识	数据对象	访问特权
USER1	关系 A	ALL
USER2	列 B. ID	SELECT
USER2	列 C. NAME	UPDATE
USER3	关系 C	INSERT
…	…	…

允许的登记项的范围可以说是授权表中衡量授权机制的另一个重要指标。表 8-1 和表 8-2 的授权只涉及关系、或列的名字,具体值没有涉及,这种系统不必访问具体数据本身就可实现的控制称为"值独立"控制。而表 8-3 中的授权表不但可以对列授权,还可通过存取谓词提供与具体数值有关的授权,即可以对关系中的一组满足特定条件的记录授权。表中 USER1 只能对关系 A 的 ID 值>5000 的记录进行操作。对于与数据值有关的授权,可以通过另一种措施——视图定义与查询修改来对数据库的安全进行保护。

表 8-3　授权表三

用户标识	数据对象	访问特权	存取谓词
USER1	关系 A	ALL	ID>5000
USER2	列 B. ID	SELECT	
USER2	列 C. NAME	UPDATE	
USER3	关系 C	INSERT	
…	…	…	

8.4.2　隐通道

"隐通道"(covert channel)是一种信息从高到低的间接传输方式,它间接地违反了安全模型规则的目的。一个 DBMS 即使实施强制存取控制方案,也不能消除信息以间接的方式从高安全级流到低安全级,这就导致了"隐通道"的出现。例如,在分布式 DBMS 中,如果一个事务存取多个站点上的数据,那么在各站点上的"子事务"活动必须协调,要所有"子事务"同意提交,事务才能提交。这个要求可以用来建立一个隐通道:让站点 X 的子事务许可证级(比如 C 级)比另一站点 Y 的子事务许可证级(比如 S 级)更低;现在让 X 反复地发出提交的要求,而 Y 就反复地发"0"或"1"比特以表示不同意或同意。这样,Y 可以将任何信息以比特串(能表示各种内容)的形式传送到 X。

8.4.3　利用数据库应用程序扩展安全性系统

尽管像 Oracle 和 SQL Server 这样的 DBMS 都提供有传统的数据库安全性能力，但它们的性能较为一般。如果应用程序需要像"不允许任何用户观看或连接雇员名字不是他本人的表记录"这样的特殊安全性措施，则 DBMS 工具就不适应了。这时，必须利用数据库应用程序来扩展安全性系统。

Internet 应用中的应用程序安全性通常是由 Web 服务器计算机提供的。在这种服务器上执行应用程序意味着安全性敏感的数据不能够在网络上传送。

为了帮助理解这一点，假设编写一个应用系统，使得每当用户在浏览器页面上单击某个特定的按钮时，就会将下列查询传送给 Web 服务器并随后转发给 DBMS：

SELECT　　　*

FROM　　　EMPLOYEE；

当然，这个语句会返回所有的 EMPLOYEE 记录。如果应用程序安全性限定雇员只能查看自己的数据，则 Web 服务器可以在这个查询里加入如下所示的 WHERE 子句：

SELECT　　　*

FROM　　　EMPLOYEE

WHERE　　　EMPLOYEE. Name＝'＜％＝SESSION（（"EmployeeName"）"）％＞'；

像这样的表达式将会导致 Web 服务器把雇员的名字填入 WHERE 子句。对于名为 Benjamin Franklin 的用户，上述语句运行的结果为

SELECT　　　*

FROM　　　EMPLOYEE

WHERE　　　EMPLOYEE. Name＝'Benjamin Franklin'；

由于名字是由 Web 服务器上的某个应用程序插入的，浏览器用户完全不知道它的出现，而且即便知道也根本无法干涉。

这里所显示的安全性处理能够通过 Web 服务器做到，但是它也能够在应用程序内部做到，甚至可以写成存储过程或触发器，通过 DBMS 在适当的时刻执行。

这一思想还可以加以扩展，即附加数据到安全性数据库里，再通过 Web 服务器、存储过程或触发器来存取。该安全性数据库可以包含与 WHERE 子句的附加值相匹配的用户标识符。例如，假设人事部的用户能够访问比其本身拥有的更多的数据，就可以在安全性数据库里预先存放好适当的 WHERE 子句的谓词，然后可以通过应用程序来读取，并在必要的时候追加到 SQL SELECT 语句里。

利用应用程序来扩展 DBMS 的安全性，还存在许多其他的可能性。然而，一般来说，应优先使用 DBMS 的安全特性。只有当它们已经不适应需求的时候，才能通过应用程序代码来补充。数据安全性越被强化，存在渗透的机会就越少。而且，利用 DBMS 的安全特性比较快速、便宜，可能比自行开发质量更高。

8.4.4　统计数据库的安全性

统计数据库(Statistical Database)是一种以统计应用为主的数据库,如国家的人口统计数据库、经济统计数据库等。统计数据库中存储大量的敏感性的数据,但只给用户提供这些原始数据的统计数据(如平均值、总计等),而不允许用户查看单个的原始数据。换句话说,统计数据库只允许用户使用统计函数如 COUNT、SUM、AVERAGE 等进行查询。但是这里有一个漏洞,即用户可以通过多次使用统计查询,推断出个别的原始数据值。这是统计数据库的一个特殊的安全性问题,称为可信信息的推断演绎(Deduction of Confidential Information By Inference),又称为"机密信息的推断"。

用户使用合法的统计查询可以推断出他不应了解的数据。例如,一个学生想要知道另一个学生 A 的成绩,他可以通过查询包含 A 在内的一些学生的平均成绩,然后对于上述学生集合 P,他可用自己的学号取代 A 后得集合 P′,再查询 P′的平均成绩。通过这样两次查询得到的平均成绩的差和自己的成绩,就可以推断出学生 A 的成绩。

机密信息的推断问题不仅仅存在于统计数据库,也存在于普通的存放有敏感数据的数据库中。例如,对于一个人事管理数据库,若不允许查询个人的工资,但允许按职务查询员工的总工资额,那么很容易通过查询职务为"总经理"的员工的总工资额,就可以获得某企业的总经理的个人的工资,因为一个企业的总经理只有一个,其总工资额就等于个人工资。

为了堵塞这类漏洞,必须对数据库的访问进行推断控制(Inference Control)。现在常用的方法有数据扰动(Data Disturbation)、查询控制(Query Control)和历史相关控制(History-dependent Control)等。

①数据扰动。它是指对敏感数据进行预加工,例如,做些子统计,用其结果替代数据库中的原始数据,以防止敏感数据丢失,同时又满足统计查询的需要。

②查询控制。它是指对查询的记录进行控制,如控制查询集合的尺寸、限制两次查询的数据集合的交集等。

③历史相关控制。它是指对用户的一个查询,不但要根据查询的要求,而且根据该用户以前做过的查询历史情况,决定是否允许执行当前的查询,以达到推断控制的目的。

这些推断控制的方法已在现代数据库系统中获得了应用,取得了很好的效果,但是迄今为止,尚未彻底地解决统计数据库的安全性问题,有待今后进一步的研究。

统计数据库是一种用于统计分析目的的特种数据库。出于对单个数据记录的隐私保护的考虑,这种数据库一般只接受用户的聚集查询(如 SUM、AVERAGE)等,不接受查询单个记录的信息。

在统计数据库中,安全问题具有新的含义。即一些"聪明"的用户有可能利用多条聚集查询的语句来推导出单条记录的信息。例如,假如一个银行用户 U1 的存款数为 K,现在想知道另一个银行用户 U2 的存款数,他可以递交如下两条合法查询。

①U1 和其他 M 个银行用户的存款总额是多少?假设答案为 T。

②U2 和其他 M 个银行用户的存款总额是多少?假设答案为 S。

那么,用户 U1 就可以从这两条合法查询的结果得到一个不合法的"泄露信息",即计算出用户 U2 的存款数为 S−(T−K)。

　　为了保证统计数据库的安全性,目前已经提出了一些解决办法。例如,数据干扰的方法对原始数据加上"噪音"数据,使得不合法的用户查询无法得到数据原貌。随机取样的方法只返回一个满足查询条件的结果元组样本,从而防止用户进行数据推导等。一个好的统计数据库安全性措施的设计应该能够避免破坏者绕过这些机制,使破坏者为达到其目标要付出远远超过其利益的代价。

8.5　SQL Server 的安全机制

　　SQL Server 的安全体系结构也是一级一级逐层设置的。如果一个用户要访问 SQL Server 数据库中的数据,必须经过四个认证过程,如图 8-5 所示。

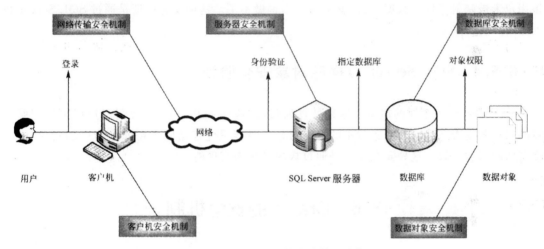

图 8-5　SQL Server 的安全体系结构

　　第一个认证过程,Windows 操作系统的安全防线。这个认证过程是 Windows 操作系统的认证。

　　第二个认证过程,SQL Server 运行的安全防线。这个认证过程是身份验证,需通过登录账户来标识用户,身份验证只验证用户是否具有连接到 SQL Server 数据库服务器的资格。

　　第三个认证过程,SQL Server 数据库的安全防线。这个认证过程是当用户访问数据库时,必须具有对具体数据库的访问权,即验证用户是否是数据库的合法用户。

　　第四个认证过程,SQL Server 数据库对象的安全防线。这个认证过程是当用户操作数据库中的数据对象时,必须具有相应的操作权,即验证用户是否具有操作权限。

8.5.1　操作系统安全验证

　　安全性的第一层在网络层,大多数情况下,用户将登录到 Windows 网络,但是他们也能登录到任何与 Windows 共存的网络,因此,用户必须提供一个有效的网络登录名和口令,否则其进程将被中止在这一层。这种安全验证是通过设置安全模式来实现的。

8.5.2 SQL Server 安全验证

安全性的第二层在服务器自身。当用户到达这层时，必须提供一个有效的登录名和口令才能继续操作。服务器安全模式不同，SQL Server 就可能会检测登录到不同的 Windows 登录名。这种安全验证是通过 SQL Server 服务器登录名管理来实现的。

8.5.3 SQL Server 数据库安全性验证

这是安全性的第三层。当一个用户通过第二层后，用户必须在他想要访问的数据库里有一个分配好的用户名。这层没有口令，取而代之的是登录名被系统管理员映射为用户名。如果用户未被映射到任何数据库，他就几乎什么也做不了。这种安全验证是通过 SQL Server 数据库用户管理来实现的。

8.5.4 SQL Server 数据库对象安全验证

SQL Server 安全性的最后一层是处理权限，在这层 SQL Server 检测用户用来访问服务器的用户名是否获准访问服务器中的特定对象。可能只允许访问数据库中指定的对象，而不允许访问其他对象。这种安全验证是通过权限管理来实现的。

8.6 Oracle 的安全机制

8.6.1 数据库用户

在 Oracle 数据库系统中可以通过设置用户的安全参数维护安全性。为了防止非授权用户对数据库进行存取，在创建用户时必须使用安全参数对用户进行限制。由数据库管理员通过创建、修改、删除和监视用户来控制用户对数据库的存取。用户的安全参数包括用户名、口令、用户默认表空间、用户临时表空间、用户空间存取限制和用户资源存取限制。Oracle 提供操作系统验证和 Oracle 数据库验证两种验证方式。

8.6.2 权限管理

系统权限是指在系统级控制数据库的存取和使用的机制，系统权限决定了用户是否可以连接到数据库以及在数据库中可以进行哪些操作。系统权限是对用户或角色设置的，在 Oracle 中提供了一百多种不同的系统权限。

对象权限是指在对象级控制数据库的存取和使用的机制,用于设置一个用户对其他用户的表、视图、序列、过程、函数、包的操作权限。对象的类型不同,权限也就不同。

8.6.3 角色

角色(Role)是一个数据库实体,该实体是一个已命名的权限集合。使用角色可以将这个集合中的权限同时授予或撤销。

Oracle 中的角色可以分为预定义角色和自定义角色两类。当运行作为数据库创建的一部分脚本时,会自动为数据库预定义一些角色,这些角色主要用来限制数据库管理系统权限。此外,用户也可以根据自己的需求,将一些权限集中到一起,建立用户自定义的角色。

8.6.4 审计

数据库审计属于数据安全范围,是由数据库管理员审计用户的。Oracle 数据库系统的审计就是对选定的用户在数据库中的操作情况进行监控和记录,结果被存储在 SYS 用户的数据库字典中,数据库管理员可以查询该字典,从而获取审计结果。

Oracle 支持语句审计、特权审计、对象审计等 3 种审计级别。

审计设置以及审计内容一般都放在数据字典中。在默认情况下,系统为了节省资源、减少I/O 操作,数据库的审计功能是关闭的。为了启动审计功能,必须把审计开关打开(即把系统参数 audittrail 设为 true),才可以在系统表(SYS_AUDITTRAIL)中查看审计信息。

8.6.5 数据加密

数据库密码系统要求将明文数据加密成密文数据,在数据库中存储密文数据,查询时将密文数据取出解密得到明文信息。Oracle 9i 提供了特殊 DBMS-OBFUSCATION-TOOL

KIT 包,在 Oracle 10g 中又增加了 DBMS-CRYPTO 包用于数据加密/解密,支持 DES,AES 等多种加密/解密算法。

第9章 事务管理和锁

9.1 事务

9.1.1 事务及其生成

事务(Transaction)是指一系列的数据库操作组成,这些操作要么全部成功完成,要么全部失败,即不对数据库留下任何影响。事务是数据库系统工作的一个不可分割的基本单位。既是保持数据库完整性约束或逻辑一致性的单位。又是数据库恢复及并发控制的单位。事务的概念相当于操作系统中的进程。

事务可以是一个包含有对数据库进行各种操作的一个完整的用户程序(长事务)。也可以是只包含一个更新操作,如插入、修改、删除(短事务)。

事务的开始与结束可以由用户显式控制。如果用户没有显式地定义事务,则由 DBMS 按默认规定自动划分事务。在 SQL 语言中,定义事务的主要语句有 3 条;

①事务开始语句。START TRANSACTION。表示事务从此句开始执行,此语句也是事务回滚的标志点.一般可省略此语句,对数据库的每个操作都包含着一个事务的开始。

②事务提交语句。COMMIT。表示提交事务的所有操作。具体地说,就是当前事务正常执行完,用此语句通知系统,此时将事务中所有对数据库的更新写入磁盘的物理数据库中,事务正常结束。在省略"事务开始"语句时,同时表示开始一个新的事务。

③事务回滚语句。ROLLBACK。表示当前事务非正常结束,此时系统将事务对数据库的所有已完成的更新操作全部撤销,将事务回滚至事务开始处并重新开始执行。

9.1.2 事务的特性

事务作为一个逻辑单元,具备 4 个特性:原子性(Atomicity)、一致性(Consistency)、隔离性(Isolation)和持久性(Durability),简称为 ACID 属性,只有这样才能成为一个事务,下面分别进行介绍。

1. 原子性（Atomicity）

原子（Atom）的原意即为不可分割者。原子性就是借其意——不可分割性，这里是指事务作为数据库的一个逻辑工作单位，对其的操作要作为一个整体来看待，要么全部执行，要么全部不执行，没有执行一部分的可能。

例如，如果事务的某些操作被更新到磁盘上，而另一些操作的结果却没有完成，那么就违反了原子性。

2. 一致性（Consistency）

一致性是指当事务完成时，必须使所有数据都具有一致的状态。事务执行的结果必然是把数据库从一个一致性状态过渡到另一个一致性状态。因此，当数据库只包含成功事务提交的结果时，数据库就处于一致性状态。如果数据库系统运行期间发生了故障，有些事务尚未完成就被迫中断，这些未完成的事务对数据库所做的修改有一部分已经写入数据库，这时数据库就处于一种不正确的状态，或者说是不一致的状态。

从 ACID 的特性的目的来看，一致性意味着数据库中的每一行和每一个值都必须与其描述的现实保持一致，而且满足所有约束的要求。

例如，如果把订单行写到了磁盘上，却没有写入相应的订单明细，则 Order 表和 OrderDetail 表之间的一致性就被破坏了。

3. 隔离性（Isolation）

隔离性是指由并发事务所做的修改必须与任何其他并发事务所做的修改相互隔离。事务查看数据时数据所处的状态，要么是另一并发事务修改它之前的状态，要么是另一事务修改它之后的状态，事务不会查看中间状态的数据，这也称为事务操作的串行性。

例如，假设甲正在更新 100 行数据，而当甲的事务正在执行时，乙要删除甲所修改的数据中的一行。如果乙的删除操作真的发生了，那就说明甲的事务和乙的事务之间的隔离性还不够。相对于单用户数据库来说，隔离性对多用户环境下数据库更为重要。

4. 持久性（Durability）

持久性是指当一个事务完成之后，它的影响永久性地产生在系统中，事务所作的修改永久地写到了数据库中。一旦一个事务被提交后，它就一直处于已提交的状态。数据库产品必须保证，即使存放数据的驱动器损坏了，它也能将数据恢复到硬盘驱动器损坏之前最后一个事务提交时的瞬间状态。

9.1.3　事务的状态变迁

一个事务从开始到成功地完成或者因故中止，可分为 3 个阶段：事务初态、事务执行与事务完成，事务的 3 个阶段如图 9-1 所示。

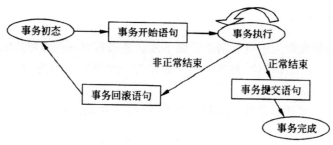

图 9-1　事务的 3 个阶段

　　一个事务从开始到结束,中间可经历不同的状态,包括活动状态、局部提交状态、失败状态、中止状态及提交状态。事务的状态转换图如图 9-2 所示,图中在有向边上的标记为触发状态转换的原因。

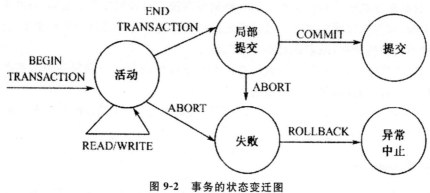

图 9-2　事务的状态变迁图

　　(1)活动状态

　　事务开始执行(BEGIN TRANSACTION)后即进入活动状态,在该状态下执行事务中对数据库的读/写(READ/WRITE)操作,其中写操作是将数据写入系统缓冲区,而不是写入磁盘。

　　(2)局部提交状态

　　事务的最后一个操作结束(END TRANSACTION)后,事务由活动状态转换为局部提交状态。在该状态下事务中的操作已经执行完,但更新数据仍保存在系统缓冲区中。

　　(3)提交状态

　　在局部提交状态下,并发控制程序检查该事务是否与并发事务之间产生错误,如果不会产生错误,则系统执行提交(COMMIT)操作,事务进入提交状态,在该状态下把事务对数据库的更新写入磁盘,并向系统返回事务成功结束的信息。

　　(4)失败状态

　　处于活动状态的事务如果没有执行完最后一个操作便被中止(ABORT)或者在局部提交状态下系统发生故障而被中止(ABORT),则事务进入失败状态。在该状态下系统将执行回退(ROLLBACK)操作,使事务进入异常中止状态。

　　(5)异常中止状态

　　回退操作的执行结果是将处于失败状态的事务已经对数据库的更新予以撤销(UNDO),

以保证事务的原子性。在异常中止状态下，如果是事务内部逻辑错误，则取消该事务；如果是软件或硬件故障，则待故障排除后重新启动事务。

9.1.4　更新事务的执行和恢复

用户对数据库的操作主要包括查询、插入、删除和修改，其中查询不会改变数据库的内容，而只有插入、删除和修改等操作才会改变数据库的状态，因而有可能破坏数据的一致性和完整性。涉及插入、删除和修改等操作的事务统称为更新事务，数据库管理系统必须确保其原子性和一致性。

1. 更新事务的执行

为了确保事务的原子性和一致性，更新事务在活动状态下对数据库的任何修改都不能直接在磁盘中进行，而只能在内存缓冲区中进行。如前所述，在这个过程中如果发生故障或检测到数据的完整性受到破坏，事务将转入失败状态或中止状态，并导致非正常结束；否则在最后一个语句执行之后，转入局部提交状态。注意，局部提交并不是事务的结束，它还必须根据内存缓冲区中的数据对磁盘数据库做真正意义的修改，只有全部修改完毕才到达提交状态，并正常结束事务。但在修改的过程中如果系统出现故障，该事务也不得不进入失败状态。

显然，系统必须具有检查数据完整性的功能，即根据用户设定的完整性约束条件检查事务操作是否破坏了数据的完整性。按照检查时机的不同，完整性检查可以分为以下几种。

①在事务的每个维护操作（如插入、删除、修改）执行后检查完整性，如果这时查出完整性受到破坏，则将该事务转为失败状态。这样的完整性约束称为立即约束（Immediate Constraint）。但立即约束不一定适合某些事务，例如银行转账事务必须保持借贷平衡，如果从账户 A 减去转出的金额 X 之后立即检查完整性约束条件，就必然出现不平衡，因此这类事务不适宜采用立即约束。

②在整个事务完成之后检查完整性，这种完整性约束称为延迟约束（Deferred Constraint）。但由于不知道是事务的哪些动作破坏了完整性，只好将数据库恢复到该事务执行前的状态。

③在事务的某些特定点检查完整性，这样的点称为检查点。若在某检查点发现完整性受到破坏，则撤销事务时只需要消除事务在当前检查点与上一检查点之间对数据库的影响，而保留以前的正确结果，使得在重新完成该事务时不必从头做起，只要从上一个检查点开始即可。

④在一个维护操作请求之后且执行之前检查完整性。这时若查出该操作可能破坏完整性，则拒绝执行该操作，并返回请求出错的有关信息。

⑤在数据库管理员或审计员发出检查请求时检查完整性。

2. 更新事务的恢复

更新事务的目的在于插入、删除和修改数据，改变数据库的状态，因此这种事务一旦失败，则必须清除其留下的任何影响，使数据库恢复到事务执行之前的状态。如前所述，更新事务可以从活动状态，也可以从局部提交状态转入失败状态而非正常结束，显然两种情况的恢复是不一样的。

(1)从活动状态转入失败状态的恢复

活动状态下的事务对数据库的更新并非直接对物理(磁盘1)数据库进行,而是将修改内容写在内存缓冲区中,也就是说处于活动状态的数据库并未受到任何影响,因此此时发生任何故障或检查完整性约束时发现不一致,都不需要对数据库进行恢复处理。

(2)从局部提交状态转入失败状态的恢复

事务在局部提交状态将根据内存缓冲区或日志文件的内容修改磁盘数据库,在这个过程中如果出现故障,该事务就不能进入提交状态而只能进入失败状态。这时由于该事务有可能对数据库中的数据进行了部分修改,为了使数据库处于正确的状态以保证事务的原子性,应该撤销该事务对数据库所做的任何修改,这种对事务操作的撤销也称为回滚(ROLL BACK)。恢复的方法可以采用数据库文件的后备副本进行恢复,也可以根据日志文件对数据库逐一进行反更新操作。

9.1.5 事务管理

1.显式事务

(1)Begin Transaction

Begin Transaction 语句定义一个本地显式事务的起点,并将全局变量@@TranCount 的值加1,具体的语法格式如下:

Begin Tran|Transaction[transaction_name|@tran_name_Variable]

(2)Commit Transaction

Commit Transaction 语句标志一个事务成功执行的结束。如果全局变量@@ TranCount 的值为1,则 Commit Transaction 将提交从事务开始以来所执行的所有数据修改,释放事务处理所占用的资源,并使@@TranCount 的值为0。如果@@TranCount 的值大于1,则 Commit Transaction 命令将使@@TranCount 的值减1,并且事务将保持活动状态。具体的语法如下:

Commit Tran|Transaction[transaction_name|@tran]

(3)Rollback Transaction

Rollback Transaction 语句回滚显式事务或隐式事务到事务的起始位置,或事务内部的保存点,同时释放由事务控制的资源。具体语法格式如下:

Rollback Tran[Transaction[transaction_name[@tran_name_variable savepoint_name|@savepoint_Variable]

(4)Save Transaction

Save Transaction 语句在事务内设置一个保存点,当事务执行到该保存点时,SQL Server 存储所有被修改的数据到数据库中,具体的语法格式如下:

Save Tran | Transaction savepoint_name|@savepoint_variable

2. 隐式事务

当连接以隐式事务模式进行操作时，SQL Server 将在提交或回滚当前事务后自动启动新事务。因此，隐式事务不需要使用 Begin Transaction 语句标志事务的开始，只需要用户使用 Rollback Transaction 语句或 Commit Transaction 语句回滚或提交事务。

当使用 Set 语句将 IMPLICIT_TRANSACTIONS 设置为 On 将隐式事务模式打开之后，SQL Server 执行下列任何语句都会自动启动一个事务：Alter Table、Create、Delete、Drop、Fetch、Grant、Insert、Open、Revoke、Select、Truncate Table、Update。在发出 Commit 或 Rollback 语句之前，该事务将一直保持有效。在第一个事务被提交或回滚之后，下次当连接执行以上任何语句时，数据库引擎实例都将自动启动一个新事务。该实例将不断地生成隐式事务链，直到隐式事务模式关闭为止。

3. 自动提交事务

与 SQL Server 建立连接后，系统直接进入自动提交事务模式，直到用 BEGIN TRANSACTION 启动显式事务或者用 SET IMPLICIT_TRANSACTIONS ON 启动隐性事务模式为止。当事务被提交或用 SET IMPLICIT_TRANSACTIONS OFF 退出隐性事务模式后，SQL Server 将再次进入自动提交事务模式。

在自动提交模式下，发生回滚的操作内容取决于遇到的错误的类型。当遇到运行时错误，仅回滚发生错误的语句；当遇到编译时错误，回滚所有的语句。

9.1.6 使用事务时的考虑

长时间运行的事务可能对单个用户很好，但若扩展到多个用户则将表现得很差。为了支持事务的一致性，数据库必须自最开始在事务内获取多共享资源的锁后，一直将该锁控制到事务提交为止。如果其他用户需要访问同一资源，就必须等待。随着对同一资源有需求的事务增多、个别事务变长，等待资源的队列可能也会变长，因此，系统吞吐量也会随之减少。因为长事务增加了事务占用数据的时间，使其他必须等待访问该事务锁定数据的事务，延长了访问数据的等待时间。长事务增加了死锁的可能性，当两个或更多的用户同时等待相互控制的资源而又不能主动放弃自己手中的部分资源时，那么死锁就会发生。所以，在使用事务时，原则上应该使事务尽可能地短并且要避免事务嵌套。

为了使事务尽可能地短，应该采取一些相应的方法。为了最小化时间，在使用一些 Transact-SQL 语句时，一定要非常小心。例如，当使用循环语句 WHILE 时，一定要事先确认循环的长度和占用的时间，使这种循环在完成相应的功能之前，一定要确保循环尽可能地短。

在开始事务之前，一定要了解需要用户交互式操作才能得到的信息。这样，在事务的进行过程中，就可以避免进行一些耗费时间的交互式操作，缩短事务进程的时间。在一个用户定义的事务中，应该尽可能地使用一些数据操作语言。例如，INSERT、UPDATE 和 DELETE 语句，因为这些语句主要是操作数据库中的数据。而对于一些数据定义语言，应该尽可能地少用或者不用，因为这些数据定义语言的操作既占用比较长的时间，又占用比较多的资源，并且这些数据定义语言的操作通常不涉及数据,所以应该在事务中尽可能地少用或者不用这些操作。另外,在使用数据操作语言时,一定要在这些语句中使用条件判断语句,使得这些数据操作语言涉及尽可能少的记录,从而缩短事务的处理时间。

在嵌套事务时,也要注意一些问题。虽然说在事务中间嵌套事务是可能的,并不影响 SQL Server 处理事务的性能。但是,实际上,使用嵌套事务,除了把事务搞得更加复杂之外,并没有这么明显的好处。因此,不建议使用嵌套事务。

9.2 并发控制

如果一个事务执行完全结束后,另一个事务才开始,则这种执行方式称为串行访问;如果 DBMS 可以同时接纳多个事务,事务可在时间上重叠执行,则称这种执行方式为并发访问,如图 9-3 所示。

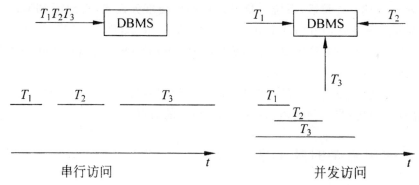

图 9-3　串行访问和并发访问

并发性控制(Concurrency Control)手段用来确保一个用户的工作不会不适当地影响其他用户的工作。有些场合,这些手段可保证一个用户与其他用户一起加工处理时所得到的结果与其单独加工处理时所得到的结果完全相同。而在其他场合,则是以某种可预见的方式,使一个用户的工作受到其他用户的影响。例如,在订单输入系统中,用户能够输入一份订单,而无论当时有没有任何其他用户,都应当能得到相同的结果。另一方面,一个正在打印当前最新库存报表的用户或许会希望得到其他用户正在处理的数据的变动情况,哪怕这些变动有可能随后会被抛弃。

遗憾的是,并不存在任何对于一切应用场合都理想的并发性控制技术或机制,它们总是要涉及某种类型的权衡。例如,某个用户可以通过对整个数据库加锁来实现非常严格的并发性控制,而在这样做的时候,其他所有用户就不能做任何事情。这是以昂贵的代价换来的严格保护。我们将会看到,还是存在一些虽然编程较困难或需要强化,但确实能提高处理效率的方法。还有一些方法可以使处理效率最大化,但只能提供较低程度的并发性。在设计多用户数据库应用系统时,需要对此进行权衡取舍。

9.2.1　事务的并发执行

事务可以一个一个地串行执行,即每个时刻执行一个事务,在当前事务执行完后才能够开始其他事务。事务在执行过程中需要不同的资源,如果事务串行执行,则很多资源将不得不处于空闲状态。为了充分利用系统资源,使得数据库共享资源的特点得以充分发挥,事务处理系统应该允许多个事务并发执行。事务并发执行的好处体现在以下两个方面。

1. 提高吞吐量和资源利用率

一个事务由多个步骤组成,一些步骤涉及 I/O 活动,而另一些涉及 CPU 活动。计算机系统中 CPU 与磁盘可以并行运行。因此,I/O 活动可以与 CPU 处理并行进行。利用 CPU 与 I/O 系统的并行性,多个事务能够实现并行执行。当一个事务在一个磁盘上进行读写时,另一个事务可在 CPU 运行,同时第三个事务又可在另一磁盘上进行读写。从而使得系统的吞吐量增加,即给定时间内执行的事务数增加。相应地,处理器与磁盘利用率提高,即处理器与磁盘空闲时间较少。

2. 减少等待时间

系统中可能各种各样的事务都在不断运行中,一些较短,一些较长。如果事务串行执行,短事务可能得等待它前面的长事务完成,难以预测的延迟极有可能发生。如果各个事务是针对数据库的不同部分进行操作,事务并发执行会更好,各个事务可以共享 CPU 周期与磁盘存取。并发执行对不可预测的事务执行延迟能够做到有效减少。此外,并发执行也可减少平均响应时间,即一个事务从开始到完成所需的平均时间。

事务的并发执行使得系统资源的利用效率得以有效提高,但多个事务并发执行会引起破坏数据一致性的问题。当多个事务并发执行时,即使每个事务都正确执行,数据库的一致性也就无法保证不被破坏。为了保证数据库的一致性,DBMS 需要对并发操作进行正确调度。系统通过并发控制机制的一系列措施来保证这一点。

为了更好地理解并发控制机制,首先讨论并发操作所带来的数据不一致性问题。

9.2.2　并发控制带来的问题

在事务并发执行时,由于允许多个用户的事务并行地存取数据库,因此会产生多个事务同时存取同一个数据项的情况。如果对并发操作不加以适当的控制,则有可能读取和存储不正确的数据,破坏数据库的一致性。下面通过实例来分析事务串行执行与并发执行的区别以及如果对事务并发执行控制不当将会产生的问题。

1. 脏读(Dirty Reads)

所谓"脏读"是指当一个事务正在访问数据,并且对数据进行了修改,而这种修改还没有提交到数据库中,这时,另外一个事务也访问这个数据,然后使用了这个数据。因为这个数据是还没有提交的数据,那么另外一个事务读到的这个数据是脏数据,依据脏数据所做的操作可能是不正确的。

2. 不可重复读(Non-Repeatable Reads)

不可重复读是指在一个事务内,多次读同一个数据。在这个事务还没有结束时,另外一个事务也访问该同一数据。那么在第一个事务中的两次读数据之间,由于第二个事务的修改,那么第一个事务两次读到的数据可能是不一样的,因此成为不可重复读。不可重复读类似于脏读,只不过它发生在事务能看到其他事务以及提交的数据更新的情况下。真正的隔离性是指一个事务不会影响另一个事务,也就是说,如果隔离性是完全的,那么一个事务不应该看到本事务之外的数据更新。其示意图如图9-4所示。

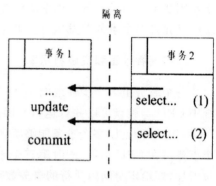

图 9-4 不可重复读

不可重复读也可用一个类似于脏读的例子来说明。例如,一个编辑人员两次读取同一文档,但在第二次读取之前,原作者又重写了该文档,因此再当编辑人员第二次读取文档时,文档已更改,不同于第一次看到的文档了,对于编辑人员来说两次相同的读操作,结果却大相径庭,这就是"不可重复读"。

3. 幻觉读(Phantom Reads)

所谓幻觉读是指当事务不是独立执行时发生的一种现象,与不可重复读类似,也是一个事务的更新结果影响到另一个事务的情况,但与不可重复读不同的是它不仅会影响另一个事务所选取的结果集合中的数据值,而且还能够使 SELECT 语句返回另外一些不同的记录行。

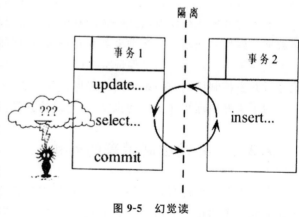

图 9-5 幻觉读

例如,第一个事务对一个表中的数据进行了修改,这种修改涉及表中的全部数据行。同时,第二个事务也修改这个表中的数据,这种修改是向表中插入一行新数据。那么,操作第一个事务的用户就可能发现表中还有没有被修改的数据行,就好像发生了幻觉一样。其示意图如图9-5所示。

4. 丢失更新(Lost Updates)

当两个或多个事务选择同一行,然后基于最初选定的值进行更新该行时,会发生丢失更新问题。每个事务都不知道其他事务存在,最后的更新操作将覆盖其他事务所做的更新操作,这将导致更新的丢失。

例如,假设在某银行信贷员 A、B 二人同时通过银行管理系统审查顾客的信贷记录,此时,A 查询到顾客 X 的信贷透支额度为 5000 元,而且注意到该顾客总是能按时还款,于是决定提高该顾客的透支额度为 7500 元。碰巧的是,在信贷员 A 没有更新顾客 X 的信贷额度前,信贷员 B 也查询到顾客 X 的信贷透支额度为 5000 元。此后,A 按回车确认了对顾客 X 的信贷透支额度,此时顾客 X 在数据库的信贷额度为 7500 元。由于 B 与 A 的想法不一致,其认为顾客 X 的信贷记录还有待考察,于是决定还维持其 5000 元的信贷透支额度,因而也按回车确认了,这时顾客 X 在数据库的信贷透支额度重新为 5000 元,那么 A 对顾客 X 在数据库的信贷额度的更新 7500 元就丢失了。其示意图如图 9-6 所示。

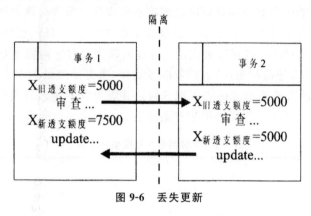

图 9-6 丢失更新

9.3 封锁和封锁协议

数据库管理系统一般都采用封锁的方法控制事务并发操作。封锁是实现并发控制的一个非常重要的技术。所谓封锁就是事务 T 在对某个数据对象(如表、记录等)操作之前,先向系统发出请求,对其加锁。加锁后事务 T 就对该数据库对象有了一定的控制,在事务 T 释放它的锁之前,其他事务不能更新此数据对象。

9.3.1 封锁类型

封锁是目前 DBMS 普遍采用的并发控制方法。所谓封锁就是事务在对某个数据对象(如记录、关系甚至是数据库)操作之前,先向系统发出请求,对其加锁。加锁后,事务根据加锁的类型相应地对该数据对象有相应的控制,直到事务释放锁后,其他事务才能对这个数据对象实施加锁。

基本封锁类型主要有两类:排他封锁(Exclusive Locks,又称 X 封锁)和共享锁(Shared Locks,又称 S 封锁)。

1. X 封锁

在封锁技术中,最常用的是排他型封锁,简称 X 封锁。

X 封锁的含义如下：如果事务对某个数据实现 X 封锁，那么其他事务要等到该事务解除 X 封锁以后，才能对这个数据进行封锁。

使用 X 封锁的规则称为"PX 协议"。PX 协议的主要内容如下：任何企图更新记录 A 的事务必须先执行 LOCK-X(A)操作，以获得对该记录进行寻址的能力并对它取得 X 封锁。如果未获准 X 封锁，那么这个事务进入等待状态，一直到获准 X 封锁，事务才继续做下去。

2. S 封锁

S 封锁的含义如下：如果事务对某数据有一个 S 封锁，那么其他事务也能对这数据实现 S 封锁。但是对该数据的所有 S 封锁都解除之前决不允许任何事务对该数据有 X 封锁。

使用 S 封锁的规则称为 PS 协议。PS 协议的主要内容如下：任何要更新记录 A 的事务必须先执行 LOCK－S(A)操作，以获得对该记录寻址的能力并对它取得 S 封锁。如果未获准 S 封锁，那么这个事务进入等待状态，一直到获准 S 封锁，事务才继续做下去。在事务获准对记录 A 的 S 封锁后，记录 A 在修改之前必须把 S 封锁升级为 X 封锁。升级用 UPGRADE 表示。

X 封锁与 S 封锁之间相互作用可用相容矩阵表示。如表 9-1 所示。

表 9-1　X 封锁与 S 封锁相容矩阵

		T_j		
		X	S	—
	X	N	N	Y
T_i	S	N	Y	Y
	—	Y	Y	Y

表中，X 表示 X 封锁，S 表示 S 封锁，—表示无封锁；Y 表示两种封锁相容，N 表示两种封锁不相容。

9.3.2　封锁协议

封锁可以有效地控制并发事务之间的相互作用，使得数据的一致性得到保障。实际上，锁是一个控制块，其中包括被加锁记录的标识符及持有锁的事务的标识符等。在封锁时，一定的封锁规则是要遵从的，这些规则规定事务对数据项何时加锁、持锁时间、何时解锁等，称这些为封锁协议(locking porotocol)。对封锁方式规定不同的规则，使得各种不同的封锁协议得以形成。

封锁协议在不同程度上对正确控制并发操作提供了一定的保证。并发操作所带来的脏读、不可重读和丢失更新等数据不一致性问题，可以通过三级封锁协议在不同程度上可以得到有效解决，下面介绍三级封锁协议。

1. 一级封锁协议

事务 T 在修改数据 A 之前必须先对其加 X 锁，这种状态持续到事务结束。事务结束包括正常结束(Commit)和非正常结束(Rollback)。

一级封锁协议可防止丢失修改，并保证事务 T 是可恢复的。使用一级封锁协议解决丢失更新问题的过程如图 9-7 所示，A 的初始值为 50。

T_1	T_2
LOCK X(A)	
READ(A)	
	LOCK X(A)
$A:=A-10$	WAIT
WRITE(A)	WAIT
COMMIT	WAIT
UNLOCK(A)	WAIT
	LOCK X(A)
	READ(A)
	$R:=R-10$
	WRITE(A)
	COMMIT
	UNLOCK(A)

图 9-7　使用一级封锁机制解决丢失更新问题

图 9-7 中，事务 T_1 进行修改之前先对 A 加 X 锁，当事务 T_2 请求对 A 加 X 锁被拒绝，T_2 只能等待 T_1 释放 A 上的锁后才能获得对 A 的 X 锁。事务 T_1 提交对 A 的修改，并释放锁，此时数据库中 A 的值为修改后的值 40。这时事务 T_2 获得对 A 的 X 锁，读取的数据 A 为 T_1 更新后的值 40，再对新值 40 进行运算，并将结果 30 写入磁盘。这样的话，事务 T_1 的更新被丢失问题得以有效避免。

一级封锁协议规定：更新操作之前必须先获得 X 锁，但读数据是不需要加锁的，所以使用一级封锁协议可以解决丢失更新问题，但不可重复读、读"脏"数据等问题仍然无法得到有效解决。

2. 二级封锁协议

在一级封锁协议的基础上，再加上事务 T 在对数据 A 进行读操作之前必须先对 A 加 S 锁，读完后立即释放 S 锁。

二级封锁协议除了解决丢失更新问题，对于读"脏"数据和幻影读也能够有效防止。图 9-14 为使用二级封锁协议解决读"脏"数据问题的过程。

如图 9-8 所示，A 的初始值为 50。事务 T_1 在对 A 修改之前，先对 A 加 X 锁，修改 A 的值之后写回磁盘。这时事务 T_2 请求在 A 上加 S 锁，因为 T_1 已在 A 上加了 X 锁，根据相关控制方式，T_2 不能加 S 锁，所以 T_2 只能等待。刚才的修改操作由 T_1 撤销，此时 A 的值恢复为 50，T_1 释放 A 上的 X 锁。这时 T_2 获得 A 上的 S 锁，读取 A 值为 50。这样的话，T_2 读"脏"数据得以有效避免。

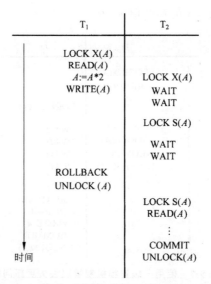

图 9-8   使用二级封锁机制解决"脏"读问题

由于二级封锁协议中读完数据后即释放 S 锁,故"不可重复读"问题还是无法得到良好解决。

3. 三级封锁协议

在一级封锁协议基础上,再加上事务 T 在对数据 A 进行读操作之前必须先对 A 加 S 锁,直到务结束才能释放加在 A 上的 S 锁。

三级封锁协议除了解决丢失更新、不读"脏"数据和幻影读等问题,对不可重复读的问题也能够有效防止。图 9-9 表示为使用三级封锁协议解决不可重复读问题的过程。

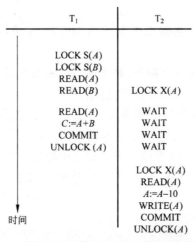

图 9-9   使用三级封锁机制解决不可重复读问题

如图 9-9 所示,事务 T_1 对 A 和 B 加 S 锁,假设 A 和 B 的值分别是 50 和 80。事务 T_2 申请对 A 加 X 锁,因为 T_1 已对 A 加了 S 锁,T_2 不能对 A 加 X 锁,T_2 处于等待状态,等待 T_1 释放对 A 的锁。然后事务 T_1 又读取 A 的数据,进行求和运算后提交结果并释放锁。于是,T_2

获得对 A 的 X 锁,然后读取数据进行运算。T_1 两次读取数据 A,相同的结果即可得到,不可重复读的问题得以有效解决。

9.3.3 多粒度封锁法

封锁对象可以是逻辑单元,如属性值、属性值的集合、元组、关系索引项、整个索引直至整个数据库,也可以是物理单元,如页、块等。封锁对象的大小被称为封锁粒度。

封锁粒度与系统的并发度和并发控制的开销有密切关系。封锁的粒度越大,被封锁的数据单元越少,并发度就越小,系统开销也越小。反之封锁的粒度越小,被封锁的数据单元越多,并发度就越大,系统开销也越大。

一般,DBMS 应提供多粒度封锁。即一个系统中同时支持多种封锁粒度供不同的事务选择。选择合适的封锁粒度应考虑封锁开销和并发度两个因素。通常,需要处理大量元组的事务可以以关系为封锁粒度,需要处理多个关系的大量元组的事务可以以数据库为封锁粒度,而一个处理少量元组的用户事务,以元组为封锁粒度比较合适。

1. 多粒度树

多粒度树的根结点是最大的数据粒度,叶结点表示最小的数据粒度。如图 9-10 所示,最大的数据粒度为整个数据库,最小的数据粒度为属性值。

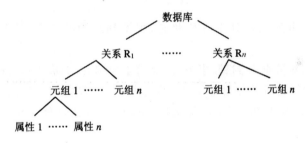

图 9-10 多粒度树

2. 多粒度封锁协议

多粒度封锁协议允许多粒度树中的每个结点被独立加锁。对一个结点加锁意味着这个结点的所有子孙结点也被加以同样类型的封锁。应事务的要求直接加到数据对象上的封锁称为显式封锁。对该数据对象没有独立加锁是由于其上级结点加锁而使该数据对象加上封锁,则称为隐式封锁。

3. 意向锁

由于多粒度封锁协议,数据的封锁分显式和隐式两类,检查某一数据是否被封锁的效率很低,为此引进意向锁概念。

意向锁的含义是如果对一个结点加意向锁,则说明该结点的下层结点正在被加锁,对任一结点加锁时,必须先对它的上层结点加意向锁。

常用的意向锁为以下三种。

①意向共享锁(IS 锁)。如果对一个数据对象加意向共享锁,表示它的子孙结点拟加 S 锁。

②意向排他锁(IX 锁)。如果对一个数据对象加意向排他锁,表示它的子孙结点拟加 X 锁。

③共享意向排他锁(SIX 锁)。如果对一个数据对象共享加意向排他锁,表示它加 S 锁,再加 IX 锁。

具有意向锁的多粒度封锁方法中任意事务要对一个数据对象加锁,必须先对它的上层结点加意向锁。申请封锁时应按多粒度封锁树自上而下的次序进行,释放则按自下而上的次序进行。意向锁提高了系统的并发度,减少了加锁和解锁的开销。

9.4　活锁和死锁

并行操作的一致性问题可通过封锁的方法得到有效解决,然而封锁尚不是万能的,但也会引发新的问题,即活锁和死锁问题。

9.4.1　活锁

系统可能使某个事务永远处于等待状态,得不到封锁的机会,这种现象称为活锁(live lock)。

例如,事务 T_1 在对数据 R 封锁,事务 T_2 又请求封锁 R,于是 T_2 等待。T_3 也请求封锁 R。当 T_1 释放了 R 上的封锁后首先批准了 T_3 的请求,T_2 继续等待。然后又有 T_4 请求封锁 R,T_3 释放 R 上的封锁后又批准了 T_4 的请求,……,T_2 可能永远处于等待状态,从而发生了活锁,如图 9-11 所示。

T_1	T_2	T_3	T_4
LOCK R			
	LOCK R		
	WAIT		
	WAIT		
	WAIT	LOCK R	
	WAIT		
UNLOCK (R)	WAIT	WAIT	LOCK R
	WAIT	LOCK R	WAIT
	WAIT		WAIT
	WAIT		WAIT
	WAIT	UNLOCK R	WAIT
	WAIT		WAIT
	WAIT		LOCK R
	WAIT		

时间↓

图 9-11　活锁

采用"先来先服务"的策略能够有效解决活锁问题,也就是简单的排队方式。

如果运行时,事务有优先级,那么很可能优先级低的事务,即使排队也很难轮上封锁的机会。此时可采用"升级"方法来解决,也就是当一个事务等待若干时间(如五分钟)还轮不上封锁时,可以提高其优先级别,这样封锁是总能够轮上的。

9.4.2 死锁

系统中有两个或两个以上的事务都处于等待状态,并且每个事务都在等待其中另一个事务解除封锁,它才能继续执行下去,结果造成任何一个事务都无法继续执行,这种现象称系统进入了死锁(dead lock)状态。

例如,如果事务 T_1 封锁了数据 R_1,T_2 封锁了数据 R_2,然后 T_1 又请求 R_2,因 T_2 已封锁了 R_2,于是 T_1 等待 T_2 释放 R_2 上的锁;接着 T_2 又申请封锁 R_1,因 T_1 已封锁了 R_1,T_2 也只能等待 T_1 释放 R_1 上的锁。这样的话,即可出现 T_1 在等待 T_2、T_2 又在等待 T_1 的局面,T_1 和 T_2 两个事务永远不能结束,形成死锁,如图 9-12 所示。

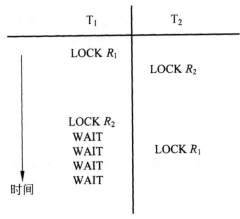

图 9-12 死锁

在数据库,两个或多个事务都已封锁了一些数据对象导致了死锁的出现,然后又都请求对已被其他事务封锁的数据对象加锁,从而出现死等待。

9.4.3 死锁的检测与解除

在 SQL Server 系统中,死锁是一个非常重要的问题。在事务和锁的使用过程中,死锁是一个不可避免的现象。

图 9-13 示意了两个并发事务所发生事件的序列,假设程序 A 为了完成某个事务需要封锁仓库和职工两个关系,而几乎在同一时刻并发执行的程序 B 为完成另一个事务也需要封锁职工和仓库关系,这两个程序正好按照如图所示的交错序列执行命令,结果两个程序都为了等待对方释放数据资源而产生死锁。

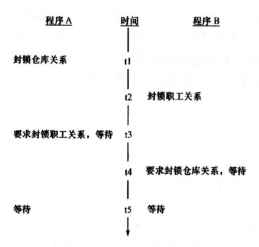

图 9-13　发生死锁的封锁

死锁产生的结果可能会使两个程序无限期地等下去,如果不能察觉死锁或解决死锁问题,可能会认为系统出错或死机,这在实际应用中是绝对不允许的。

目前,数据库中解决死锁问题主要有两类方法:一类方法是采取一定的措施来预防死锁的发生;另一类方法是允许死锁,采用一定的手段定期诊断有无死锁,若有就将死锁解除。

1. 避免死锁

由于死锁产生的原因是两个或两个以上的事务都已封锁了一些数据,然后再请求新的封锁对象,从而出现死等待。所以,通常采取以下两种方法避免死锁产生的条件。

(1)顺序加锁法

顺序加锁法是预先对所有可加锁的数据对象规定一个加锁顺序,每个事务都需要按此顺序加锁,在释放时,按逆序进行。

顺序加锁法可以有效地防止死锁,但因为事务的封锁请求可以随着事务的执行而动态地决定,所以想要事先确定封锁对象难度比较大,从而封锁顺序的确定的难度也就更大。即使确定了封锁顺序,随着数据插入、删除等操作的不断变化,维护这些数据的封锁顺序需要很大的系统开销。

(2)一次加锁法

一次加锁法是每个事务必须将所有要使用的数据对象全部依次加锁,并要求加锁成功,只要一个加锁不成功,本次加锁也就失败了,则应该立即释放所有加锁成功的数据对象,然后重新开始加锁。

一次加锁法虽然可以有效地预防死锁的发生,但仍然有不足之处。首先,对某一事务所要使用的全部数据一次性加锁,使得封锁的范围得以扩大,从而降低了系统的并发度。其次,数据库中的数据是不断变化的,原来不要求封锁的数据,在执行过程中可能会变成封锁对象,所以很难事先精确地确定每个事务所要封锁的数据对象,这样只能在一开始扩大封锁范围,将可能要封锁的数据全部加锁,使得并发度得以有效降低。

图 9-14 示意了按以上两种方法预防死锁的交错语句系列,不管按哪种方式都可以有效地

避免死锁。

图 9-14　避免死锁的封锁

预防死锁还可以使用两阶段封锁协议，所谓两阶段封锁协议就是所有事务都必须将对数据的封锁分为两个阶段。第一阶段称为扩展阶段，这一阶段获得各种类型的封锁，但是不能释放任何封锁。第二阶段称为收缩阶段，这一阶段释放各种类型的封锁，一旦开始释放封锁，则不能再申请任何类型的封锁。

注意，两阶段封锁协议和一次封锁法的异同之处。一次封锁法遵守两阶段封锁协议；但是两阶段封锁协议并不要求一次封锁所有需要封锁的数据。两阶段封锁协议仍有可能发生死锁。

2. 发现死锁和解决死锁

对死锁应该尽可能地早发现、早处理。数据库系统中发现死锁的方法与操作系统类似。

首先是如何发现死锁。比较简单的方法是超时法，即一个事务在等待的时间超过了规定的时限后就认为发生了死锁。这种方法非常不可靠，如果设置的等待时限长，则不能及时发现死锁；如果设置的等待时限短，则可能会将没有发生死锁的事务误判为死锁。

发现死锁的有效方法是等待图法，即通过有向图判定事务是否是可串行化的，如果是则说明没有发生死锁，否则说明发生了死锁。等待图法的具体思路是：用节点来表示正在运行的事务，用有向边来表示事务之间的等待关系，如图 9-15 所示，如果有向图中发现回路，则说明发生了死锁。在图 9-15 中，事务 T_4 等待 T_3，T_3 等待 T_2，T_2 等待 T_1，T_1 等待 T_3，其中事务 T_1、T_2、T_3 形成了一个相互等待的回路，从而说明发生了死锁。

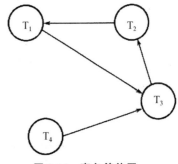

图 9-15　事务等待图

发现死锁后解决死锁的一般策略是：自动使"年轻"的事务（即完成工作量少的事务）先退回去，然后让"年老"的事务（即完成工作量多的事务）先执行，等"年老"的事务完成并释放封锁后，"年轻"的事务再重新执行。如图 9-15 所示的事务等待图，撤销事务 T_1、T_2 和 T_3 中的任何一个事务，都可以使其他事务继续执行，数据库系统会平衡代价，以最小的代价完成所有的事务。

第10章　数据库的备份和恢复

10.1　备份与恢复概述

10.1.1　数据库的备份

所谓备份就是将数据库文件复制到另外一个安全的地方。尽管数据恢复的技术有很多，但定期备份数据库是其中最稳妥的防止磁盘故障的方法，它能有效地恢复数据，是一种既廉价又保险的形式，同时也是最简单的，能够恢复大部分或全部数据的方法。即便是采取了其他备份技术，如冗余磁盘阵列等技术，数据库备份也是必不可少的工作。可以说，没有备份几乎是不可能恢复由于磁盘损坏而造成的数据丢失。

1. 备份策略

常见的备份有两种：数据库备份，即周期性地对数据库备份，或转储到磁带一类的存储介质中；数据库操作的备份，即建立"日志"数据库。对于数据库的每一次更新操作，都要记下改变前后的值，写到"日志"库中，以便有案可查。

在实际应用系统的开发过程中，备份策略包括备份周期（一天、一周等）、备份介质（磁盘、磁带、光盘等）和备份数据库（介质）的存放等内容。

（1）备份周期

早期的数据库系统在进行备份时，通常要求停止正在进行的数据库工作，此时备份周期最短应为一天。随着技术的发展，已经有一些系统能够在数据库运行过程中进行备份，而不需要强迫所有的用户从系统中退出，因此，备份的周期就主要取决于应用需求。在此，只说"主要"而不是"完全"，是因为在做数据库备份时，系统性能将受影响，并且备份还受到数据库服务器计算机的磁盘容量的影响。

在确定备份周期时，可以考虑以下几个问题。

①如果没有数据库，企业的业务能力能支持多久？如果数据库对每天的事务处理都是至关重要的，那么就必须经常备份。

②对长期不会发生变化的历史数据可以只备份一次，但要多复制几个备份，以免备份介质损坏而造成数据丢失。

③执行恢复需要的时间是多长？是全备份的恢复省时？还是增量备份的恢复省时？如果是长期的增量备份，显然是全备份恢复省时；如果只有一、两次增量备份，一般是增量备份恢复省时；所以，可以考虑按周做全备份，每天做增量备份等。

④数据库的使用频率和更新频率是否非常高？如果数据库的使用频率和更新频率非常高，可以考虑每天做一次全备份，做几次增量备份；相反，如果数据库的更新频率不太高，只需要每周，甚至每月做一次全备份。

在实际应用中，可以测试所制定的备份策略。备份能否正确运行？它的备份和恢复所用时间是否能够接受？备份周期、全备份、增量备份安排的是否合理？在实践中可以调整备份策略，使之更合理和实用。

值得一提的是，在提供在线备份的系统中，备份时间可以定在一些对数据库有较大影响的数据库操作之后或之前，用触发器或存储过程来实现这一备份工作。可以认为这是最有效的备份时间策略。

（2）备份介质和备份数据库的存放

备份介质是指备份或还原操作中使用的磁带机或磁盘驱动器。它是创建备份和恢复数据库的前提条件，在创建备份时，必须选择要将数据写入的备份介质。备份介质可以分为3种：磁盘介质、磁带介质以及物理和逻辑设备。其中，物理备份介质是操作系统用来标识备份介质的名称；逻辑备份介质是用户自定义的别名，用来标识物理备份介质，逻辑设备名称永久性地存储在 SQL Server 内的系统表中。

备份介质的存放需要引起高度重视，通常这些介质不会和数据库计算机放在同一机房中，这样就避免了发生灾害时一同被毁坏。备份介质一般应放在远离机房的安全地方，这里所谓的安全地方是指备份数据库的介质不会被盗或损坏等。

2.数据库备份的时机

通常系统数据库中会存储数据库的服务器配置信息、用户登录信息、用户数据库信息、作业信息等。因此，在进行数据库备份时，不但要备份用户数据库，还要备份系统数据库。

（1）系统数据库备份的时机

时机的选择是进行数据库备份的关键，下面以 SQL Server 数据库为例进行介绍。

①修改 master 数据库之后。master 数据库中包含了 SQL Server 中全部数据库的相关信息。因此，在创建用户数据库、创建和修改用户登录账户或执行任何修改 master 数据库的语句后，都需要对 master 数据库进行备份。

②修改 msdb 数据库之后。msdb 数据库中包含了 SQL Server 代理程序调度的作业、警报和操作员的信息。在修改 msdb 之后也应当对其进行备份。

③修改 model 数据库之后。model 数据库是系统中所有数据库的模板，当用户通过修改 model 数据库来调整所有新用户数据库的默认配置，也必须读 model 数据库进行备份。

（2）用户数据库备份的时机

①创建数据库后。在创建或装载数据库之后都需要对相应的数据库进行备份。

②创建索引之后。创建索引的同时还需要分析以及重新排列数据，且这个过程通常需要耗费时间和系统资源。而在这个过程之后备份数据库，备份文件中就会包含索引的结构，一旦

数据库出现故障,再恢复数据库时不必重建索引了。

③清理事务日志之后。使用 BACKUP LOG WITH TRUNCATE ONLY 或 BACKUP LOG WITH NO LOG 语句清理事务日志后,需要备份数据库,因为此时,事务日志将不再包含数据库的活动记录,所以,不能通过事务日志恢复数据。

④执行大容量数据操作之后执行完大容量数据装载语句或修改语句后,SQL Server 通常不会将这些大容量的数据处理活动记录到日志中,所以应当进行数据库备份。例如,执行完 SELECT INTO、WRITETEXT、UPDATETEXT 语句后都需要备份数据库。

3. 数据库备份的模式

常见的数据库备份模式有 4 种,下面分别进行介绍。

(1)完全备份

完全备份是一种最完整的数据库备份方式,它通过将数据库内所有的对象完整地拷贝到指定的设备上,来完成对所有数据库操作和事务日志中的事务进行备份。由于它备份的内容相对比较完整,因此,每个完整备份使用的存储空间比其他备份模式使用的存储空间要大,完成完整备份需要更多的时间。因而创建完整备份的频率通常要比创建差异备份的频率低,对于数据量较少,或者变动较小不需经常备份的数据库而言,可以选择使用这种备份方式。

在 SQL Server 中,完全备份的工作可以在"企业管理器"中利用交互工具完成,也可以使用命令方式完成。

备份数据库的命令是 BACKUP DATABASE,格式如下:

BACKUP DATABASE database_name

TO{DISK | TAPE}='physical_backup_device_name'

其中参数:

- database_name:指定要备份的数据库;
- TO DISK:说明备份到磁盘;
- TO TAPE:说明备份到磁带;
- 'physical_backup_device_name':指定备份使用的物理文件名或物理设备名。

(2)差异备份

差异数据库备份是一种只会针对自从上次完全备份后有变动的部分进行备份处理的方式。采用这种备份模式时必须搭配完全备份一起使用,即需要先使用完全备份保存一份完整的数据库内容,然后再使用差异备份记录有变动的部分。

差异备份的命令也是 BACKUP DATABASE,格式如下:

BACK UP DATABASE database_name

TO{DISK | TAPE}='physical_backup_device_name'

WITH DIFFERENTIAL

与备份整个数据库的命令不同,增量备份是用短语 WITH DIFFERENTIAL 说明的。

例如,对 student 数据库做增量备份(备份到 C:/dump/dump1. bak),命令如下:

BACKUP DATABASE student

TO DISK='C:/dump/dump1. bak'

WITH DIFFERENTIAL

由于差异备份只备份有变动的部分,因此,其备份速度相对较快,占用的空间也不会太大,比较适合于那些数据量大且需要经常备份的数据库。使用差异备份可以减少数据库备份的负担。

需要注意的是,在使用完全备份和差异备份来备份数据库后,当需要还原数据库的内容时,必须先加载前一个完全备份的内容,然后再加载差异备份的内容。例如,在需要每天对数据库进行备份,其中星期一到星期六进行的是差异备份,星期天进行的是完全备份。当星期三发现数据库有问题,需要将数据库还原到星期二的状况时,必须先将数据库还原到上一个星期天完全备份,然后再还原星期二的差异备份。

(3)事务日志备份

事务日志备份与差异数据库备份非常相似,都是备份部分数据内容,但是,事务日志备份是针对自从上次备份后有变动的部分进行备份处理,而不是针对上次完全备份后的变动。也就是说,使用完全备份和事务日志来备份数据库,在还原数据库内容时,还必须先加载前一个完全备份的内容,然后再按顺序还原每一个事务日志备份的内容。例如,每天都需要对数据库进行备份,其中星期一到星期六做的是差异备份,星期天做完全备份。当星期三发现数据库有问题,需要将数据库还原到星期二的状况时,必须先将数据库还原到上一个星期天的完全备份,然后再还原星期二的差异备份,接着还需要还原星期三的事务日志备份。

事务日志备份是对数据库发生的事务进行备份,包括从上次进行事务日志备份、差异备份和数据库完整备份之后所有已经完成的事务。事务日志备份能够在相应的数据库备份的基础上,尽可能地恢复最新的数据库记录。由于它仅对数据库事务日志进行备份,所以其需要的磁盘空间和备份时间都比数据库备份少得多。

备份事务日志的命令是 BACKUP LOG,格式如下:

BACKUP LOG database_name

TO{DISK | TAPE}='physical_backup_device_name'

例如,备份 student 数据库的日志(备份到 C:/dump/dumplog. bak),命令如下:

BACKUP LOG student

TO DISK='C:/dump/dumplog. bak'

注意:简单恢复模型不允许备份事务日志。备份数据库、备份事务日志时,数据库系统并不截断和刷新日志,截断日志的命令是:

BACKUP LOG database_name

WITH TRUNCATE_ONLY

例如,在备份了 student 数据库或事务日志后,为了截断 student 数据库的事务日志可以使用如下命令:

BACKUP LOG student

WITH TRUNCATE_ONLY

执行事务日志备份主要有两个原因:首先,要在一个安全的介质上存储自上次事务日志备份或数据库备份以来修改的数据;其次,要合适地关闭事务日志到它的活动部分的开始。

（4）文件和文件组备份

这是一种是以文件和文件组作为备份的对象备份模式，一般用于数据库非常庞大的情况下。主要针对的是数据库内特定的文件或特定文件组内的所有成员进行数据备份处理。通常，文件组包含了一个或多个数据库文件。当 SQL Server 系统备份文件或文件组时，指定需要备份的文件，最多指定 16 个文件或文件组。文件备份操作可以备份部分数据库，而不是整个数据库。

与数据库备份相比，文件备份的主要缺点是增加了管理的复杂性。因此，必须注意维护完整的文件备份集和所覆盖的日志备份。如果已损坏的文件没有备份，则介质故障可能导致整个数据库无法恢复。

这种数据库备份模式在使用时，还应该要搭配事务日志备份一起使用。其主要原因是，当在数据库中还原文件或文件组时，也必须还原事务日志，使得该文件能够与其他的文件保持数据一致性。

备份文件或文件组的命令格式如下：

BACKUP DATABASE database_name
{FILE＝logic_file_list | FILEGROUP＝fileegroup_list}
TO{DISK | TAPE}＝'physical_backup_device_name'
[WITH DIFFERENTIAL]

其中参数：

- FILE＝logic_file_list：给出了要备份的文件清单（用逻辑文件名指出）；
- FILEGROUP＝filrgroup_list：给出了要备份的文件组清单；
- WITH DIFFERENTIAL：说明是增量备份，即文件备份也支持增量备份。

例如，要完成对 student 数据库课程文件的备份，命令如下：

BACKUP DATABASE student
FILE＝'课程'
TO DISK＝'C:/dump/file_1. bak'

而下列命令则完成了对 student 数据库文件组课程组的备份：

BACKUP DATABASE student
FILEGROUP＝'课程'
TO DISK＝'C:/dump/file_g. bak'

文件和文件组备份是备份和恢复数据库的另一种便捷的方式，但他们并不是以数据库为单位进行备份的，因此在管理上可能会存在一定的难度。

10.1.2　数据库恢复概述

所谓恢复就是利用自己的恢复工具将备份还原回来，保证数据库能够正常工作。备份的主要目的就是当磁盘损坏或数据库崩溃时，通过转储或卸载的备份恢复数据库。根据不同的备份和恢复方案、策略可以有不同的恢复方式，可以将数据库恢复到不同的状态。

恢复也称为重载、重入或还原。与备份类型相对应，通过恢复可以：

· 恢复整个数据库。

· 恢复数据库的部分内容。

· 恢复特定的文件或文件组。

· 恢复事务。

数据库恢复通常可分为两种处理情况。

第一种，数据库已被破坏。如磁盘损坏等、这时数据库已不能用了，需要装入最近一次的数据库备份，然后利用"日志"库执行"重做"（redo）操作，将这两个数据库状态之间的所有修改重新做一遍，从而建立新的数据库，同时还可以将对数据库的更新操作保持住。如果"日志"库也被破坏了，那么更新操作就丢失了。

第二种，数据库未被破坏，但某些数据不可靠，受到怀疑。例如，程序在修改数据库时异常中断。这时可不必去复制存档的数据库。只要通过"日志"库执行"撤销"（undo）操作，撤销所有不可靠的修改，把数据库恢复到正确的状态就可以了。

在数据库的运行过程中，可能会发生各种数据库故障，即数据库被破坏或数据不正确。作为 DBMS 就需要把数据库从被破坏后不正确的状态，恢复到最近一个正确的状态。DBMS 的这种能力就是"可恢复性"（recovery）。图 10-1 是恢复的各个即时点。通过恢复可以将数据库恢复到做备份的即时点、发生故障的即时点或特定的事务即时点。

图 10-1 备份与恢复阶段

恢复管理的任务包含：在未发生故障而系统正常运行时，采取一些必要措施为恢复工作打基础；在发生故障后进行恢复处理。

（1）事务正常执行时

为了在发生故障后能有效地恢复，必须执行的主要任务有：①记日志，即记录每一事物的每一行为活动、数据库的状态变化历史等；②设置"检验点"，它限制恢复时必要查看的日志长度；③数据库备份，它使得数据库本身遭破坏时也能被恢复。

（2）事务提交时

将该事务的结果真正写入数据库，以实现事务的持久性，并在日志中记上该事务提交的记录。

（3）事务夭折时

要做的工作主要有：①消除对读了它（们）的脏数据的其他事务的影响；②消除它（们）对数据库所做的任何变更；③在日志中记上相应事务夭折的记录。

（4）故障发生后

利用日志记录的各种信息、检验点信息及必要时利用最近的备份，依据故障的不同而用不同的技术与方法将数据库内容恢复到某个一致性状态，将受影响的事务恢复到原子性和永久性的状态，将受伤害或崩溃的系统服务恢复到正常运行状态。

由于数据库中的各种数据通常是存储在多种不同的存储器上。这些不同的存储器介质之间存在许多不同的特性，这就决定了发生故障时恢复的方法和手段也会不一样。有两类不同介质的存储器。一类是易失性存储器,如内存和高速缓存。这类存储器中的数据在发生故障时一般都会丢失,故要随时将其转存到非易失存储器上。另一类是非易失性存储器,典型的例子就是磁盘。通常如果不是这类存储器本身出现了故障,其他的一些系统故障是不会对其造成直接影响。因此它本身就可用来支持恢复,如存储日志、数据库、备份等,且它自身还有一定的容错能力。

在前面内容中提到的从备份数据库中将数据库恢复起来是数据库恢复的一种形式。要实现据库的恢复,然而手头没有数据是无法恢复的,因此,数据恢复的基本原则就是"冗余"(redundancy)存储,即数据库重复存储(数据库备份就是一种)。

恢复的原则相对简单,且实现的方法也比较清楚,但做起来却相当复杂。另外,对于某些应用,时间要求很高,不能忍受从磁带或其他系统联机之外的介质上恢复数据库,即要求立即恢复数据库(如证券业、银行业和其他实时场合等,系统停止运行将造成巨大损失)。对于这些应用,则应该选择具有磁盘镜像技术的 DBMS。通过磁盘镜像技术选择把数据库映射到多个磁盘驱动器上,从而有效地把数据库应用与硬盘的介质故障隔离开来。这样当发生了某个介质故障,另外介质上的镜像可以立刻去接替。与此相类似的还包括对称多处理机服务器平台,它可以在一台处理机发生故障时,另一台处理机接替它的工作。通过这两方面的技术的使用,可保证数据库系统具有较高的可靠性。其中,前者是 DBMS 提供的功能,后者是 SQL Server 所运行的硬件环境和操作系统提供的功能。

10.1.3　数据库恢复的相关概念

任何数据库系统都不可能不出现故障。为了保护数据库须采取多种安全措施,提高数据库系统的可靠性。一旦数据库出现了故障,须采取措施把数据库恢复到正常的一致的状态。

现代的数据库管理系统都设置有数据库恢复机制,它包括一个数据库恢复子系统和一套特定的数据结构。数据库的恢复是建立在事务管理的基础上的。事务由一系列对数据库的操作组成,它是数据库系统工作的基本单位,是保持完整性约束或逻辑一致性的单位,又是数据库恢复的单位。

1. 后备副本

为了有效地恢复被破坏的数据,通常须把整个数据库备份两个以上的副本,称为后备副本。它们应存放在与运行数据库不同的介质上,一般是存储在磁带上,保存在安全可靠的地方。当数据库遭到破坏后可以利用后备副本把数据库恢复。这时,数据库只能恢复到备份时的状态,从那以后的所有更新事务必须重新运行才能恢复到故障时的状态。

一般是周期性地把运行数据库转储到后备副本。但是复制后备副本是很费时间的,尤其是静态备份一般要中断数据库的运行,多半在计算机比较空闲时进行。然而此种方法虽然笨拙,却是数据库恢复的根本,应当周期性地倒库取得新副本。

2. 日志

日志(Log)是一个数据库系统文件,它记录最近一次后备副本后的所有数据库的变更以及所有事务的状态。数据库的变更无非是由插入、删除和修改三个操作引起的,只要记录这些操作前后的数据状态,就容易恢复数据库了。

事务在运行过程中,系统把事务开始、事务结束以及对数据库的插入、删除、修改等每一个操作作为一个日志记录存放到日志文件中。日志大致记录以下内容:执行更新数据库的事务标识符,操作类型,更新前的数据的旧值,更新后的数据新值和记录事务处理中各个关键时刻。

3. 档案库

用于数据库恢复的档案库至少应包含后备副本和日志的档案版本。一个大型的数据库运行系统,一天可以很容易地产生高达 200MB 的日志记录。应把日志记录划分成两部分,一部分是当前活动的联机部分,存放在直接存取设备上,另一部分是档案部分,把它存放在档案库里,前者称为日志的联机版,后者称为日志的档案。档案库的介质一般是磁带或光盘。需要注意的是,后备副本和日志是数据库恢复的基础,档案库必须绝对可靠地保存。

4. 活动事务表与提交事务表

活动事务表(ATL)存放所有正在执行的、尚未提交的事务的标识符。提交事务表(CTL)存放所有已提交的事务的标识符。当事务提交时,应先把所提交的事务的标识符写入 CTL,再从 ATL 中删除相应的事务标识符。

5. 检查点

检查点也称安全点、恢复点。当数据库系统发生故障后,有些事务要撤销。为了减少恢复的工作量,常用设置检查点的方法。当事务正常运行时,数据库系统按一定的时间间隔设置检查点。它包括:①把数据库缓冲区的内容强制写入外存的日志中;②在日志中写一个日志记录,它的内容包含当时正活跃的所有事务的一张表,以及该表中的每一个事务的最近的日志记录在日志上的地址。用户也可以在事务中设置检查点,要求系统记录事务的状态,称为事务检查点。一旦系统需要恢复数据库状态,就可以根据最新的检查点的信息,从检查点开始执行,而不必从头开始执行那些被中断的事务。

10.1.4　恢复的实现技术

数据库恢复的基本原理十分简单,就是利用数据的冗余。数据库中任何被破坏或不正确的数据的修复,都是利用存储在其他地方的冗余来实现的。因此恢复系统应该提供两种类型的功能:一种是生成冗余数据,即对可能发生的故障做某些准备;另一种是冗余重建,即利用这些冗余数据恢复数据库。

登记日志文件和数据转储是生成冗余数据最常用的技术,在实际应用中,这两种方法常常结合在一起使用。

1. 登记日志文件(Logging)

(1)日志文件的格式和内容

用来记录事务对数据库的更新操作的文件即为日志文件。日志文件主要有以记录为单位的日志文件和以数据块为单位的日志文件两种格式。

以记录为单位的日志文件,日志文件中需要登记的内容如下:

①事务的开始(BEGIN TRANSACTION)标记。

②事务的结束(COMMIT 或 ROLLBACK)标记。

③事务的所有更新操作。

上述日志文件中需要登记的内容均作为日志文件中的一个日志记录(log record)。

每个日志记录的内容主要包括:

①事务标识。

②操作的类型。

③操作对象。

④更新前数据的旧值。

⑤更新后数据的新值。

以数据块为单位的日志文件,日志记录的内容包括:

①事务标识。

②被更新的数据块。

操作的类型和操作对象等信息无需放入日志记录中,其原因在于由于将更新前的整个块和更新后的整个块都放入了日志文件中。

(2)日志文件的作用

在数据库恢复中起着非常重要作用的为日志文件。具体作用如下:

①事务故障恢复和系统故障恢复。

②在动态转储方式中一定要建立日志文件,要想有效地恢复数据库必须后备副本和日志文件结合起来才能实现。

③在静态转储方式中,同样可建立日志文件。当数据库毁坏后可重新装入后援副本把数据库恢复到转储结束时刻的正确状态,再根据日志文件,重做处理已完成的事务,撤销处理故障发生时尚未完成的事务,如图 10-2 所示。

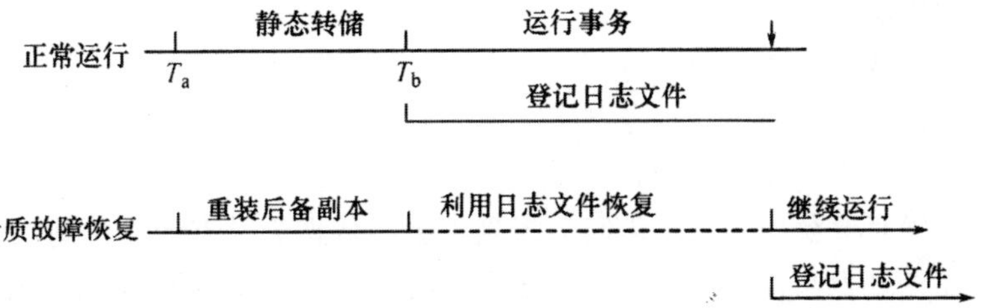

图 10-2　利用日志文件恢复

(3)登记日志文件

日志文件是系统运行的历史记载,需要保证其高度可靠性。所以一般都是双副本的,并且独立地写在两个不同类型的设备上。日志的信息量很大,一般保存在海量存储器上。

对数据库修改时,在运行日志中要写入一个表示这个修改的运行记录。为了防止两个操作之间发生故障,运行日志中没有记录下这个修改,以后想要撤销的话也是不可实现的。为保证数据库是可恢复的,以下两条原则是登记日志文件时需要遵循的。

①至少要等到相应运行记录的撤销部分已经写入日志文件中以后,该事务向物理数据库中写入记录才能够被允许;

②直到事务的所有运行记录的撤销和重做两部分都已写入日志文件中以后,事务完成提交处理才能够被允许。

这两条原则称为日志文件的先写原则。先写原则蕴含了如下意义:如果系统出现故障,只可能在日志文件中登记所做的修改,但没有修改数据库,这样在系统重新启动进行恢复时,只是撤销或重做因发生事故而没有做过的修改,对数据库的正确性不会产生任何影响。而如果先写了数据库修改,而在运行记录中对这个修改没有做任何记录的话,则以后就无法恢复这个修改了。所以为了安全,一定要先写日志文件,后写数据库的修改。

2. 数据转储

数据库恢复中采用的基本技术是数据转储。DBA定期地将整个数据库复制到磁带或另一个磁盘上保存起来的过程就是所谓的转储。将这些备用的数据称为后备副本(backup)或后援副本。

当数据库遭到破坏后可将后备副本重新装入,然而需要注意重装后备副本只能将数据库恢复到转储时的状态,如果想要恢复到故障发生时的状态,此时必须重新运行自转储以后的所有更新事务。

转储之所以不能频繁进行,是因为它时间和资源的耗费十分严重。DBA需要按照数据库使用情况设定一个相对适当的转储周期。

转储可分两种:静态转储和动态转储。

在系统中无运行事务时进行的转储操作即为静态转储。即转储操作开始的时刻,数据库处于一致性状态,而转储期间不允许(或不存在)对数据库的任何存取、修改活动。

静态转储简单,但转储必须等待正运行的用户事务结束才能进行。同样,新的事务必须等待转储结束才能执行。显然,这会降低数据库的可用性。

所谓动态转储就是指转储期间允许对数据库进行存取或修改。

动态转储的优点:

①可克服静态转储存在的缺点。

②无需等待正在运行的用户事务结束。

③新事务的运行不会受到影响。

不能保证正确有效获得转储结束时后援副本上的数据为动态转储的缺点。

为此必须建立日志文件(log file),即把转储期间各事务对数据库的修改活动登记下来。通过后援副本和日志文件就能把数据库恢复到某一时刻的正确状态。

转储还可以分为两种方式:海量转储和增量转储。每次转储全部数据库称为海量转储。每次只转储上一次转储后更新过的数据则称为增量转储。

海量转储方式适用情况：

从恢复角度看，使用海量转储得到的后备副本进行恢复一般说来会更方便些。

增量转储方式适用情况：

①数据库很大。

②事务处理非常频繁。

数据转储有两种方式，分别可在两种状态下进行，所以数据转储方法可以分为动态海量转储、动态增量转储、静态海量转储和静态增量转储四类，如表 10-1 所示。

表 10-1　数据转储分类

		转储状态	
		动态转储	静态转储
转储方式	海量转储	动态海量转储	静态海量转储
	增量转储	动态增量转储	静态增量转储

10.2　恢复模式

10.2.1　恢复数据库前的准备

在执行恢复操作前，应当验证备份文件的有效性，确认备份中是否含有恢复数据库所需要的数据，并关闭该数据库上的所有用户，备份事务日志。

1. 验证备份文件的有效性

通过对象资源管理器，可以查看备份设备的属性。具体操作为：右击相应的备份设备，在弹出的快捷菜单中选择"属性"命令，在"备份设备"属性对话框的"媒体内容"标签里，即可查看相应备份设备上备份集的信息，如备份时的备份名称、备份类型、备份的数据库、备份时间、过期时间等。另外，使用 SQL 语句也可以获得备份媒体上的信息。使用 RESTORE HEADERONLY 语句，获得指定备份文件中所有备份设备的文件首部信息。使用 RESTORE FILELISTONLY 语句，获得指定备份文件中的原数据库或事务日志的有关信息。使用 RESTORE VERIFYONLY 语句，检查备份集是否完整，以及所有卷是否可读。

2. 断开用户与数据库的连接

在恢复数据库前，还应当断开用户与该数据库的一切连接。即所有用户都不准访问该数据库，执行恢复操作的用户也必须将连接的数据库更改到 master 数据库或其他数据库，否则不能启动还原任务。

3.备份事务日志

在执行恢复操作前,用户备份事务日志,有助于保证数据的完整性。另外,在数据库还原后还可以使用备份的事务日志,进一步恢复数据库的最新操作。

10.2.2　常见的三种数据库恢复模式

常见的数据库恢复模式有 3 种,它们分别是简单恢复(Simple Recovery)、完全恢复(Full Recovery)和批日志恢复(Bulk-logged Recovery)。

1.简单恢复

简单恢复是指在进行数据库恢复时仅使用数据库备份或差异备份,但不涉及事务日志备份。通过简单恢复模式可使数据库恢复到上一次备份的状态。但是由于该恢复模式不使用事务日志备份来进行恢复,因此无法将数据库恢复到失败点状态。当选择简单恢复模式时,常使用的备份策略是,首先进行数据库备份,然后进行差异备份。

2.完全恢复

完全数据库恢复模式是指通过使用数据库备份和事务日志备份,将数据库恢复到发生失败的时刻。该数据库恢复模式几乎不会造成任何的数据丢失,从而成为对了对付因存储介质损坏而数据丢失的一种最佳方法。

完全恢复可以通过 ALTER DATABASE 语句的 RECOVERY 子句设置恢复模式。例如,将订货管理数据库的恢复模式设置为完全恢复的命令语句如下:

ALTER DATABASE 订货管理 SET RECOVERY FULL

通常,为了保证数据库的这种恢复能力,所有的批数据操作,比如 SELECT INGO 创建索引都会被写入日志文件。选择完全恢复模式时常使用的备份策略是:先进行完全数据库备份,然后进行差异数据库备份,最后进行事务日志的备份。如果准备让数据库恢复到失败时刻,则必须对数据库失败前正处于运行状态的事务进行备份。

3.批日志恢复

批日志恢复在性能上要优于简单恢复和完全恢复模式。批日志恢复能尽最大努力减少批操作所需要的存储空间。这些批操作主要是 SELECT INTO 批装载操作,如批插入操作;创建索引针对大文本或图像的操作,如 WRITE TEXT 及 UPDATE TEXT 等。

选择批日志恢复模式所采用的备份策略与完全恢复所采用的备份策略基本相同。

在实际应用中,备份策略和恢复策略的选择并不是相互孤立的,而是相互紧密地联系在一起。也就是说,不能仅仅只考虑该怎样进行数据库备份,在选择使用备份类型时,还必须更多地考虑,当使用该备份进行数据库恢复时,它能把遭到损坏的数据库返回到怎样的状态是关键。当然必须强调的一点是,备份类型的选择和恢复模式的确定,都应尽最大可能以最快速度减少或消灭数据丢失。

10.2.3　数据库恢复的模式的共同之处

上述数据库恢复的模式存在一些基本的共同之处：

1. 优先写日志协议(write-ahead logging, WAL)

任何对数据库中数据元素的变更都必须先写入日志；将变更的数据(页)写入磁盘(真正变更数据库)前，日志中的所有相关记录必须先写入稳定存储器(磁盘)。

2. REDO(重做)已提交事务的操作

当发生故障而使系统崩溃后，对那些已提交但其结果尚未真写到磁盘上去(例如，还在I/O缓冲区中)的事务操作要重做，使数据库恢复到崩溃时所处理状态。

3. UNDO(反做)未提交事务的操作

系统崩溃时，那些未提交事务操作所产生的数据库变更必须回复到原状，使数据库只反映已提交事务的操作结果。

图 10-3 是数据库故障恢复系统的体系结构。

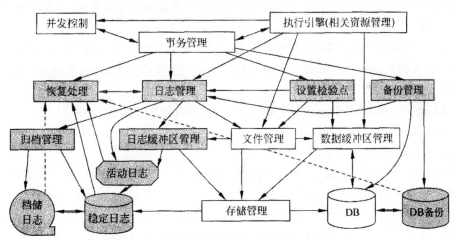

图 10-3　数据库故障恢复系统的体系结构

通过上图可以看出，数据库故障恢复系统的主要部件是日志管理、设置检验点、备份管理和恢复处理等，其中日志管理是核心。

10.3　数据库故障类型及其恢复策略

10.3.1　数据库故障的种类

不同类型的故障需要以不同的方式来处理。故障处理的关键是信息丢失的程度，尤其是对数据库本身的损害,丢失越严重,恢复当然就越困难。

一个数据库系统可能发生各种类型的故障,下面给出系统故障的分类。

1. 事务失败

事务失败是指一个事务不能再正常执行下去了。引起事务失败的有自身逻辑错误和系统方面的原因。

(1)逻辑错误

逻辑错误包括错误数据的输入,例如,存入银行的钱数"2500"输入成"5200",或在数据库中存取"不可获得"(unavailable)的数据、运算溢出、违反系统限制,如资源限制、存取权限制等。

(2)系统原因

系统原因指的是系统进入了一种不良状态,如死锁;或系统管理原因,如并发控制策略,使事务不能再执行下去,但由于此时系统未崩溃,该事务可在后面的某时间重启动执行。

此外,事务中断也事务失败的一种,所有使事务中断,而又没有损坏磁盘介质的故障,都可以看作是这类故障。由于这类故障没有损坏磁盘介质,没有造成磁盘上大量数据的丢失,没有使磁盘不可以读写,所以也可以把这类故障称为软故障。

引起事务中断故障的原因可以是多方面的,归纳起来有如下几种:①突然掉电引起的事务中断;②硬件故障引起的事务中断;③客户应用程序出错引起的事务中断;④系统程序故障引起的事务中断。

事务是一个完整的工作单元,它所包含的一组对数据库的更新操作,要么全部完成,要么什么都不做;否则就会使数据库处于一种未知的或不一致的状态。例如,下面的一段程序:

BEGIN TRANSACTION

UPDATE account SET balance=balance－500 WHERE name='张三'

UPDATE account SET balance=balance＋500 WHERE name='李四'

COMMIT TRANSACTION

该段程序将 500 元钱从张三的账户转到李四的账户。如果在执行完第一条 UPDATE 语句之后事务中断了,从而使张三的余额减少了,而李四的余额未增加,结果使整个账户出现了借贷不平衡。解决这类问题的方法就是将数据库恢复到修改之前的状态,即撤销只执行了一半的事务。如果在发现事务中断时未停机,则只需要执行如下语句将事务撤销:

ROLLBACK TRANSACTION

然后找出发生事务中断的原因,在排除故障之后再重新执行事务。

如果是突然掉电或硬件故障造成停机而使事务中断,数据库管理系统在重新启动时会自动检查是否有未执行完的事务,如果发现这样的事务,将对这些事务自动执行事务撤销的语句。

常见的用户或操作人员的控制性命令(有意或无意的撤销)使事务不再正常执行下去也属于上述范畴(尽管这些不是错误)。通常,一个事务的失败既不伤害别的事务,也不会损害数据库(在正确并发控制和恢复管理策略下)。因此,可以说事务失败是一种最轻、也是最常见的故障。

2. 介质故障

介质故障也称非易失性存储介质发生故障,如磁头碰撞磁盘面。对一个数据库而言,介质故障是其中最具危害的,由于磁盘的损坏造成磁盘中大量数据的丢失。磁盘介质故障也称作硬故障。这类故障的发生概率虽然很小,但极具破坏力。

3. 系统崩溃

系统崩溃是指系统处在一种失控的不能正常运行的状态。出现系统崩溃的原因主要有硬件故障、电源故障、操作系统或 DBMS 等软件的缺陷或隐患(这类问题主要是由于当前的软件理论与技术还不能保证软件的完全正确性而引起的,是一类比较常见且不可避免的问题)。

与前面介绍的单个事务的失败不同,系统崩溃将直接影响到在崩溃时处于活跃状态的所有事务。每个事务有一个"状态",它包括该事务代码执行的当前位置(指明如何完成剩余的操作或抵消变更)、已对数据库元素变更了(但尚在缓冲区而未写到磁盘上)的值、已对 I/O 设备(如显示屏)发出但尚未执行的消息、还要继续使用的所有局部变量的值等。当系统崩溃时,这些活跃事务的"状态"都将丢失。可以说,主要发生系统崩溃,必然会导致某些事务失败。其中最关键就是易失性内存的内容会丢失,但非易失性存储未受损害,即数据库本身未遭到破坏。

上述故障都可以通过采用各技术与机制来恢复。当然,也存在难以恢复的故障,如地震、火灾、爆炸等造成非易失性存储(包括日志、数据库、备份等)的严重毁坏。对于这类灾难性故障,一般性的恢复技术是很难起到作用的,此时可以采用分布式或远程调用来解决。

10.3.2　数据库恢复策略

1. 基于日志的恢复策略

日志由日志管理器维护管理。日志管理器是一个写日志的程序,用于为所有其他资源管理器和事务管理器提供日读写服务。日志管理器将日志映射成一个不断增长的文件序列。开始时,日志记录在内存的日志缓冲区中建立,并顺序地逐个缓冲区块填写。然后按一定的缓冲区管理策略或时机将缓冲区中的日志部分地输出到磁盘上。活动日志与磁盘上的稳定日志的记录顺序必须完全一致。并且,随着日志的不断增长,还需要将一些日志文件从联机形式归档(archiving)成脱机形式。

日志管理是整个恢复系统的核心,它负责写活动日志记录,尤其是日志记录头(为其私有),为其他资源管理器提供写日志的接口,以便它们填写日志记录体的内容。

由于活动日志是易失的,所以活动日志记录要及时地输出到稳定日志文件中,即成为"强推日志"(force log)。实际上,强推日志就是强迫将活动日志输出到稳定日志文件,它遵循WAL 协议来保证事务的原子性。

WAL 协议如下:

· 事务 T 要进入提交状态,必须先将活动日志记录<T COMMIT>输出到稳定日志文件中。

·在活动日志记录<T COMMIT>输出到稳定日志文件以前,所有与事务 T 关联的日志记录都必须已输出到稳定日志文件中。

·在数据库缓冲区中数据块输出到数据库中以前,所有与该块相关的日志记录都必须已输出到稳定日志文件中。

图 10-4 是日志管理的基本流程。

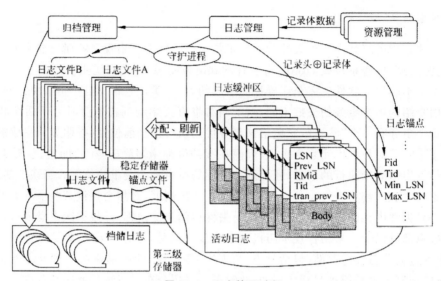

图 10-4　日志管理过程

日志管理程序为日志提供了记录的读写—刷新接口,各资源管理器以记录体数据为参数调用这些接口来记载关于永久对象的变更历史。这样,每当写日志记录时,就需要先为该记录分配空间,再填写记录头信息。其中的 LSN 中包含了两个:(LOGA<n>,LOGB<n>),通常它们就是当前日志文件;"文件相对位移字节地址"(relative byte address,RBA),LSN 是单调递增的。最后,以输入参数来填写记录体。

通常,缓冲池中的活动日志以 LRU 策略将"老化"(aged)的日志置换到磁盘上的日志文件 A 和 B 中,而这个活动主要是由日志管理的"日志刷新守护进程"(log flush daemon)来完成的。日志刷新守护进程是一个异步进程,它周期地查看当前日志缓冲区是否半满,若半满,则分配一个新文件。这样,当当前日志缓冲区全满的时候,新的日志文件就已准备好,并且处于可用状态。此时守护进程将新文件标识填入日志锚点记录,并更新稳定存储器中的锚点文件记录,以便以后要系统重启时,日志管理程序能找到最近的日志文件。需要指出的是,锚点文件也是双工的,它甚至比日志文件更为关键。当系统需要重启时,就可以通过它找到所有的相关地址,因此可以说它是有关恢复时的地址"根"。

下面介绍如何使用日志来进行恢复处理各种故障。

①事务失败恢复。对一个失败事务常用的恢复处理手段就是"撤销"(UNDO)该事务,也叫"回滚"(rollback)该事务。UNDO 过程可能在系统正常运行期间当一个事务夭折时执行,也可能在系统崩溃后的恢复期间执行。通过执行 UNDO 操作,可以达到消除未提交事务对数据库的变更的目的。

要使用 UNDO 来实现上述目的,需要依赖于当事务改变数据库时,其操作的效果是"立即"还是"推迟"反映到数据库中。

这里的立即改变就是指在事务还处于活跃状态时,将其对数据库所做的变更写出到数据库。此时,数据库中包含了"未提交的变更",也称脏数据。当系统崩溃或一个事务失败时,系统必须将数据库中这种脏数据值还原成事务开始前相应的老值。这个还原过程就是 UNDO 操作。设要还原或回滚事务 T_i,UNDO(T_i)执行的步骤如下:

第一,自日志的最近记录开始向后(向日志头)扫描日志,查找关于 T_i 的记录。

第二,每遇到一个形如<T_i,x_i,V_b,V_a>的数据操作日志记录,则用前映像 V_b 去还原 x_i。

第三,按事务的前一记录指针 Tran_prev_LSN 一直向后扫描 T_i 的日志记录。重复第②步,直到遇到日志记录<T_i,START>,整个过程执行完成。

上述执行步骤的第二步,若当初的改变操作是插入或删除,则日志记录中 V_b 和 V_a 分别是空值,此时的 x_i 还原相当于分别执行 V_a 的删除与 V_b 的插入。

推迟改变是指事务对数据库的变更不立即写出到数据库,而是等到事务的全部操作都执行完成并已提交,且所有与该事务相关的日志记录包括<T_i COMMIT>记录都已写出到稳定日志文件后进行。也就是说,如果事务夭折或在事务执行完成前系统崩溃,则其 UNDO 处理不需要做什么,只要丢弃它所有在内存数据缓冲区中的变更。但在被夭折事务的执行期间若执行过检验点操作,已将其部分变更强推到磁盘数据库了,则要像立即改变的情形那样清除其变更。

对于上述两种情况,除了 UNDO 操作外,事务恢复还要负责为那些既未夭折也未提交的失败事务写入一个日志记录<T_i ABORT>。

②系统崩溃恢复。当系统崩溃发生时,对于那些未完成的事务已不可能再成功完成,而那些成功完成但其变更尚未从内存缓冲区真正写到稳定数据库的事务,其结果也被丢失。对于上述两类事务的恢复,前一类事务需要用到 UNDO,后类事务则需要用到 REDO。但是应该怎样来确定哪些事务该 UNDO 哪些该 REDO? 这里先来分析可能的事务类型,如图 10-5 所示。

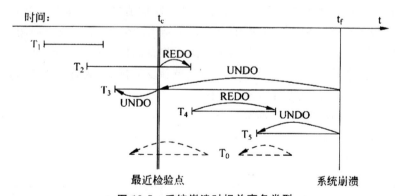

图 10-5　系统崩溃时相关事务类型

图中 t_c 和 t_f 分别为最近检验点时间和系统失败时间。系统崩溃时,相关联的事务有以下几类:

- T_1 类事务在 t_c 以前已完全结束。
- T_2 类事务在 t_c 以前开始,在 t_c 以后但在 t_f 以前成功结束。

· T_3 类事务在 t_c 以前开始,但直到 t_f 尚未结束。

· T_4 类事务在 t_c 后开始,在 t_f 以前成功结束。

· T_5 类事务在 t_c 后开始,但直到 t_f 尚未结束。

通过对图 10-15 的分析可知,系统崩溃的恢复处理工作如下:

第一,利用日志确定或标识要 UNDO 或 REDO 的事务。

标识要 UNDO 与 REDO 事务的过程的算法如下:

算法 10-1 Identify_Tran() /＊识别要恢复的事务＊/

输入:Log

输出:Lu,Lr/＊UNDO 事务表,REDO 事务表＊/

步骤:1. 自"重启文件"RESTART_FILE 中取最近检验点记录的 LSN;

2. 在日志中按其 LSN 找到最近检验点记录<CHPT(List)>;

3. Lu:＝List in<CHPT(List)>;

/＊将最近检验点的活跃事务表中的事务 D 依次放入 UNDO 表 Lu 中＊/

Lr:＝∅;/＊REDO 事务表清零＊/

4. FOR(Next LSN≠EOF)/＊未到达日志末尾＊/

4.1 按 Next_LSN 取下一个日志记录;/＊向前搜索日志＊/

4.2 IF 该日志记录是<T,STSRT>THEN Lu:＝Lu ∪{T};

4.3 IF 该日志记录是<T,COMMIT>THEN {Lu:＝Lu－{T};Lr:＝Lr ∪ {T};}

4.4 IF 该日志记录是<T,ABORT>THEN Lu:＝Lu－{T};/＊已"回滚"了＊/

4.5 IF 该日志记录是<T,COMPLETE>THEN Lr:＝Lr－{T};/＊已全部结束 ＊/

ENDFOR

5. Return(Lu,Lr)

第二,对要 UNDO 的事务利用日志记录中的各前映像值进行"回滚"(ROLLBACK)。

经过上一阶段的事务识别,表 Lu 中的事务是未结束的事务,都要执行回滚。由于当前正处在日志的 EOF(End of a File),正好与事务回滚要将日志向后扫描一致,但 Lu 表中事务之间的顺序与日志的向前顺序一致的,因此应当将其重新反向排序,从而保证其与日志向后扫描一致。下面是对 Lu 中 UNDO 进行回滚的过程。

算法 10-2 Undo-Tran() /＊回滚事务＊/

输入:Log,Lu

输出:

步骤:WHILE(Lu≠∅)

1. T:＝Get next TID in Lu;/＊取 Lu 中的下一个事务＊/

2. 写日志记录<T,ABORT>;

3. FOR(Lsn:＝T_recLSN TO T_firstLSN)

3.1 取 Lsn 号日志记录 LogRec;

3.2 IF LogRec＝<T,X,V_b,V_a>THEN 用 V_b 恢复 X;

　　　　3.3 Lsn：＝tran_prev_LSN in LogRec

　　　ENDFOR

　　4.Lu：＝Lu－｛T｝

　　EDNWHILE

第三，对要 REDO 的事务利用日志记录中的各后映像值进行"前滚"（ROI.LFOR-WARD）。

第四，重建支持系统正常服务的各种资源管理设施，如有关的数据结构、队列、消息等。

重做是沿日志的向前滚进行，经过上一阶段的 UNDO 处理后，日志记录指针也正指着最近检验点的活跃事务的最早（即 LSN 最小）日志记录。Lr 中的事务是按提交（COMMIT 日志记录）的先后排序的，因此其与日志向前进的顺序相符。REDO 事务的重做从 Lr 表中各事务的 firstLSN 中的最小者开始，向前扫描日志，直到日志的 EOF。重做过程的算法如下：

算法 10-3　Redo_Tran()　/＊EDO 事务的重做＊/

输入：Log，Lr

输出：

步骤：1.Lsn：＝min｛T_firstLSN｜T∈Lr｝；

　　　2.FOR(Lsn≠EOF，Lsn＋＋)

　　　　2.1 取 Lsn 号日志记录 LogRec；

　　　　2.2 IF LogRec.Tid∈Lr THEN

　　　　　　　｛IF LogRec＝＜T，X，V_b，V_a＞THEN 用 V_a 置 X；

　　　　　　　IF LogRec＝＜T，COMMIT＞THEN 记日志记录＜T，COMPLETE＞；

　　　　　　　｝ENDIF；

　　　ENDFOR

　　　3.Lr：＝∅

完成上述 UNDO 事务的回滚和 REDO 事务的重做后，数据库的恢复处理就已完成。此时，数据库已恢复到系统崩溃前的一致性状态，为了避免再发生系统崩溃时，重复做前面已完成的恢复工作，还需要设置一个新的检验点。尽管此时数据库的恢复工作已经完成了，但这并不等于系统已经全部恢复，达到了继续正常运行的状态，由于系统失败使内存丢失，因而许多系统数据结构或供作数据也已丢失，要使系统正常运行，就必须恢复它们。因此，恢复系统正常运行还有一系列的工作要做，例如，重建事务控制块（TCB）（如果需要）；重建各种事务队列；重设置并发控制锁表；重设置系统缓冲区；重传送因系统失败而未被对方部件收到的消息（message）；发送消息："系统已恢复正常运行"给用户等。

③介质故障恢复。图 10-6 给出了介质故障恢复的处理过程。

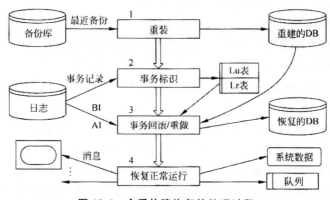

图 10-6　介质故障恢复的处理过程

介质故障恢复处理的具体步骤如下：

第一，用最近的完全备份重建数据库。若采用增量转储，则还要由先到后依序按各个增量副本来改进数据库。

第二，利用日志将重建的数据库恢复到故障发生前的一致性状态，其处理过程几乎与系统故障恢复的一样。

2. 基于检查点的恢复策略

检验点（checkpoint）是一种重要的故障恢复设施。周期地设置检验点，并对系统的当前状态给出一个持久性映像，这样当发生故障后要重启系统时，就可以用它来快速重建当前状态。

通常，在设置检验点时，一般需要执行下列处理：物理地强推日志，即将日志缓冲区中的所有活跃日志记录强行输出到磁盘的稳定日志文件中；物理地强写一个日志"检验点记录"＜CHPT＞输出到稳定日志文件；物理地强推数据缓冲区中变更了的块输出到磁盘数据库；将一个包含了记录 CHPT 在稳定日志文件中的地址（LSN）的"主控"（master）记录写入"重启文件"，该文件在稳定存储器的固定处。这样，当恢复时，就会首先读取最近的主控记录，从而找到最近的＜CHPT＞的 LSN。

一般的，日志中的检验点记录＜CHPT＞中会包含本记录的 LSN、检验点时间戳、在建该检验点时所有的活跃事务（TID_i）的列表以及所有活跃事务的"最后日志记录 LSN"、"第一日志记录 LSN"的对偶列表：＜$TID_i\_recLSN, TID_i\_firstLSND(i=1,2,\cdots,n)$＞等信息。

通常，要确定何时设置检验点，可以通过下列两种方式来确定：周期性地设置；当日志记录积累到一定数量时设置。而对于建立检验点，其方法可以有多种，按照清晰度和复杂性，建立检验点的方法可分为以下三种。

（1）清晰检验点

清晰检验点也称"静止"检验点，即做检验点时，先"排尽"（drain）事务对数据库的存取，让所有活跃事务执行结束（提交或夭折），使数据库保持提交一致性状态。

执行清晰检验点的设置需要遵循下列规则：

①拒绝接受任何新事务。

②等待每一个当前活跃事务 T_i 提交或夭折,并在日志中写<T_i COMMIT>或<T_i A-BORT>记录。

③将日志缓冲区刷新到稳定日志文件并确保完成。

④将数据缓冲区的"脏"块强写出到磁盘数据库并保证完成。

⑤强写日志的检验点记录<CHPT>到稳定日志文件。

⑥将<CHPT>记录在日志文件中的 LSN 等信息在"重启文件"中写一个新主控记录,同时重新开始接受新的事务和正常处理。

上述方法具有简洁的优点,且由于在它的<CHPT>日志记录中的活跃事务列表为空,因而恢复时间很短,只需对那些在最近检验点后开始的事务进行 REDO 或 UNDO 即可。当然,该方法也有其一定的局限性,即做检验点的时间太长,因为它像交通红绿灯的黄灯,不仅要让所有当前活跃事务"排尽",同时还要加上日志和数据缓冲区刷新出去的时间。若当前活跃事务是"长寿"的(long-lived),则要建立这样的检验点就是几乎不可能的事,除非新事务的用户愿意等待这么长时间。

(2)含混检验点

不同于清晰检验点,含混检验点可以不等待所有活跃事务结束,而直接让其暂停执行,将所有缓冲区中的脏块和当前的活动日志强迫写出到磁盘,因而数据库的整个状态不是提交一致的。相对于清晰检验点而言,含混检验点省去了"排尽"所有活跃事务的时间,因而大大缩短了做检验点的时间。

建立含混检验点的规则如下:

①拒绝接受任何新事务。

②拒绝接受现有事务任何新的操作请求,即让其等待。

③将日志缓冲区刷新到稳定日志文件并确保完成。

④确保将数据缓冲区中的脏块强迫写出到磁盘数据库。

⑤写检验点记录<CHPT(List)>到稳定日志文件。这里 List 指的是包含了当前活跃事务的 TID 列表。

⑥将稳定日志文件中该<CHPT(List)>记录的 LSN 写入重启文件。检验点完成后,重新接受新事务。

含混检验点最大的优点在于建立一个检验点的时间更短。但是由于它在建立检验点的过程中,未保证数据库或事务的一致性,只是数据缓冲块本身是一致的。因此,又可以称其为"缓存一致性"检验点。

此外,在故障恢复过程中,含混检验点所用的时间比清晰检验点的时间会更长些,因为要对活跃事务表中所有的事务执行相应的 REDO 或 UNDO 过程。

(3)模糊检验点

模糊检验点在建立的过程中既不停止现有事务的操作,也不拒绝新事务的进入。设置模糊检验点的步骤如下:

①写检验点开始日志记录<Begin_CHPT(List)>,并将日志缓冲区刷新到稳定日志文件。

②继续 List 中当前活跃事务的执行直至结束,并允许新事务开始。

③将有变更的数据缓冲区块标上"脏"标志,正常地写其他日志记录。

④写检验点结束日志记录<End_CHPT(DirtyList)>,并刷新日志到稳定日志文件。其中 DirtyList 表示"脏"缓冲区块的列表。

⑤将稳定日志文件中开始检验点记录<Begin_CHPT(List)>的 LSN 写入重启文件。

由于模糊检验点既不要让系统"静止"下来,也无须等待将数据库缓冲区刷新到磁盘,因此其比清晰检验点和含混检验点的时间都短。但问题是它不但不刷新脏块到磁盘,而且在建立检验点期间缓冲区中的数据还可以不断地变更。因此要保证数据库的一致性,就需要从一个检验点到下一个检验点之间,大量的脏块在正常的缓冲区管理运作下会写出到磁盘数据库。而当下一个检验点要接近时,则可以征用一个后台进程来强推那些"最常用"的脏块到磁盘上去。因而可以保证:在下一个检验点完成时,本检验点进行时的所有脏块都已经被强推到磁盘上去了。为了这种过程的连贯性,每当系统最初开始正常执行时,总是先建一个初始检验点,其中的活跃事务表和脏块表均为空。所以,模糊检验点的有效性要依赖于那个后台进程的有效性。

此外,当模糊检验点与正常的事务活动并行执行时,在将数据变更写入磁盘数据库的同时,不会出现中断系统服务的现象。此时的检验点本身是模糊的,它提供的只是逻辑页面级状态一致性,而不是操作级或事务级的状态一致性。

需要注意的是,即使做过了检验点的数据块集合也不具备一致性,因为在做检验点时,有的块中的数据可能又发生了改变。

3. 基于备份的恢复策略

备份是为了支持稳定存储器(磁盘)本身发生故障时的数据库恢复。在发生介质故障以外的系统故障时,都可以用日志来进行恢复。数据库的备份前面中已经进行介绍过,这里只对备份转存进行介绍。

备份转储是一个很长的过程,在进行备份时通常要考虑两个方面:一方面怎样复制数据库;另一方面怎样进行备份转储。

下面先考虑第一方面的问题,可以区分两个不同级别的复制策略。一种为整体转储,即复制整体数据库。这种转储又称海量转储。一种为增量转储,即复制自上一次转储以来所有的变更。这种转储有多个级别的版本,最初一级是一个整体转储,称为第 0 版 V_0,则第 i 版 $V_i = V_{i-1} + \Delta V_i (i=1,2,\cdots,n)$,其中 ΔV_i 就是上一版 V_{i-1} 建立后至 V_i 建立时所有变更。需要注意的是,恢复时为了避免恢复过程太过于冗长,通常并不会按

$$V_i = V_0 + \sum_{j=1}^{i} \Delta V_j$$

来进行,而应该按

$$V_i = V_k + \sum_{j=k+1}^{i} \Delta V_j (0 \leqslant k \leqslant i)$$

其中 V_k 是一整体转储版本。它表示每隔一定次数的增量转储,需要做一次整体转储。备份转存类似于做检验点,也有"清晰"和"模糊"备份之分,且过程类似。实际上,做检验点与备份都是"转储",不同的是做检验点是由内存到稳定存储器,而备份则由稳定存储器到安全存储

器。检验点与备份的对比如图 10-7 所示。

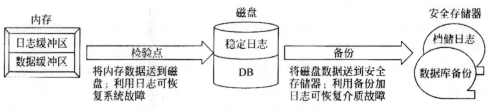

图 10-7　检验点与备份的对比

（1）清晰备份

清晰备份是指在做备份时，数据库处于静止状态，其执行步骤如下：

①让系统处于没有活跃事务的状态。

②执行一个相适应的检验点。

③执行相应（整体或增量）的备份转储。

④将一个转储日志记录<DUMP>写到稳定日志中。

（2）模糊备份

与做检验点类似，进行清晰备份时往往需要关闭数据库很长时间。在许多情况下，这是难以接受的，因而人们会考虑采用模糊备份。

模糊备份一种类似于模糊检验点的备份形式，它建立备份转储开始时数据库的一次复制。但在备份转储的过程中，由于所有活跃事务（包括接受新事务）都继续并行地活动着，这就导致了有的磁盘数据库元素可能会被改变，使备份副本中有的元素的值可能与磁盘数据库中的值不一样，而有的元素的磁盘数据库值又可能与实际值不一样。但是，只要在转储过程中的日志有效，这种差异就可通过日志来消除。

执行模糊备份的步骤如下：

①写开始备份日志记录<Begin_DUMP>到稳定日志文件。

②执行一个适当的检验点。

③执行相应的（整体或增量）数据库转储到安全存储器。

④确保足够的日志已转储到安全存储器。

这里所谓的"确保足够"指的是至少自第②步的检验点的前一检验点及其以后直至包括本检验点的日志记录都已是安全的，即使此时发生介质故障，它们仍能工作。前一检验点开始以前的日志可以抛弃。

⑤写结束备份日志记录<End_DUMP>到稳定日志文件。

4．其他恢复策略

除上面介绍的恢复方法外，还包括其他一些故障恢复的策略和方法，这里简要介绍两种较典型的方法。

（1）ARIES

ARIES（algorithm for recovery and isolation exploiting semantics）也称语义的恢复和隔离算法，是一个与窃取及非强制并发控制方法相结合的系统故障恢复算法。采用该方法，除日志外，系统还维护一个"事务表"和一个"脏页表"，在恢复的分析阶段它们被重构。

使用 ARIES 来恢复处理数据库时需要经过以下三个阶段。

第一,分析阶段。分析阶段要做的工作如下:

①标识系统崩溃时的活跃事务和数据缓冲池中的"脏页",这里的脏页指的是已被修改但还未写到磁盘上的页。

②重建自最近检验点以来的"活跃事务表",包括当前每一事务的 ID、状态(提交、夭折、执行等)及它最近的日志记录的 LSN,记为 recLSN。

③重建"脏页表",包含每一脏页的标识 Pid 和引起该页变脏的最早日志记录的 LSN,记为 firstLSN;

④确定恢复时查看日志的起点。

第二,REDO 阶段。REDO 阶段是指从分析时确定的日志的起点开始,重新执行所有事务的变更操作,包括已提交的和处于其他状态的事务。即使事务在崩溃前已夭折,且其变更操作也在其 ABORT 处理时已被撤销了,这种变更操作也要重执行。因此,可以说,通过它可以将数据库完全带到起崩溃时的状态。

第三,UNDO 阶段。UNDO 阶段是指对未提交事务撤销其所做的变更操作,使数据库只反映已提交事务的结果。

此外,需要注意的是,使用 ARIES 恢复算法时还需要遵循以下三个基本原则:

其一,更改时先写日志。对于数据库的任何变更,必须先记入日志,即遵循 WAL 协议。在将变更的数据写入磁盘数据库时,必须保证日志中的相关记录已经事先写入到了稳定日志文件中,并且假定写一页到磁盘的操作是原子的。

其二,重做时重复历史。进行 REDO 时,重新依次执行在崩溃前执行过的所有更改操作,满足下列条件之一的可暂时忽略:

·操作数据所在的页未出现在脏页表中,这意味着该页已写入磁盘数据库中。

·操作数据所在的页虽然在脏页表中,但该页的 first LSN 比该操作的日志记录的 LSN 更大,其表明该操作对该页的变更是其以前的旧内容,已经写到磁盘数据库了。

·操作关联的页在脏页表中,但该页最后一次被更改的日志记录的 LSN(称为 Last LSN)大于或等于该操作的日志记录的 LSN。这是针对那种在系统崩溃前被修改的页,已写入磁盘数据库,但却仍可能出现在重构的脏页表中的情况,它表明该操作所修改的页已在磁盘数据库中。

在上述条件中,前两个条件允许不取相应数据库页而预先判断,第三个条件本身能完全独立判断一个操作是否要重做,但前提是能取到相应页,并且页内包含了它的 Last LSN。

ARIES 区别于其他恢复算法的最大特点就是它的简单性和灵活性的基础,特别是 ARIES 可支持包含比页更小(如记录级)粒度的锁的并发控制协议。

其三,撤销时记录变更。一般的,在 UNDO 阶段,当一个事务回滚时,针对该事务的每一个 UNDO 操作,写一个"补偿日志记录"CLR(compensation log record)来记录该 UNDO 事务已完成的相应 UNDO 操作,这样,当恢复过程中再发生系统崩溃而重新进行恢复时,就可以省去再次重复这些操作的麻烦。

(2)影子法

影子法是一种不需要通过日志进行恢复的方法。在这个方法中,数据库被当作 n 个页面的集合,通过一个"页表"即一个页目录进行存取,如图 10-8 所示。

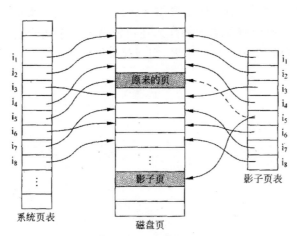

图 10-8　影子页和影子页表

分析图 10-8 可知,当一个事务要改变一个页时,它首先需要复制该页到一个空的磁盘页,建立该页的一个"影子"(shadow);然后复制系统页表的适当部分,建立页表的一个"影子",且修改影子页表中要变更的页的指针,以指向影子页;最后改变影子页。当然,上述的这些步骤都是经过先复制到内存缓冲区,改变后提交时再写回去的。

由于每一更新事务都是通过影子页表来存取它的影子页中的数据,其他事务则主要是通过系统页表来存取原来页中的数据。因此当一个事务提交时,必须确保:

①将内存数据缓冲区中被它改变的页写回磁盘的相应影子页;

②用它的影子页表更新磁盘上的系统页表。

需要注意的是:这里并不能用覆盖写系统页表的方式来实现,因为可能要用它来恢复一个系统崩溃。当发生系统崩溃或事务夭折时,无 UNDO 操作的必要,只需抛弃相应的影子页表和影子页即可;也无须 REDO 操作,一个事务一旦成功提交,其结果就永久化了。

与基于日志数据库恢复策略相比,影子法没有日志的相关开销,并且恢复时由于没有UNDO 或 REDO 操作,因此速度非常快,但它具有以下缺点:

①数据存储破碎分散。由于影子页的替换使得有序集群的数据存储优点丧失,数据存取的开销增大。

②垃圾回收是一项必不可少的工作,但这也在一定程度上增加了系统的额外开销和复杂性。

③难以获得较高的并发度。

④提交的开销更高。较之基于日志的方案只输出该事务的日志记录,影子法则要输出多个块:影子页和影子页表。

基于上述的缺点,影子法很难被应用于实际中,就也是当初设计它的 Seytem R 最终也没有用它,而是用日志式和影子法的组合,仍要求 WAL 原则的原因。

除上述两种恢复方法外,还有很多基于日志的其他恢复技术,如 ARIES 的变种方法,单独只用 UNDO 日志或 REDO 日志的恢复策略以及逻辑日志法等。逻辑日志记录的优点是日志记录很少,有时一条逻辑日志记录可能相当于数十乃至数百条物理日志记录;另外,UNDO、

REDO 操作较简单,仅仅是数据对象的原物理操作的一个"反镜像"操作而已,也无须再写日志。但它假定操作是原子性的,且失败是操作级状态一致的,这是很难实现的。因为一个逻辑操作可能引起存储空间的整理(如插入操作),还可能造成复杂的索引更新(如 B-树的结点分裂),要让它们要么全部做完,要么根本未做,实现起来很困难。

第11章　现代数据库技术新进展

11.1　面向对象数据库技术

面向对象数据库系统(Object Oriented Database System,OODBS)是将面向对象的模型、方法和机制,与先进的数据库技术有机地结合而形成的新型数据库系统。首先,它是一个数据库系统,具备数据库系统的基本功能;其次,它还是一个面向对象的系统,针对面向对象的程序设计语言的永久性对象存储管理而设计的,充分支持完整的面向对象概念和机制。

通常,可以把面向对象数据库表述为:"面向对象系统＋数据库能力",即一个面向对象数据库首先需要满足以下两个标准:第一,一个数据库系统,具备数据系统的基本功能,如查询语言、散列或成组存取方法、事务管理、一致性、控制及恢复的能力;第二,一个面向对象系统,能够充分支持完整的面向对象概念和机制,如用户自定义数据类型、自定义函数、对象封装等特点。

11.1.1　面向对象技术的优势

关系型数据库不能对大对象提供支持,例如,文本、图像、视频等对象就不符合关系模型,而应用到数据库中的面向对象技术解决了这个问题。面向对象技术利用对象、类等技术手段可以满足对一些领域数据库的特殊需求,与关系型数据库相比,面向对象技术的优势主要体现在以下几个方面。

1. 利用对象来支持复杂的数据模型

传统的关系型数据库不能支持复杂的数据模型,例如:文本、图像、声音、动画、图像等数据,缺乏对这些数据信息的描述、操纵和检索能力。而面向对象技术具有这些方面的优势,面向对象技术应用到数据库领域后,对象的使用就可以满足对这些类型数据的相关操作。

2. 支持复杂的数据结构

传统的关系型数据库不能满足数据库设计的层次性和设计对象多样性的需求,关系型数据库中的二维表不能描述复杂的数据关系和数据类型,而面向对象技术中的对象可以描述复杂的数据关系和数据模型。

3.支持分布式计算和大型对象存储

面向对象技术中对象、封装、继承等方法的应用可以支持分布式计算,并且支持独立于平台的大型对象存储。

4.更好地实现数据的完整性

面向对象数据库支持复杂的数据结构和操作的约束、触发机制,从而可以更好地实现数据的完整性。随着数据库技术的发展和用户需求的变化,传统的数据库系统在数据的描述、操纵以及存储管理能力等方面存在着诸多的缺陷,面向对象技术凭借其独特的优势应用到数据库中,并且成为一种新型的数据库类型。

11.1.2　面向对象数据模型

1.基础概念

OO模型数据模型吸收了概念数据模型和知识表示模型的一些基本概念的同时,又借鉴了面向对象程序设计语言和抽象数据类型的一些思想。面向对象数据模型是指用面向对象观点来描述现实世界实体(对象)的逻辑组织、对象间限制、联系等的模型。其中,涉及的基本概念有如下几个:

(1)对象(Object)

对象是指由一组数据结构和在这组数据结构上的操作的程序代码封装起来的基本单位。类似于E-R模型中的一个实体,在面向对象系统中,一切概念上的实体都可以抽象或模拟为一个对象。一个普通的数字、字符串或仓库、器件等都会被认为是对象。但是不同于E-R模型中的实体,对象不仅有数据特征,而且对象还有状态特征和行为特征。总体而言,一个对象应该具有以下特性:

- 每一个对象必须能够通过某种方式来区别于其他对象。
- 用特征或属性来描述对象。
- 有一组操作,每一个操作决定对象的一种行为。

(2)类(Class)

具有共同属性和方法集的所有对象就构成了一个对象类(简称类),而一个对象就是某一类的一个实例(instance)。当然,有时也可以把类本身也看作一个对象,称为类对象(Class Object)。

面向对象数据库模式是类的集合,即在面向对象中,类是一个模板,而对象就是用模板创建的一个实例。

(3)对象标识

面向对象系统使用对象标识符OID(Object Identifier)来标识对象。对象标识(OID)是数据库中每个对象的一个唯一不变的标识,具有永久持久性,即一个对象一经产生系统就会赋予一个在全系统中唯一的对象标识符,直到它被删除。一般OID是由系统统一分配,用户不能对其进行修改。标识符通常是由系统自动生成的。

（4）封装

封装（Encapsulation）是 OO 模型的一个关键概念。封装的概念在日常生活中几乎无处不在，只不过没有把它作为一个"问题"去思考，如使用的家用电器就是很好的封装实例，以电视机为例，它有播放、换台、音量等按键，只需要按照说明书的要求按动这些按键，即可完成相应的工作。而具体的电视机如何完成相应的操作，这并不需要用户关心，用户只关心它能做什么，有什么功能，而这些功能则被"封装"在机器内。

类包括了数据和操作，它们是被"封装"在类定义中的。用户通过类的接口进行操，即对用户来讲，"功能"是可见的，而实现部分是封装在类定义中的，用户看不见。这种封闭性保证了每个对象的实现都独立于其他对象的细节。消息传递是对象之间联系的唯一方式，这保证了对象之间的高度独立性，这种特性有利于保证软件的质量。

2. 类层次

所有的类（与子类）组成一个有根的层次结构，称为类层次（结构）。

类 Y 被称为类 X 的一个子类（Subclass）或类 X 被称为类 Y 的一个超类（Superclass），当且仅当类 Y 的每一个对象都为类 X 的对象。超类与子类结构在语义上具有概括与特化的关系，也即常说的 Is-a 关系。

属性继承是面向对象技术的重要的概念，它允许不同结构的对象共享与它们的共同部分有关的操作。在面向对象数据库系统中，把各个对象类组织成结构化的模式（类层次），一个类从它的类层次的直接、间接祖先（称为该类的超类）中继承所有的属性和方法，而不必重复定义和存储它们。

一个类可以有多个子类，它的特性为所有的子类共享和复用。对公共实例变量的继承，称为结构继承；对方法的继承，称为行为继承。

一个类也可以有多个超类，即可有多重继承。但是，目前的对象数据库一般不支持多重继承。

子类在继承其超类的属性和方法之外，可以定义自己的特殊的属性和方法，也可以重新定义超类原有的属性和方法。

3. 对象包含

一个面向对象数据库模式中，对象的某一属性可以是单值或值的集合。进而，一个对象的属性也可以是一个对象，这样不同类的对象之间可能存在着包含关系。包含其他对象的对象称为复合对象。包含关系可以有多层，形成嵌套层次结构。包含着一种"是一部分"（is pan of）的联系，因此包含与继承是两种不同的数据联系，如图 11-1 所示是包含关系。

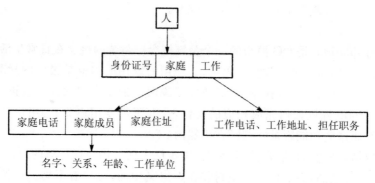

图 11-1　包含关系

如图 11-1 所示,人包含身份证号、家庭、工作等属性。其中,身份证号的数据类型是字符型,家庭不是一个标准数据类型,而是一个对象,包括家庭电话、家庭成员、家庭住址等属性,家庭成员也是一个对象,包括名字、关系、年龄、工作单位等属性;工作也是一个对象,包括工作电话、工作地址、担任职务等属性。

对象包含概念是面向对象数据库系统中又一个重要概念,它和类层次结构形成了对象横向和纵向的复杂结构。这就是说,不仅各个类之间具有层次结构,而且某一个类内部也具有包含层次结构。

目前,一种结合关系数据库和面向对象特点的数据库为那些希望使用具有面向对象特征的关系数据库用户提供了一条捷径。这种数据库系统称为"对象关系数据库",它是在传统关系数据模型基础上,提供元组、数组、集合一类丰富的数据类型以及处理新的数据类型操作能力,并且有继承性和对象标识等面向对象特点。

4.对象参照完整性约束

对象参照完整性约束可以通过以下方式实现。

①无系统支持。由用户编写代码控制实现对象参照完整性。

②参照验证。系统检验所有参照的对象是否存在,类型是否正确,但是不允许直接删除对象。

③系统维护。系统自动保持所有参照为最新的。例如,当所引用的一个对象被删除时,立即设置为空指针。

④自定义语义。自定义语义一般由用户编写代码实现。例如,使用选项"ONDELETE CASCADE"。

11.1.3　面向对象数据库技术架构

一个典型的面向对象数据库技术架构一般包括大对象和外部软件技术、专用媒体服务器技术、对象数据库中间技术、用户定义类型的对象关系 DBMS、面向对象的 DBMS 等。具体要根据不同用户的需求而定。

1. 大对象和外部软件技术

图 11-2 描述的是大对象技术中的系统结构和数据存储示意图。最期常使用带外部软件的大对象来将对象添加到关系型数据库中。

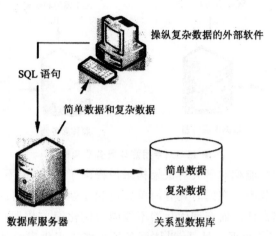

图 11-2 大对象架构

通常大对象架构中的大对象与表中的其他数据是分开存储的。这样，用户可以直接对大对象进行检索，但是不能显示大对象数据，而是利用 DBMS 之外的软件来执行显示和操纵大对象的操作。这些常用的外部软件包括 ActiveX 控件、Java 小程序和 Web 浏览器插件等。

但是大对象方法也存在着诸多严重的性能缺陷。由于 DBMS 不了解复杂数据的操作和结构，所以无法优化这些操作，同时也不能使用大对象的特性来过滤数据，或对大对象使用索引。此外，由于大对象与其他数据分开存储，基于这个特点，因此需要附加的磁盘访问。另外，大对象的顺序与其他表数据的顺序不一致，使用时需要根据需要进行相应调整。

2. 专用媒体服务器

图 11-3 为专用媒体服务器架构示意图。在专用媒体服务器架构中，复杂数据是驻留在 DBMS 之外的，基于该架构特点，因此常使用专门的独立服务器来操纵单一类型的复杂数据。而编程人员则使用 API，通过媒体服务器来访问复杂数据。API 提供了一组用于检索、更新和转换特殊类型的复杂数据的过程。为了达到可同时操纵简单数据和复杂数据的目的，常在程序代码中使用嵌入式 SQL，以及媒体服务器的 API 调用。

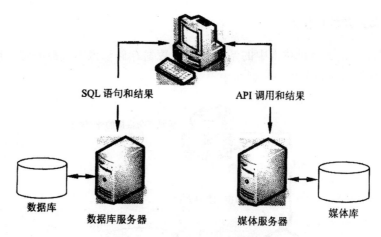

图 11-3　专用媒体服务器架构

　　专用媒体服务器的性能相对于大对象架构来说提高了不少,但不具有灵活性。限制了这种架构中对数据的操作范围。在同时具有简单数据和复杂数据的情况下,专用服务器方法的执行的性能并不能达到最佳。而查询优化器不能同时优化简单数据和复杂数据的搜索,这就造成了 DBMS 不了解复杂数据。另外,媒体服务器可能不提供索引技术及事务处理的支持。因而,这种架构中的事务处理仅限于对简单数据进行处理。

3. 对象数据库中间件

　　图 11-4 所示,为对象数据库中间件技术架构示意图,在对象数据库中,常利用中间件通过模拟对象功能来解决媒体服务器架构中存在的问题。

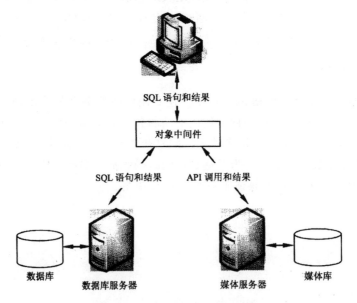

图 11-4　对象数据库中间件架构

　　对象中间件提供了一种集成存储在 PC 和远程服务器上的复杂数据以及关系型数据库的方法。如果没有对象中间件,某些复杂数据将不能与简单数据方便地组合在一起。也就是说,对象中间件方法既可用在需要与 DBMS 更加紧密集成在一起的架构中,也可以用于用户不希望在数据库中存储复杂数据的情景。

由于缺乏与 DBMS 的集成,对象中间件可能会受到性能方面的限制。组合复杂数据与简单数据也常会遇到与专用媒体服务器同样的性能问题。这就使得 DBMS 不能优化那些同时组合了简单数据和复杂数据的请求。

尽管中间件可以提供组合简单数据和复杂数据的事务处理,但是由于其必须使用两阶段提交和分布式并发控制技术,因而会降低事务的性能。

4. 用户定义类型的对象关系 DBMS

用户定义类型是对象关系 DBMS 最突出的功能,如图 11-5 所示,用户定义类型可采用表驱动的架构。

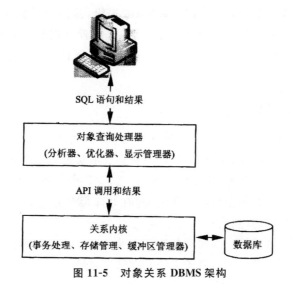

图 11-5　对象关系 DBMS 架构

图中的对象查询处理器可用于为用户定义类型使用表驱动代码。其中,分析器分解包含用户定义类型和函数的表达式引用;优化器查找可用于优化包含用户定义类型和函数的表达式存储结构;显示管理器控制简单数据和复杂数据的显示。关系内核由事务处理、存储管理和缓冲区管理组成,用于向对象查询处理器提供引擎。

11.1.4　面向对象数据库系统

1. 面向对象数据库系统类型

面向对象数据库系统作为面向对象技术和数据库技术结合的产物,所以面向对象数据库系统可以分为以下 3 种。

①纯面向对象型。纯面向对象数据库系统常常将数据库模型和数据库查询语言集成进面向对象中,整个系统完全按照面向对象的方法进行开发。例如 Matisse 对象数据库系统。

②混合型。这种类型的数据库系统是在当前的数据库系统中增加面向对象的功能,这样

有利于利用原有关系数据库系统的设计经验和实现技术。例如瑞典的产品 EasyDB(Base-soft)。

③程序语言永久化型。程序语言的永久性是面向对象技术的一个重要概念,数据库中的存储系统对程序语言永久性的要求较高,这样使得整个系统能够从程序员的角度进行开发,降低了开发难度,使得最终开发的产品更加人性化,如 Objectstore。

2. 面向对象数据库设计语言

面向对象数据库设计语言必须与面向对象的数据模型相符合,这种语言能够正确地描述对象之间的关系模式以及对象之间的操作,这样可以将面向对象设计语言看成是对象描述语言与对象操作语言的结合。

面向对象数据库设计语言进行定义,能够对对象进行定义和操纵,其中对对象的定义包括对类的定义,方法的定义以及对象的生成,对对象的操纵,包括对对象的查询操作等。面向对象数据库设计语言与面向对象设计语言是有区别的,前者可以看作是对后者在数据库方向的一个扩充,但是面向对象程序设计语言要求所有的对象都通过消息的发送来实现,这会降低在数据库上查询的速度。

3. 面向对象数据库管理系统

一个面向对象数据库管理系统必须满足以下两个基本要求:第一,支持面向对象的数据模型。能够存储和处理各种复杂的对象,支持用户自定义的数据类型和操作,支持多媒体的数据处理,如超长正文数据、图形、图像、声音数据等;第二,支持传统数据库系统的所有数据库特征和成分。传统数据库系统(如关系数据库系统)拥有处理常规商用数据的强大功能,这也是面向对象数据库管理系统应当做到的。

由于需要支持面向对象概念,面向对象数据库管理系统比关系数据库管理系统更为复杂,其核心部分一般由两大部分组成:对象子系统和存储子系统。

(1)对象子系统

对象子系统包括模式管理、事务管理、查询处理、长数据管理、版本管理、外围工具等模块。

模式管理模块主要负责管理数据库模式、数据字典和完整性约束,对数据库初始化,建立数据库框架,管理模式演化等。

事务管理模块主要负责事务处理,包括长事务处理、并发控制、故障恢复等。

查询处理模块主要负责处理对象创建、查询等请求,进行查询优化,处理消息。

长数据管理模块主要负责管理大型对象数据。例如,一张工程设计图、一个复杂的图像、一段视频流,它们的数据量可以 MB 计。

版本管理模块主要负责对象版本的控制。

外围工具是指管理和使用面向对象数据库的一些辅助工具,如模式设计、类图浏览、类图检查、系统性能监测、应用程序可视化设计工具等。

(2)存储子系统

存储子系统包括缓冲区管理、存储管理等模块。缓冲区管理模块主要负责管理内外存交换的缓冲区,处理对象 OID 与内外存储地址的转换。存储管理模块主要负责管理数据的物理

（磁盘）空间。图 11-6 所示为面向对象 DBMS 架构示意。

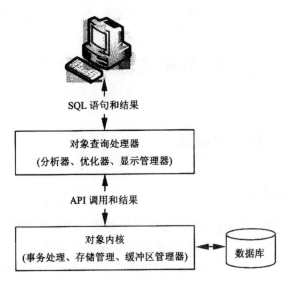

SQL 语句和结果

对象查询处理器
（分析器、优化器、显示管理器）

API 调用和结果

对象内核
（事务处理、存储管理、缓冲区管理器） ←→ **数据库**

图 11-6　面向对象 DBMS 架构

对象数据库管理组（Object database management group，ODMG）是由许多从事面向对象 DBMS 开发的公司组织起来的，该组织提出了 ODL 和对象查询语言（object definition language，ODL）。目前，出于商业目的，ODMG 的努力受到了 SQL：2003 标准中对象关系标准的侵蚀，而关系型 DBMS 的市场力量、开源 DBMS 的出现和发展、对象关系标准的制定和推广，抑制了 ODMG 的 DBMS 的进一步发展。

面向对象 DBMS 的出现要早于对象关系 DBMS 产品。早期的面向对象 DBMS 主要用于非正式查询、查询优化和事务处理等一些不是十分重要的应用程序中，强调支持大型软件系统中的复杂数据。目前，面向对象 DBMS 也已经开始提供非正式查询、查询优化和有效的事务支持。

方法表现对象的动态行为，它是作用在对象属性值上的操作函数。面向对象数据库管理系统（ODBMS）一般都提供了一些预定义的函数，但大量的与应用有关的函数须由用户自行定义，称为用户定义函数（User Defined Function，UDF）。用户定义函数的数量大，经常会修改变动。

ODBMS 与用户定义函数的结合有以下三种方式可采用。

其一，动态连接。用户定义函数组成一个或多个动态连接库（DLL），存于磁盘上，在需要调用时把有关的函数调入内存。

其二，函数解释执行。若用户定义函数是用解释性语言编写，如 Java、Lisp 等，则可以在需要时把函数加载到内存，由解释器解释执行。

其三，在进程空间编译连接。实现系统功能的一些函数一般很少变动，对于它们可以按其性质分别在 ODBMS 的进程空间编译连接？这有利于 ODBMS 系统的安全运行。

版本管理（Version Management）是对新一代数据库系统的重要的建模要求之一。面向对象数据库管理系统中的版本管理的主要功能包括如下几个：版本的创建、撤销、编号、存储和管理；版本历史的查询和维护；版本信息的定义和维护；配置管理（一个复杂对象由若干个对象组成,每一个组成对象可以有多个版本。不同版本的组成对象可以构成该复杂对象的不同的版本,每一种构成方案称为一个配置);版本一致性维护;版本的合并、比较等管理操作。

11.2 分布式数据库技术

11.2.1 分布式数据库概述

1.分布式数据库系统的定义

分布式数据库(distributed database,DDB)是数据库技术与通信技术相结合的产物,是信息技术领域备受重视的分支之一。如今,只要是涉及地域分散的信息系统都离不开分布式数据库系统,此项技术有着广阔的应用前景。相信随着 DDBMS 日趋成熟,其功能将更加强大,使用将更加方便,更好地满足应用的需求。

在分布式数据库系统中应该区分分布式数据库、分布式数据库管理系统和分布式数据库系统这三个基本概念。

(1)分布式数据库

关于分布式数据库有一个粗略的定义:"分布式数据库是物理上分散在计算机网络各结点上,逻辑上属于同一系统的数据集合"。

定义对以下两点做了强调:

①数据分布性。即数据在物理上不是仅存储在一个结点上,而是按照全局需要分散地存储在计算机网络的各个结点上。这一点可以作为它和集中数据库的区别。

②逻辑相关性。即所有的局部数据库在逻辑上具有统一的联系,在逻辑上是一个整体。

分布式数据库的数据分布性和逻辑相关性表明,计算机网络中的每一个结点要具有完成局部应用的自治处理能力,同时还要具有通过计算机网络处理存取多个结点上的数据的全局应用的能力,即具有自治站点间合作的能力。

(2)分布式数据库管理系统

分布式数据库管理系统(distributed database management system,DDBMS)是建立、管理和维护分布式数据库的一组软件系统。分布式数据库管理系统是分布式数据库系统的核心,也是用户与分布式数据库之间的界面。

分布式数据库管理系统应具有以下四个基本功能:

①实现应用程序对分布式数据库的远程操作,包括更新和查询操作等。

②实现对分布式数据库的管理和控制,包括目录管理、完整性管理和安全性控制等。

③实现分布式数据库系统的透明性,包括分片透明性、位置透明性、数据冗余透明性和数据模型透明性等。

④实现对分布事务的管理和控制,包括分布事务管理、并发控制和故障恢复等。

DDBMS 的体系结构、数据分片与分布、冗余的控制(多副本一致性维护与故障恢复)、分布查询处理与优化、分布事务管理、分布并发控制以及安全性等都是 DDBMS 要研究的主要内容。

（3）分布式数据库系统

分布式数据库系统（distributed database system，DDBS）是实现有组织地、动态地存储大量的分布式数据、方便用户访问的计算机软件、硬件、数据和人员组成的系统。它包括五个组成部分：分布式数据库、分布式数据库管理系统、分布式数据库管理员、分布式数据库应用程序以及用户。

分布式数据库系统是建立在计算机网络的基础之上的，其运行环境是由多个地理位置各异的计算机通过通信设备连接而成的网络环境。它既可以建立在以局域网连接的一组工作站上，也可以建立在广域网的环境中。

2. 分布式数据库系统特点

分布式数据库系统相对于传统数据库有如下特点。

（1）自治性与共享性

在分布式数据库系统中数据的共享有两个层次：局部共享和全局共享。如果用户只使用本地的局部数据库，这种应用称为局部应用，该用户称为局部用户；如果用户使用分布在各个结点的全局数据库，这种应用称为全局应用，该用户称为全局用户。因此，相应的控制机构也具有两个层次：集中和自治。分布式数据库系统的自治性，实现对局部数据库的管理；更为重要的是通过进行控制，实现全局资源的共享性。

（2）事务管理的分布性

分布式数据库系统由于数据的分布使得事务具有分布性，即把一个事务划分成在许多场地上执行的子事务（局部事务）。因此分布式事务处理比集中式的事务处理起来更加复杂，管理起来更加困难。

分布式数据库系统中的各局部数据库都应像集中式数据库一样具备一致性、并发事务的可串行性和可恢复性。除此之外，还应保证数据库的全局一致性、全局并发事务的可串行性和系统的全局可恢复性。

（3）数据独立性

相比与集中式数据库系统，分布式数据库系统在数据独立性方面具有更多的内容。除了数据的逻辑独立性与物理独立性外，还有数据分布独立性，即分布透明性。分布透明性指用户不必关心数据的逻辑分片（分片透明性），不必关心数据物理位置分布的细节（位置透明性），也不必关心重复副本的一致性问题（重复副本透明性），同时也不必关心局部场地上数据库支持哪种数据模型（系统透明性）。

若在分布式数据库中实现了上述全部的透明性，则用户使用分布式数据库就像使用集中式数据库一样。从应用的角度看，数据库系统提供完全的分布透明性是最重要的，然而其实现却是十分困难和复杂的过程。

在集中式数据库系统中，数据独立性是通过系统的三级模式和系统之间的二级映像实现的。在分布式数据库系统中，分布透明性则是由于引入了新的模式和模式间的映像得到的。

（4）存取效率

分布式数据库系统中，全局查询被分解成等效的子查询。即将一个涉及多个数据服务器的全局查询转换成为多个仅涉及一个数据服务器的子查询。注意，这里的全局查询和子查询均是由全局查询表示的。查询分解完成后，再进行查询转换处理。全局查询执行计划是根据系统的全局优化策略产生的，而子查询计划又是在各场地上分布执行的。分布式的数据库系统的查询处理通常分为查询分解、数据本地化、全局优化和局部优化4个部分。

①查询分解——将查询问题转换成为一个定义在全局关系上的关系代数表达式，然后进行规范化、分析，删除冗余和重写。

②数据本地化——将在全局关系上的关系代数式转换到相应段上的关系表达式，产生查询树。

③全局优化——使用各种优化算法和策略对查询树进行全局优化。不同的算法和策略能够造成不同的优化结果。因此，算法的选取和策略的应用非常重要。

④局部优化——分解完成后要进行组装，局部优化是指在组装场地进行的本地优化。

（5）数据的冗余性

由于冗余数据不仅造成存储空间的浪费，还会造成各数据副本之间的不一致性，所以，在集中式数据库系统中，要强调尽量减少数据的冗余。但在分布式数据库系统中，则允许适当的冗余，即将数据的多个副本重复地驻留在常用的结点上，以减少数据传输的成本。这是因为：提高系统的可靠性、可用性，避免一处故障造成整个系统瘫痪；提高系统性能，多副本的冗余机制将能够降低通信代价，且可提高系统的自治性。当然，数据的冗余将会增加数据一致性维护与故障恢复的工作量，因此需要合理地配置副本并进行一致性的维护。

（6）数据的透明性

实现数据的透明性是数据库技术的一个重要的目标，即数据的逻辑结构和物理存储对用户是透明的。在分布式数据库系统中的数据透明性除了集中式数据库系统也需要实现的逻辑数据透明性和物理数据透明性之外，还需要实现以下多种类型的分布透明性：

①分片透明性。分片是分布式数据库系统的特性之一，即一个全局数据库要根据实际需求按照水平、垂直或水平与垂直混合的方法划分为多个片段，然后再将各个片段分配到不同的结点存储。数据分片透明性将使得用户不必了解如何划分片段的细节，只需要关心数据库的全局模式。

②位置透明性。又称为分布透明性，即数据片段的存储位置对用户是透明的，用户无需了解数据片段是如何分配到各个结点上的，也不必关心所访问数据的存放位置。数据分布透明性可以归入数据物理独立性的范围。

③数据模型透明性。即存储在多个结点上的局部数据库允许采用不同的数据模型，但用户无需了解其细节，只要使用分布式数据库系统所提供的全局数据模型即可。对于异构的数据模型，系统将自动地转换为公共的数据模型。

④数据冗余透明性。即用户无需了解数据建立了几个副本，它们如何在不同的结点冗余地存储，也无需对副本进行一致性维护，这些工作将由系统自动地完成。

3. 分布式数据库系统分类

分布式数据库系统的分类根据不同的分类标准具有不同的分类方法。

（1）按层次分类

层次分类法是由 S. Deen 提出的，按层次结构将 DDBS 的体系结构分为单层（SL）和多层（ML）两类。

（2）按分布式数据库控制系统的类型分类

按分布式数据库控制系统的类型进行分类，可分为以下 3 类。

①集中型 DDBS：如果 DDBS 中的全局控制信息位于一个中心场地时，称为集中型 DDBS。这种控制方式有助于保持信息的一致性，但容易产生瓶颈问题，且一旦中心场地失效则整个系统就将崩溃。

②分散型 DDBS：如果在每一个场地上都包含全局控制信息的一个副本，则称为分散 DDBS。这种系统可用性好，但保持信息的一致性较困难，需要复杂的设施。

③集中与分散共用结合型：在这种类型的 DDBS 中，将 DDBS 系统中的场地分成两组，一组场地包含全局控制信息副本，称为主场地；另一组场地不包含全局控制信息副本，称为辅场地。若主场地数目等于 1 时为集中型；若全部场地都是主场地时为分散型。

（3）按功能分类

功能分类法是由 R. Peele 和 E. Manning 根据 DDBS 的功能及相应的配置策略提出的，他们将 DDBS 分为以下两类。

①综合型体系结构：在设计一个全新的 DDBS 时，设计人员可综合权衡用户需求，采用自顶向下的设计方法，设计一个完整的 DDBS，然后把系统的功能按照一定的策略分期配置在一个分布式环境中。

②联合型体系结构：指在原有的 DBMS 基础上建立分布式 DDBS，按照使用 DDBS 的类型不同又可分为同构型 DDBS 和异构型 DDBS。

（4）按局部数据库管理系统的数据模型分类

根据构成各个场地中的局部数据库的 DBMS 及其数据模型，可将分布式数据库分为两大类：同构型 DDBS、异构型 DDBS。

①同构型（Homogeneous）DDBS：也有的称为同质型 DDBS。如果各个站点上的数据库的数据模型都是同一类型的，则称该数据库系统是同构型 DDBS。但是，若具有相同类型的数据模型是不同公司的产品，它们的性质也可能并不完全相同。

因此，同构型 DDBS 又可以分为两种：

同构同质型 DDBS：如果各个站点都采用同一类型的数据模型，并且都采用同一型号的数据库管理系统，则称该分布式数据库系统为同构同质型 DDBS。

同构异质型 DDBS：如果各个站点都采用同一类型的数据模型，但是采用了不同型号的数据库管理系统（例如分别采用了 Sybase、Oracle 等），则称该分布式数据库系统为同构异质型 DDBS。

②异构型（Heterogeneous）DDBS：如果各个站点采用不同类型的数据模型，则称该分布式数据库系统是异构 DDBS。

按构成各个局部数据库的 DBMS 及其数据模型进行分类是一种常见的方法,此外,还可以按照分布式数据库控制系统的类型对分布式数据库系统进行分类,分为集中型 DDBS、分散型 DDBS 和可变型 DDBS。如果 DDBS 中的全局控制信息位于一个中心站点,则称为集中型 DDBS;如果在每一个站点上包含全局控制信息的一个副本,则称为分散型 DDBS;在可变型 DDBS 中,将 DDBS 系统中的站点分成两组,一组站点包含全局控制信息副本,称为主站点。另一组站点不包含全局控制信息副本,称为辅站点,当主站点数目为 1 时为集中型 DDBS,当全部站点都是主站点时为分散型 DDBS。

11.2.2　分布式数据库系统的组成与结构

分布式数据库是分布式数据库系统中各站点上数据库的逻辑集合,分布式数据库由两部分组成,一部分是所需要应用的数据的集合,称为物理数据库,它是分布式数据库的主体;另一部分是关于数据结构的定义,以及关于全局数据的分片、分布等信息的描述,称为描述数据库,也称为数据字典或数据目录。

一个系统的体系结构也称为总体结构,用于给出该系统的总体框架,定义整个系统的各组成部分及它们的功能,定义系统各组成部分之间的关系。分布式数据库系统的主要组成成分有计算机本身的硬件和软件,还有数据库(DB)、数据库管理系统(DBMS)和用户,其中数据库分为局部 DB 和全局 DB;数据库管理系统分为局部 DBMS 和全局 DBMS;用户也有局部用户和全局用户之分。

1. 分布式数据库系统结构组成

一个系统的体系结构也称总体结构。分布式数据库系统是由分布式数据库、分布式数据库管理系统、分布式数据库管理员、分布式数据库应用程序以及用户五个部分组成的系统。其中,数据库、数据库管理系统、据库管理员都有部局和全局之分。图 11-7 是分布式数据库系统体系结构的示意图。

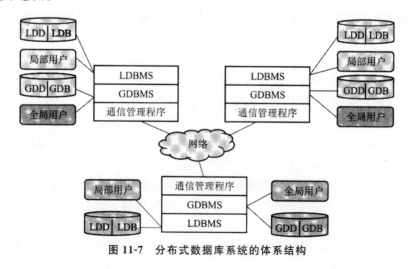

图 11-7　分布式数据库系统的体系结构

从图中可以看出,它主要由 4 个主要部分组成:

①LDBMS。局部场地上的 DBMS,其功能是建立和管理局部数据库,提供场地自治能力,执行局部应用及全局查询的子查询。

②GDBMS。GDBMS 是用户与 LDB MS、用户与通信管理程序之间的接口,负责管理分布式数据库系统中的全局数据,提供数据的全局一致性和分布透明性,负责定位和查找用户请求的数据,执行全局应用,支持分布式事务的并发控制和恢复。

③GDD。GDD(Global Data Directory)全局数据字典,存放全局概念模式、分片模式、分布模式的定义、各模式之间映像的定义以及有关用户存取权限的定义,以保证用户的合法权限和数据库的安全性。存放数据完整性约束条件的定义,其功能与集中式数据库的数据字典类似。

④CM。CM(Communication Management)通信管理程序,负责在分布式数据库各场地之间传送消息和数据,完成通信功能。

除此之外,分布式数据库系统还包括局部用户和全局用户、局部 DBA 和全局 DBA 以及局部数据字典(Local Data Directory,LDD)。

2. 分布式数据库中数据的分片与分布

数据的分片和分布是分布式数据库系统中两个重要的概念。事实上,分布式数据库大部分问题都是由数据的分片与分布引起的。它对整个系统的可用性、可靠性及效率有极大的影响,同时也与分布式数据库系统的其他方面的问题密切相关,分布式查询处理问题同数据的分片与分布问题尤为密切。

(1)分布式数据库中数据的分片

数据分片(data fragmentation)也称数据分割,是分布式数据库的特征之一。在分布式数据库中,数据存放的单位是数据的逻辑片段。对关系型数据库来说,一个数据的逻辑片段是关系的一部分。将数据分片,使数据存放的单位不是关系而是片段,既利于按照用户需求较好地组织数据的分布,又有利于控制数据的冗余度。在一个分布式数据库中,全局数据库是由各个局部数据库逻辑组合而成;反之,各个局部数据库是由全局数据库的某种逻辑分割而得。

数据分片有多种方式,它们是通过关系代数的基本运算来实现的。

①水平分片。把全局关系的所有元组按特定条件分划成若干个互不相交的子集,每一子集为全局关系的一个逻辑片段,简称片段。它们通过对全局关系施加选择运算得到,并可通过对这些片段执行合并操作来恢复该全局关系。

②垂直分片。把全局关系按照列以属性组划分成若干子集。为得到这些子集,对全局关系作投影运算,要求全局关系的每一属性至少映射到一个垂直片段中,且每一个垂直片段都包含该全局关系的键。这样,可以通过对这些片段执行连接操作来恢复该全局关系。

③混合分片。是将以上两种方法混合使用。可以先水平分片再垂直分片,或先垂直分片再水平分片,但它们的结果是不相同的。

无论哪种分片方式都应该具有以下特性:

①完全性。必须把全局关系的所有数据映射到各个片段中,绝不允许有属于全局关系的数据却不属于它的任何一个片段。

②不相交性。要求一个全局关系被分割后所得的各数据片段互不重叠(对水平分片)或只包含主键重叠(对垂直分片)。

③可重构性。必须保证能够由同一个全局关系的各个片段来重建该全局关系。对于水平分片可用并操作重构全局关系,对于垂直分片可用连接操作重构全局关系。

(2)分布式数据库中数据的分布

数据分布(data distribution)是分布式数据库的另一特征。所谓数据分布是指分布式数据库中的数据不是存储在一个站点的计算机存储设备上,而是根据需要将数据划分成逻辑片段,按某种策略将这些片段分散地存储在各个站点上。数据分布的策略有多种可执行策略。

①集中式。所有数据片段都安排在同一个站点上。优点:由于系统的数据都存放在同一个站点上,对数据的控制和管理都比较容易,数据的一致性和完整性能够得到保证。不足:对数据的检索和修改都必须通过这个站点,会加重这个站点负担。系统对这个站点的依赖性过多,一则,容易出现瓶颈,二则,一旦这个站点出现故障,将会使整个系统崩溃,系统的可靠性较差。为了提高系统的可靠性,就要提高该站点的设施。

②分割式。所有数据只有一份,它被分割成若干个逻辑片段,每个逻辑片段被指派在某个特定的站点上。优点:可充分利用各个站点上的存储设备,数据的存储量大;在存放数据的各个站点上可自治的检索和修改数据,发挥系统的并发操作能力;同时,由于数据是分布在多个站点上,当部分站点出现故障时,系统仍能运行,提高了系统的可靠性。不足:因为数据不在同一场地上,需要进行通信,对于全局查询和修改会比集中式需要更长的时间。

③复制式。全局数据有多个副本,每个站点上都有一个完整的数据副本。优点:可靠性高,响应速度快,数据库的恢复也较容易,可从任一场地得到数据副本。不足:要保持各个站点上数据的同步修改,将要付出高昂的代价;另外,整个系统的数据冗余很大,系统的数据容量也只是一个站点上数据库的容量。

④混合式。全部数据被分为若干个子集,每个子集安置在不同的站点上,但任一站点都没有保存全部的数据,并且根据数据的重要性决定各个子集的副本的多少。优点:兼顾了分割式和复制式的做法,也获得了两者的优点,它灵活性好,能提高系统的效率。不足:同时也包括了两者的复杂性。

3.分布式数据库系统模式结构

分布式数据库是基于计算机网络连接的集中式数据库的逻辑集合,其模式结构既保留了集中式数据库模式结构的特色,又比集中式数据库模式结构复杂。其模式结构可见图 11-8 所示。

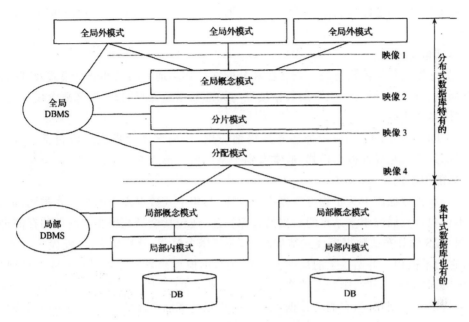

图 11-8　分布式数据库的模式结构

分布式数据库是多层模式结构,层次的划分尚无统一标准,国内业界一般把分布式数据库系统的模式结构划分为 4 层:全局外层(全局外模式),全局概念层(全局概念模式、分片模式、分配模式),局部概念层(局部概念模式),局部内层(局部内模式)。在各层间还有相应的层次映射。

DDBS 模式结构从整体上分为两大部分:上半部分是 DDBS 增加的模式级别,下半部分是集中式 DBS 的模式结构,代表各场地上局部数据库系统的基本结构。

(1)全局外模式

全局外模式代表了用户的观点,是分布式数据库系统全局应用的用户视图,是对用户所用的部分数据逻辑结构和特征的描述,是全局模式的子集。

(2)全局概念模式

全局概念模式定义了分布式数据库系统中全局数据的逻辑结构,是分布式数据库的全局概念视图。与集中式数据库概念视图的定义相似,定义全局模式所用的数据模型以便于向其他层次的模式映像,一般用定义关系模型的方法定义全局概念模式。这样,全局概念模式由一组全局关系的定义组成。

(3)分片模式

分片模式描述全局数据的逻辑划分视图,是全局数据逻辑结构根据某种条件的划分,每一个逻辑划分即是一个片段或称分片。分片模式描述了分片的定义,以及全局概念模式到分片的映像。这种映像是一对多的,即一个全局概念模式有多个分片模式相对应。

(4)分配模式

分配模式描述局部逻辑的局部物理结构,是划分后的片段的物理分配视图。分配模式定义了各个片段到场地间的映像,即分配模式定义片段存放的场地。对关系模型而言定义了子关系的物理片段。在分配模式中规定的映像类型确定了 DDBS 数据的冗余情况,若映像为

1∶1,则是非冗余型,若映像为1∶n,则允许数据冗余(多副本),即一个片段可分配到多个场地上存放。

(5)局部概念模式

局部概念模式是全局概念模式被分段和分配在局部场地上的局部概念模式及其映像的定义,是全局概念模式的子集。当全局数据模型与局部数据模型不同时,局部概念模式还应包括数据模型转换的描述。

如果 DDBS 除支持全局应用外还支持局部应用,则局部概念模式层应包括由局部 DBA 定义的局部外模式和局部概念模式,通常有别于全局概念模式的子集。

(6)局部内模式

它是分布式数据库中关于物理数据库的描述,与集中式数据库中的内模式类同,但其描述的内容不仅包含只局部于本站点的数据的存储描述,还包括全局数据在本站点的存储描述。

在图 11-8 的分布式数据库模式结构图中,全局概念模式、分片模式、分配模式与各站点特征无关,它们不依赖于各站点上的局部 DBMS 的数据模型。当全局数据库的数据模型与局部数据库的数据模型不同时,则物理映像与各局部数据库的数据模型之间还必须进行数据模型转换。即使数据模型相同,它们的数据类型和格式也可能因产品的厂家不同而不同,同样需要进行相应转换。这就是说,需要把物理映像转换为本地 DBMS 支持的数据模型和可操作的对象,这种转换(映射)称为本地化映射,由局部映射模式完成。具体的映射关系,由各局部 DBMS 的类型决定。在异构分布式数据系统中,由于各站点上数据库的数据模型不同,各站点可拥有不同类型的局部映射模式。

这种分层的体系结构为理解分布式数据库提供了一种极通用的概念结构,它有三个显著特征:

①数据分片和数据分布概念的分离,形成了"数据分布独立性"的概念。

②数据冗余的显式控制,数据在各个站点上的分布情况在分布模式中清晰可见,便于系统管理。

③局部 DBMS 的独立性,这一特征允许在不考虑局部 DBMS 的数据模型的情况下来研究分布式数据库管理的有关问题。

11.2.3 分布式数据库系统设计与安全

1.分布式数据库系统设计

通常可将分布式数据库系统设计的内容分为分布式数据库的设计和围绕分布式数据库而展开的应用设计两个部分。分布式数据库系统的设计远比集中式数据库系统的设计困难和复杂。虽然分布式数据库系统设计方面的经验有待积累,但作为应用研究领域,对某些问题已经进行了广泛的研究,并取得一定的成果。一般可以从以下几个方面考虑其设计方案。

(1)自底向上的设计方法

将现有计算机网络及现存数据库系统集成,通过建立分布式协调管理系统来实现分布式数据库系统。所谓集成就是把公用数据定义合并起来,并解决对同一个数据的不同表示方法之间的冲突。分布式数据库的自底向上设计方法需要解决的问题是构造全局模式的设计问题,具体可见图 11-9 所示。

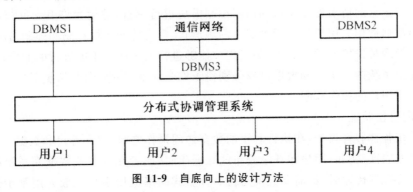

图 11-9　自底向上的设计方法

(2)自顶向下的设计方法

分布式数据库的设计方法一般包括需求分析、概念设计、逻辑设计、分布设计、物理设计。其中分布设计是分布式数据库的特有阶段,包括数据的分片设计和片段的位置分配设计,具体可见图 11-10 所示。

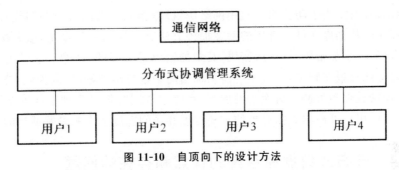

图 11-10　自顶向下的设计方法

(3)分布式数据库系统与 C/S 体系结构

客户-服务器(C/S)结构的基本思想是功能分布、服务器资源共享。当前许多商用数据库系统如 Oracle、SQL Server 等,虽不是分布式数据库系统,但都能够支持客户-服务器应用,在某种程度上提供了分布式数据库系统所具有的功能。目前,分布式数据库由于面临的许多复杂问题离完全实现分布透明的商用系统产品还有一定差距,因而将分布式 DBMS 分为客户级和服务器级可满足特定应用的需要。分布式数据库应用程序所针对的就是这种情况。

在 C/S 结构的分布式数据库系统中,把 DBMS 软件分为两级:客户级和服务器级。如某些场地只能运行客户机软件,某些场地可能只运行专用的服务器软件,而另有一些场地可能客户机软件和服务器软件都运行。

2. 分布式数据库系统安全

通常可将分布式数据库面临的主要安全问题分为两大类:一类是由单个站点的故障、网络故障等因素引起的,这类故障通常可以利用网络提供的安全性来实现安全防护,网络安全是分布式数据库安全的基础;另一类问题是来自本机或网络上的人为攻击即黑客攻击,下面针对这类安全隐患介绍下列几种分布式数据库安全的关键技术。

（1）访问控制

在通常的数据库管理系统中，为了防止越权攻击，任何用户都不能直接对库存数据进行操作。用户访问数据的请求先要发送到访问控制模块进行审查，然后允许有访问权限的用户去完成相应的数据操作。用户的访问控制有两种形式：自主访问授权控制和强制访问授权控制，其中前者由管理员设置访问控制表，规定用户能够进行的操作和不能进行的操作；而强制访问授权控制先给系统内的用户和数据对象分别授予安全级别，根据用户、数据对象之间的安全级别关系来限定用户的操作权限。

（2）双向身份验证

为了防止各种假冒攻击，在执行真正的数据访问操作之前，要在客户和数据库服务器之间进行双向身份验证，例如，用户在登录分布式数据库时，或者在分布式数据库系统服务器与服务器之间进行数据传输时，都需要验证身份。开放式网络应用系统一般采用基于公钥密码体制的双向身份验证技术，在该技术中，每个站点都生成一个非对称密码算法的公钥对，其中的私钥由站点自己保存，并可通过可信渠道将自己的公钥发布给分布式系统中的其他站点，这样任意两个站点均可利用所获得的公钥信息相互验证身份。

（3）库文加密

对库文进行加密是为了防止黑客利用网络协议、操作系统等的安全漏洞绕过数据库的安全机制而直接访问数据库文件。常用的库文加密方法为公钥制密码系统，该方法的思想是给每个用户两个码，一个加密码，一个解密码，其中加密码是公开的，就像电话号码一样，但只有相应的解密码才能对报文解密，而且不可能从加密码中推导出解密码，因为该方法是不对称加密，也就是说加密过程不可逆。对库文的加密，系统应该同时提供几种不同安全强度、速度的加解密算法，这样用户可根据数据对象的重要程度和访问速度要求来设置适当的算法。

11.2.4　分布式数据库系统的优点和存在的问题

1. 分布式数据库系统的优点

分布式数据库系统是在数据库技术和网络技术应用相结合的基础上发展起来的。而数据库技术是一种抽象的集中数据管理方法，它通过集中实现数据共享，通过抽象达到数据的独立性。它向用户提供一个聚合的、唯一的数据集合及其统一的管理方法。计算机网络把分散的计算机系统连接起来，利用通信技术共享分布在这些计算机上的数据与程序，以适应企业组织地域上的分散性和处理的经济性，以及更高的自治性等的需要，这也是系统本身可靠性的保证。所以，也可以说分布式数据库系统是集中与分散的有机结合，这两种表面上矛盾的技术在一个更高的层次上以一种新的方法成功地统一起来，表现出很多的优点。

（1）良好的可靠性和可用性

可靠性被广泛定义为系统可以在任何时刻启动和运行（没有故障）的可能性，而可用性是指在某个特定的时间段内系统连续可用的可能性。这是分布式数据库最为普遍的两种潜在优点。

虽然分布式数据库系统是由多站点构成，使其组成结构较集中式复杂，产生故障的几率可能较集中式高,但多数故障的影响被限制在使用故障站点中数据的那些应用。即当某个站点发生故障时,只是存储在该故障站点中的数据和软件不能被存取而已,而其他的站点仍可以继续操作,不会因此而使整个系统崩溃,这就提高了系统的可靠性和可用性。也就是说,在个别站点或个别通信链路发生故障时,系统仍然可以继续工作。

另外,因为只要某个数据有一个副本可用,认为该数据就是可用的,访问就可继续下去。由于分布式数据库系统通常采用数据的多副本存放,使可用性得到改进。数据的多副本存放还有利于被破坏数据的恢复,某种原因导致某一数据的一个副本被破坏,可以很容易使用其他副本对它进行恢复。

(2)较大的灵活性和可伸缩性

因为分布式数据库系统的模块性,可以在已有的系统中增加或减少一个站点,根据需要调整站点配置,以及动态改变数据的冗余度,以适应应用的多变性,而且这种增减对系统的其他部分影响很小。这样就使得在分布式环境中,涉及诸如添加更多数据,增加数据库容量,或加入更多的处理器之类的系统扩充会变得很容易。

(3)经济性和保护投资

在集中式系统中,经常使用两种方法对系统规模进行扩大。一种是在系统设计时就留有较大的余地,这容易造成浪费,而且对留多大的余地合适进行预测十分困难,往往出现虽然留有余地但仍不能适应变化的需要;另一种方法是将系统升级,这会影响应用的正常运行,而且当升级涉及不兼容的硬件或系统软件有修改时,应用软件也必须进行相应的修改,这样升级的代价就会十分昂贵,以至于无法升级。

分布式数据库系统的结构为扩展系统的存储和处理能力提供了很好的途径。在分布式数据库系统中,某个或某些站点上增加或扩充设备,甚至增加一个新的站点,不但很容易,而且不会影响现有系统的结构和系统的正常运行;更比用一个更大的系统代替一个已有的集中式数据库系统要经济得多,而且可以保护现有系统的投资。

由此可见,对分布式数据库系统进行扩展要比集中式数据系统进行扩展方便、灵活,且经济得多。

(4)提高系统效率,降低通信费用

分布式 DBMS 通过将数据存储在最靠近它被频繁使用的地方来分布数据库。数据局部化(data localization)降低了对 CPU 和 I/O 服务的争用,同时减少了在广域网中的存取延迟。大型数据库分布在多个站点上,且每个站点上也存在有相对小型的数据库,这样因为局部较小的数据库,局部查询和单个站点上存取数据的事务会而执行得更好。

另外,每个站点执行的事务量比把所有事务提交到单个集中的数据库时的事务数量要小,而且通过将多个查询放在不同站点上分别执行,或将一个查询分解成一组查询,以并行执行的方式来实现网间查询和网内查询并行,这促使了执行性能的改进。如果数据合理的分布,即把数据存放在常用该数据的站点中,会使访问该数据的大多数应用成为本地应用,既能加快响应速度,提高效率,同时也降低了通信费用。

(5)适应组织的分布式管理和控制

这是分布式数据库系统发展起来的一个重要原因。分布式数据库系统的思想和目标就是为适应分布式管理和控制,符合实际用户地域分散的组织结构。

（6）数据分布具有透明性和站点具有较好的自治性

这是分布式数据库系统的特点，前面已经有过相关介绍，此处不再赘述。

2.分布式数据库系统中存在的技术问题

分布式数据库系统的优点是与系统的"分布式"共生的，也正是因为这一"分布式"特点，引起了一系列较集中式数据库系统更为复杂，难度更大的技术问题。最重要的问题是通信网络的速度太慢，至少对远程网和广域网是这样。一个典型的广域网的数据传输速率大约是每秒$5\sim10kb$；相反，典型的磁盘驱动器的数据传输率大约是每秒$5\sim10Mb$。这样一来，尽可能减少对网络的使用，即尽可能减少在网络上传输的数据量和通信的次数，就成了分布式数据库系统中最重要的目标。为了达到这一目标而引出许多问题，大致可归纳如下。

（1）数据的分片、分布与冗余度

数据的分片、分布与冗余度（复制数据副本的多少）是分布式数据库系统数据存储的"分布方式"。在分布式数据库系统中，不同站点的数据访问引起站点间的通信。相对于存储设备的存取速度来说，通信的速度是非常慢的。一般，通信系统存在较高的通信延时问题，处理通信和传输信息的代价是昂贵的。因此，如何进行合适的数据分片、分布与冗余度，以满足局部自治性，减少站点间通信次数和传输量，是提供系统的高效率和高可靠性的关键。这也是进行分布式数据库设计所要解决的主要问题之一。

（2）目录管理

分布式数据库系统的目录，即分布式数据库系统的数据字典。它既包括通常数据库中的目录数据，如基本表、视图、权限等，还包括许多必需的控制信息数据，这使得系统能够提供数据的分片透明性、复制透明性和位置透明性。目录系统与分布式数据的分布与冗余一样，它本身也构成一个分布式数据库，同样需要解决类似的问题。目录中的数据被访问的频率是相同的，这与目录数据的内容有关。例如关于逻辑结构定义、数据的位置等信息被访问的频率较高，而其他信息被访问的频率较低。所以说，目录的分布与冗余也存在对某一费用函数的优化问题。

（3）异构数据库的互联

在异构分布式数据库系统中，需要综合已经存储在网络上各站点数据库中的数据，它们由各自的 DBMS 管理。这些 DBMS 使用独立的数据模型。异构分布式数据库系统对存储在局部系统中的数据，应提供一个单一的、公共的、总的视图，也就是要构造一个全局模式，把来自各个局部 DBMS 的不同的数据模型表示的数据描述，综合（转换）成一个统一的总体视图，其中应明显地包含局部 DBMS 数据间的关系。总体视图一旦形成，每个相对于总体视图的用户查询，必须转换成对各个独立 DBMS 数据的局部访问。

（4）分布式数据库的更新处理

一般，在分布式数据库系统中存在数据的多副本存储（冗余）情形，不同站点数据的更新会引起数据的不一致性。系统必须以最小的代价保持各冗余副本的一致性，即对一个数据库的逻辑对象的修改，必须传播到该对象的所有副本，同时做相同的修改。它既要保持本地更新事务的 ACID 特性，又要保持全局更新事务的 ACID 特性，这是一个很复杂的问题，要解决这一问题对分布式数据库来说是很困难的。本地数据更新操作方法，虽然比较简单和可靠，但往往需要进行复杂的一致性和完整性检测。

（5）分布式数据库的查询处理

对用户来说使用分布式数据库系统应与使用集中式数据库系统一样，好像所有数据都存储在自己使用的那台计算机中。但是，实际数据是分布的，使得查询处理中需要站点间数据的传递，多站点的数据查询也使得并行化处理成为可能。分布式数据库系统应向用户提供一个统一的访问数据接口。因此，对分布式查询处理，要充分利用处理的可并行性和对数据进行合理分布来优化查询处理，使得查询的费用最小。由此可见，分布式查询处理优化的目标是要同时考虑包括 CPU，I/O 等在内的局部开销最小和通信费用最小，包括通信量和通信次数（尤其对远程网络来说更是如此）。

（6）分布式数据库的恢复控制

为保证分布式数据库系统能可靠运行，需要有一定的机制检测站点以及通信线路的故障并作出相应的处理。这样，当系统中某一站点或通信线路故障时，系统的其余部分能继续正确地运行，并能有效地在故障修复后能够将系统恢复为正确的状态。为此，系统必须保证分布式事务的正确执行，即分布式事务的正常提交或异常中止。然而，分布式事务是由多个子事务组成的。由于事务的原子性，要使一个分布式事务正常提交，必须保证组成该分布式事务的所有子事务都能正常提交；否则，该分布式事务应该异常中止。由此可见，分布式数据库的恢复控制包含的内容和复杂程度要比集中式数据库的恢复控制更多。

（7）分布式数据库的并发控制

分布式数据库系统较集中式数据库系统中多个事务同时读写相同数据的可能性要大得多，因为这些事务不但来自一个站点，也可来自不同站点。系统的并发控制机制必须进行协调，以保证结果的正确性和分布式数据库的完整性与一致性，同时要尽可能提高处理的并行性，以提高系统的效率。

11.2.5　分布式数据库系统的未来发展

目前各项新技术层出不穷，如办公自动化（OA）、计算机集成制造系统（CIMS），以及计算机相关学科与数据库技术的有机结合，使分布式数据库系统必须向面向对象分布式数据库系统、分布式智能库等广阔领域发展。多数据库系统技术、移动数据库技术、Web 数据库系统技术正在成为分布式数据库的新研究领域。

其中，面向对象数据库和分布式数据库是两个正交的概念，两者的有机结合产生了分布式面向对象数据库，分布式面向对象数据库虽然发展起来还不久，也还不是很完善，但是有其自身的优点：第一，分布式面向对象数据库可以达到高可用性和高性能；第二，大型应用一般会涉及互相协作的各种人员和分布的计算设施，分布式面向对象数据库能很好地适应这种情况；第三，面向对象数据库具有隐藏信息的特征，正是这个特性使得面向对象数据库成为支持异构数据库的自然候选，但是一般异构数据库一般都是分布的，因此分布式面向对象数据库是其最好的选择。

分布式面向对象数据库的设计参考了来自于分布式数据库和面向对象数据库两方面的经验，因为它们中有很多正交的问题，例如，用于分布式事务管理的技术可以用于集中式面向对象数据库中。

总之,随着分布式数据库系统的日益发展,新的应用趋势不断呈现,而且都有相似的特点,那就是开放性和分布性,这也正是分布式数据库系统的优势所在。在当前的网络、分布、开放的大环境下,分布式数据库系统将会有更加长足的发展和应用。

11.3 XML 数据管理技术

11.3.1 XML 概述

随着 Internet 的迅速发展,Web 上各种半结构化、非结构化数据源已经成为重要的信息来源。通过 XML 用户可以定义自己的标记,描述文档的结构,生成 XML 文档。XML 数据库可以存储、管理并处理这些 XML 文档。

随着 Internet 的迅速发展,网络中信息通常被划分为三大类:①结构化数据,其信息能够用数据或统一的结构加以表示,如学生记录信息、交易明细等。结构化数据通常可用来指存储在数据库中的,且用二维表结构来表达其逻辑关系的数据。②非结构化数据,其信息无法用数字或统一的结构表示,如文本、图像、声音等。非结构化数据也可用于指代那些难以使用数据库二维逻辑表来表达其逻辑关系的数据,这些数据通常来自电子邮件、声音文件、图像等文件。③半结构化数据。半结构化数据是介于严格结构化的数据(如关系数据库中的数据)和完全无结构的数据(如声音、图像文件)之间的数据形式,半结构化数据和结构化数据的关键区别在于如何处理数据模式。一般来说,半结构化数据都是隐含的模式信息,且具有不规则的结构,同时也没有严格的类型约束。

XML 数据具有与半结构化数据非常类似相似的结构,因此常被看作是一种特殊的半结构化数据。目前,XML 作为一种新的网上数据交换标准,已经开始引起人们极大的关注。与HTML 不同,XML 是面向内容的,具有更多的结构和更多的语义、良好的可扩展性、简单且易于掌握以及自描述等特点,适用于 Web 上的数据交换。同时,XML 还是 WWW 上的半结构化数据,其数据模型与半结构化数据模型具有很多的相似性,它既为半结构化数据的研究提供了广阔的应用前景,同时也推动了半结构化数据研究的发展。

一个 XML 文档由序言和文档实例两个部分组成。序言包括一个 XML 声明和一个文档类型声明,二者都是可选的。文档类型声明由 DTD 定义,它定义了文档类型结构。序言之后是文档实例,它是文档的主体。

XML 文档中最重要的组件是元素(Element)。每个元素都有一个类型,类型声明可以放在文档内部或放在外部 DTD 文件中。元素可能具有一组属性(称为属性列表),每个属性说明有属性名和属性值类型。在文档中,用开始标记<标记名>和结束标记</标记名>来确定元素的边界。元素之间的包含关系是一种树形结构,一个 XML 文档就是一棵有根、有序、带标记的树。

所有的 XML 文档都应该是良构(Well-Formed)的,良构的 XML 文档具有以下特点:所有的构造从语法上都是正确的;只有一个顶层元素,即根元素;所有的起始标记都有与之对应的终止标记,或者使用空元素速记语法;所有的标记都正确嵌套;每一个元素的所有属性都是不同名的,图 11-11 所示的为学生数据的 XML 文档来解释 XML 文档的基本格式和主要成分。

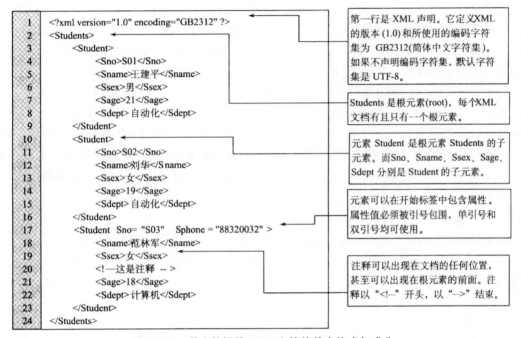

图 11-11　学生数据的 XML 文档的基本格式与成分

XML 的语法规则既很简单,又很严格。这些规则很容易学习,也很容易使用,但只要文档中稍有违反 XML 规则的地方,XML 解析器就会报错。

XML 文档有两种类型:①面向文档处理的文档,主要利用 XML 来获取自然(人类)语言的那些文档,例如用户手册、静态的 Web 页面等都是自然语言。它们以复杂的或无规则的结构和混合内容为特征,而且文档的物理结构非常重要。这些文档的处理侧重于给用户提供信息的最终表示方法,因此它们也被称作面向表示的文档。②面向数据处理的文档,主要利用 XML 来传送数据,这些文档可以是销售订单、病人记录和科学数据等。面向数据处理的 XML 文档的物理结构,例如元素的顺序,或者数据被存储为属性还是子元素,通常不是很重要。它们的特征是具有高度有序的结构,并且同时带有相关数据结构的多个副本,类似于关系数据库系统中的多条记录。这些文档的处理通常侧重于应用程序间的数据交换,因此它们也被称作面向消息的文档。

11.3.2　XML 数据编码与存储

1. XML 数据编码

随着 XML 的迅速发展,对 XML 数据的高效索引和查询的需求缺口越来越大。为了提高查询的效率,近年来,人们提出了各种各样的关于 XML 数据的索引和查询技术,这些技术大部分基于某种对 XML 树的编码方法。编码技术在查询处理中变得越来越重要。

目前,主要有 4 种常见的编码方法:区域编码、前缀编码、k 分树编码以及位向量编码编码方法。区域编码、前缀编码、k 分树编码是 3 种基本的编码方法。

(1)区域编码

区域编码方法的基本思想是:为每一个结点分配一对数字,而这对数字隐含了该结点包含的区域。基于这一思想,人们提出了很多种基于区域的编码方法。起止编码和前序-后序编码是两种基本的编码方法。其中,起止编码最常用的一种基本编码方式。

起止编码的结点的编码是三元组(start,end,level)。其中,start 表示该结点在文档的开始位置,end 表示该结点在文档的结束位置,level 表示该结点在文档树所处的层次。这里所说的位置可以是逻辑概念上的位置,也可以是物理概念上的位置。当为物理概念上的位置时,start 和 end 可以视为该结点在文档中的开始偏移量和结束偏移量;当为逻辑概念上的位置时,start 和 end 可以视为深度优先遍历该结点所在的 XML 树,每一个结点将被访问两次,一次是进入该结点 start,另一次是离开该结点 end,每次访问一个结点时,依次分配一个整数,这样,每一个结点就有两个整数 start 和 end。

起止编码中的关系判断为:对于给定 XML 文档树中两个结点 u 和 v,其对应的起止编码分别为 L(u) 和 L(v),当且仅当 L(u).start<L(v).start<L(v).end<L(v).end,u 是 v 的祖先结点;当且仅当 L(u).start<L(v).start<L(v).end<L(v).end,并且 L(v).1evel－L(u).1evel＝1,u 是 v 的父亲结点。

(2)前缀编码

前缀编码方法又称之为基于路径的编码方法。父结点的编码是孩子结点编码的前缀,因此,若一个结点的编码是另一个结点编码的前缀的话,则该结点是另一个结点的祖先结点。

一般情况下,前缀编码方法都需要分隔符。分隔符的存在浪费了存储空间,且不方便数据的表示。BitPath 编码是新的基于前缀的编码方法。它类似于 Dewey 编码,所不同的是,它用位而不是整数来表示编码,而且它不需要分隔符,这样一来,在节省空间的同时,也给祖先-后代关系判断带来了更高的效率。下面即为 BitPath 编码方法相关内容。

孩子编码:给定一个结点 v,v 有 n 个孩子结点。令 $2^{k-1}<n<2^k$。可以用 k 个位为这 n 个孩子结点分配唯一的编码。这个编码称作孩子编码。

路径编码:令 v_n 是一个结点,从根结点到 v_n 的路径是 $v_0 v_1 \cdots v_n$,把 $c_0 c_1 \cdots c_n$ 叫作路径编码,其中 c_i 是 u_i 对应的孩子编码。

BitPath 编码:BitPath 编码是一个二元组<length,pathCode>,其中,pathCode 是路径编码,length 是路径编码的长度。

前缀包含:给定两个 BitPath 编码 bitPath$_1$ 和 bitPath$_2$,若 bitPath$_1$.length<bitPath$_2$.length 并且 bitPath$_1$.pathCode 是 bitPath$_2$.pathCode 的前缀,则说 bitPath$_2$ 前缀包含 bitPath$_1$,记做 bitPath$_1$<bitPath$_2$。

祖先-后代关系判断:给定两个结点 v_1 和 v_2,v_1 是 v_2 的祖先结点当且仅当 L(v_1)<(v_2)。

（3）k 分树编码

k 分树编码（k-ary tree）方法主要用来构造一棵 k 分完全树作为原来的 XML 树的容器。为了构造这个容器，就需要对这棵 k 分树按照任意一种遍历顺序编码（前序遍历、中序遍历、后序遍历等遍历方法）。由于是 k 分树，因此，可以根据编码判断一个结点在树上的位置，并由此判断任意两个结点的祖先-后代之间的关系。

基本的 k 分树编码方法需要的存储空间少。在区域编码中，每个编码需要两个整数，而基本的 k 分树编码只要一个整数就够了。此外，对于给定一个结点的编码，利用完全树的特性可以推导出它的任意一个祖先结点的编码。但是，k 分树的 k 值和高度变大时，就需要采用很大的整数来进行编码。此外，它对一个结点的孩子个数是有限制的，即最多不能超过 k 个，否则容器无法装下 XML 树，也就无法进行编码了。

（4）位向量编码

位向量编码的基本思想是：树 T 中的每个结点被译码为一个 n 位向量，n 是树 T 中的结点数量，在某个位置 i 上的一个"1"位唯一地标识第 i 个结点；并且在一个自顶向下（或自底向上）的编码方案中，每一个结点继承了标识它祖先（或后裔）的所有位上的"1"。例如，树 T 的一个结点 u 的位向量编码记为 $c(u) = \{b_1, \cdots, b_n\}$，若树 T 的第 i 个结点是结点 u 或它的祖先（或后裔）结点。则 $b_i = 1$，否则 $b_i = 0$。

对于继承祖先的位向量编码，利用二元位运算 AND（&），就可以快速检测一个结点 u 是否是另一个结点 v 的祖先：u 是 v 的祖先，当且仅当 $c(u) \& c(v) = c(u)$；对于继承后裔的位向量编码，利用二元位运算 OR（|），可以快速检测一个结点 u 是否是另一个结点 v 的后裔：u 是 v 的后裔，当且仅当 $c(u) | c(v) = c(v)$。因此，位向量编码能够有效支持包含关系的计算。

2. XML 数据存储

存储作为一个数据库系统的基础功能，同时也会对系统效率产生影响。在 XML 数据的存储方面，由于 XML 数据是半结构化的，因而给其 XML 数据库中的存储系统带来极大的灵活性，但也带来更大的挑战。采用恰当的记录划分和聚簇，能够减少 I/O 次数，提高查询效率；但是如果采用了不恰当的划分和聚簇，则就会降低查询效率。

（1）存储方案

纯 XML 数据库在物理上存储 XML 数据主要包括以下三种方案：

①基于文本的方式（text-based），即将 XML 数据转换为字节流。这种方式将文档转换为字节流，然后将其存储在文件系统的文本文件中或存储为数据库的 BLOB 字段中，接着在这些文件或字段上面建立一些索引，通过这种方式来提供某些数据库的功能。这种方法的优势体现在当存储或检索整个文档或连续的文档片段时会非常迅速，并且能够精确地再现原来的 XML 文档，但是当重组整个文档或者提取文档的结构时效率却很低，因为它只有通过对整个文档的解析才能够实现。

②基于模型的方式（model-based），即按照某种（物理）模型存储 XML 文档。这里根据模型的不同，实际上还可以再次细分为以下两种方案：一种是采用关系的或面向对象的数据库作为数据的储存库，另一种是为 XML 数据库设计专有的存储方案。前一种方案能够利用现有的关系或对象数据库的技术（如并发控制的技术），并且在重组文档片段或不同文档时比较快，

但是,在逻辑层和物理层的数据需要经过转换,因而会在一定程度上降低处理效率。后者如DOM或它的变体,比如 Infonyte DB 采用的 PDOM 方式就是先将文档转换为 DOM 结构,然后将其映射到一些特殊的文件中。这种方案能够以一种比较自然的方式来存储 XML 数据,避免转换,但由于采用全新的存储方案,其他方面的技术不如前者成熟。

③综合前面两种方式的特点,称之为混合型(mixed)。这种方式又可以细分为两种类型:冗余型(redundant)和杂交型(hybrid)。冗余型是指每份数据保持两份副本,一份基于文本方式存储,一份基于模型存储。这样可以同时利用两种方式的优点,但是缺点也是非常明显的,即两份数据很可能会处于不一致状态,且更新效率较低。在杂交型存储方式中规定了一个数据单元,粒度大于这个数据单元的部分以模型方式存储,而粒度较小的部分则不再细分,直接平坦地存储。NatixL363 就是采用这种存储方式。

在实际的纯 XML 数据库中用得比较多的是基于模型的方式和混合方式。

(2)基于关系的 XML 数据存储技术

将 XML 文档映射为关系模式进行存储,可以采用模型映射和结构映射两种方法。

①模型映射。模型映射(model mapping)是一种与 XML 模式无关的映射方法,需要将XML 文档模型(即文档树结构)映射为关系模式。由于模型映射使用关系模式表示 XML 文档模型的构造,因此,对于所有 XML 文档都有固定的关系模式。

模型映射方法包括边模型映射方法和结点模型映射方法两种。

边模型映射方法:用一个有序有向边标记图(称为 XML 图)表示一个 XML 文档。有了XML 图后,再分别设计关系表来存储 XML 文档的边信息和值。完成边表的设计后,接着就是设计值表。

结点映射方法:包括 XRel 模式和 XParent 模式两种模式。XRel 模式由 M. Yoshikawa、T. Amagara 等基于结点模型映射方法提出,通过区间编码[start,end]来反映(译码)XML 文档的模型结构,并根据内容来划分边,分为元素边、属性边和文本边,同时存储所有路径;XParent 模式是由香港科技大学 Jiang Haifeng、Lu Hongjun 和 Wang Wei 等基于结点模型映射方法提出,能够通过一个单独的"Parent(Darent-ID,child-ID)"表来反映 XML 文档的模型结构,并根据内容和"结构与非结构"来划分边,同时存储了所有路径。

②结构映射。结构映射(structure mapping)是一种需要将 XML 文档(即文档树结构)映射为关系模式,并用关系模式表示 XML 文档模型的逻辑结构(即 XML 模式)的一种映射方式,是 XML 模式相关的。

• 简化 DTD 并生成 DTD 图。常用的 DTD 简化变换方法有:平坦变换,即变换每一个嵌套定义到平坦的表示,使二元操作",″和"I″不出现在任何操作之内;简化变换,是指将连续的多个一元操作缩简为一个一元操作的操作;聚合变换,是指将多个具有相同名称的子元素进行聚合,形成一个子元素。另外,所有的"+″操作被转换成"∗″操作。

一个 DTD 图常用于表示一个 DTD 的结构,图的结点是 DTD 中的元素、属性及正则路径运算符。通常,每一个元素在图中出现且仅出现一次,属性和操作符出现的次数则等同于它们在 DTD 中出现的次数。图的边则反映 DTD 中元素之间的嵌套关系;图中的环则表示回路的出现。

• 根据 DTD 图生成关系模式。可以说是该 DTD 图中每一个元素所生成的关系模式的并。简单地说,一个元素的元素图就是从该元素出发以深度优先遍历 DTD 图的过程中所生成的一棵树,如果遍历过程中到达了一个已经遍历过的结点,则表示出现了回路,回路看成是逆向边,它以虚线边来表示,且该条路线不必再去重复遍历。基本内联法、共享内联法和综合内联法是根据 DTD 图生成关系模式常用的几种方法。

11.3.3　XML 数据索引与查询优化

1. XML 数据索引

索引对于加速查询处理非常有帮助,其本质在于对查询进行了某些预计算,将查询时所必需的计算提前,在查询之前就完成,以便提高查询时的响应速度。目前,在数据库乃至很多其他领域都有很多针对索引技术的研究及成形的索引技术。但是,对于 XML 数据而言,由于其本身所具有的独特的结构特性,而与以往数据的差别比较大。另一方面,对 XML 数据所要进行的查询也与以往的简单查询不大相同,往往涉及复杂的结构。XML 数据本身及其查询的这些特点注定了其索引必然有着自己新的技术特点和难点。

目前,针对 XML 数据建立的索引,主要包括以下 3 种方法:值索引、路径索引和序列索引,其中值索引包括常见的 B+树索引、Hash 索引,这里不再详细介绍。

（1）路径索引

路径索引的基本思路是将 XML 文档转换成 XML 数据图,通过扫描 XML 数据图得到路径索引图,其中索引图是用较少的边来存储 XML 数据图中的边。路径索引主要可以分为以下 3 类:经典路径索引、基于模式的路径索引以及扁平结构路径索引。

（2）序列索引

序列化的结构查询方法的中心思想是将结构查询转化为序列匹配——一个更加一般化的问题来处理。这样做最大的优点体现在能够避免查询中耗时和繁复的结构连接操作。在 ViST 中,王海勋等人第一次提出了基于序列的 XML 索引技术,在这种方法中,XML 结点按照它在文档中出现的从根到它自己的路径来编码,在此基础上,XML 数据和查询的树状结构均被转化为深度优先的结点编码的序列,并通过查询序列与文档序列的匹配回答结构查询。PRIX 采用了一种更加简单的结点编码,并通过 Prüfer 方法将数据和查询转化成序列,Prüfer 方法有效地保证了转化的可逆性,它也是通过序列匹配执行查询,并且,它还可以通过一系列的受限规则保证序列匹配得到的查询结构与原来树结构上的查询结构的一致性。

2. XML 数据查询优化

由于 XML 数据模型的复杂性和 XML 查询本身的复杂性,使得 XML 查询的性能常常达不到人们的要求。随着 XML 查询处理研究的不断深入,XML 查询优化引起了人们的关注。

一个 XML 查询可能会被翻译为关系查询,也可能编译为一个原生的操作计划。在第一种情况下,大体上可以直接应用关系数据库的优化器(当然,在翻译为 SOL 过程中也可能存在优化问题);在第二种情况下,则存在寻找一个最优的操作计划的问题,这个过程中。存在很多优化问题。

在将一个查询编译为查询计划过程中,主要包括以下三个步骤:

①查询分析,在这个过程中构造分析树,以便用来表达查询和它的结构。

②查询重写,在这个过程中分析树被转化为初始查询计划,然后再转化为一个预期所需执行时间较小的等价的计划,也就是产生逻辑查询计划。

③物理计划生成,在这一步,为逻辑查询计划的每一个操作符选择相应的实现算法,并选择操作符的执行顺序,以及获得数据的方式和数据从一个操作传递到另一个操作的方式(如通过流水线还是缓冲区等),逻辑计划被转化为物理查询计划。

这其中,第②和③步是查询优化的主要范畴,也是查询编译的难点。完成第②步,需要先定义一套查询代数及等价变换规则。对于 XML 查询来说,目前还未出现统一的查询代数,更不用说形成一套公认的等价规则了,虽然已经提出了一些等价改写规则,但是大都是基于一些特殊的文法的,推广起来比较困难。完成第③步需要了解很多数据库的元数据,典型的元数据包括:数据库的一些统计信息,某些索引的存在情况,数据在磁盘上的分布情况等。第③步还需要基于这些元数据,根据一定的模型和方法,估算出每个操作结果集的代价及整个操作结果集的代价。对于 XML 数据库来说,无论是获取统计信息还是估算操作的代价,都非常困难。

查询最小化及其相关问题在数据库领域是一个很重要的研究课题,具有很长的研究历史。查询最小化问题的实质是等价问题,因为求一个查询的最小化查询就要找到之等价的一个规模最小的查询,而等价问题的本质又是查询的包含问题。简单地说,如果一个查询表达的条件被另一个查询所表达,则这两个查询间存在包含(containment)关系。查询间的包含问题能够被利用来优化查询,从而有效地提高了查询的执行效率,因而在关系查询和 XML 查询中都有大量研究。

(1)无约束 XPath 查询最小化

前面的内容已经介绍过,查询最小化问题的实质是查询等价问题,而查询等价问题只不过是查询包含问题的表现形式而已。在关系数据库领域关于合取查询(conjunctive query)的包含具有一个重要特征:$p_1 \subseteq p_2$,当且仅当存在一个 p_2 到 p_1 的同态(homomorphism)。

S. Amer-Yahia 等把同态的概念引入到 XPath 查询最小化的研究中来,查询同态即为包含映射(containment mapping)。从查询 p_2 到 p_1 的包含映射是从 p_2 的结点到 p_1 的结点的映射,并且满足以下两点:

①保持结点类型,即对应结点的类型要保持一致;同时保持输出结点的对应关系。

②保持结点关系,即保持孩子边和后裔边。

两个查询 p_2 和 p_1 满足 $p_1 \subseteq p_2$,当且仅当存在 p_2 到 p_1 的包含映射。树模式查询 p 的最小化问题实际上即为在 p 中删除所有冗余的结点,而一个结点是否冗余实际就是看删除该结点后的子树与原树是否等价,即它们之间的相互包含关系。一个树 p 到它的子树的包含映射或同态的关系实际上是 p 到自身的同态,这种同态就是所谓的自同态。

基于上述思路,一个树模式查询 p 中的一个结点 u 是冗余的,当且仅当在 p 中存在一个自同态 h 并且满足 $h(u) \neq u$。基于这一命题,S. Amer-Yahia 提出了一个最小化算法,该算法重复访问树的所有叶子结点,如果该结点是冗余的话,就会删去该结点,直至没有任何叶子结点是冗余的。在不考虑约束的情况下,该算法的时间复杂度为 $O(n^4)$。

P. Ramanan 在中引入了模拟(simulation)的概念,并基于模拟概念提出了一系列 XPath

查询最小化的新算法,这些算法要优于基于同态的算法。鉴于此,下面也基于模拟的概念,然而,这里给出的模拟概念与文献中的概念并不完全相同。

对于一个树模式查询 $p=<t_p,o_p>$,其中 $t_p=(r_p,N_p,E_p,\lambda_p)$,定义其上的模拟关系如下:模拟是 p 中结点上的最大二元关系,且满足:对任意两个结点 u 和 v,u. ,$v\in N_p$,$u<v$;当且仅当以下条件成立:

①保持结点类型。即要求 $\lambda_p(u)=\lambda_p(v)$,并且如果 $u=o_p$,则 $v=o_p$。

②保持 c-edge。如果 $u\xrightarrow{c}u'$,则 v 有一个 c-child v' 满足 $u'<v'$。

③保持 d-edge。如果 $u\xrightarrow{d}u'$,则 v 有一个后裔结点 v' 满足 $u'<v'$。

④保持 ds-edge。如果 $u\xrightarrow{ds}u'$,则 v 存在一个准后裔结点 v' 满足 $u'<v'$。

模拟关系式自反的、传递的,但不是对称的。若结点 u 和 v 之间存在模拟关系,即 $u<v$,则称 v 模拟 u,u 被 v 所模拟或者 v 是 u 的模拟,可用 sim(u) 表示结点 u 的所有模拟的集合。如果 $u<v$ 且 $v>u$,则称 u 与 v 相似,记为 $u\approx v$。

已知一个树模拟查询 p 和 p 中一个非冗余结点 u,并且有:

①p 中 u 的一个 c-child 结点 v 是冗余的;当且仅当在 p 中存在 u 的另一个 c-child 结点 w,且 $w\in sim(v)$。

②p 中 u 的一个 d-child 结点 v 是冗余的;当且仅当在 p 中存在 u 的另一个后裔结点 w,且 $w\in sim(v)$。

③p 中 u 的一个 ds-child 结点 v 是冗余的;当且仅当在 p 中存在 u 的另一个准后裔结点 w,且 $w\in sim(v)$。

不含约束时的 XPath 查询最小化算法给出的是不考虑约束时的 XPath 查询最小化算法 MinTPQ。它包括以下三个部分:TPQRewriting、TPQSimulation 和 TPQMinimization。

TPQRewriting 对树模式查询进行最小化前的预处理,它能够删除树模式查询中无意义的 ds-edge。

TPQSimulation 求出树模式查询中每个节点的模拟集 sim()。这个过程是自下而上进行的。并且每个节点只须遍历一次。当然这与访问顺序有直接关系,具体地说就是与 N_p 中结点的排列方式有关。叶子结点应该出现在内部结点之前,并且孩子结点要在双亲结点之前访问。这可以通过对树的后序遍历实现。

在定义几个集合:cpar()、anc() 及 quasi-anc()。其中,cpar(S) 表示在集合 S 中有 c-child 结点的结点集合,即 $cpar(S)=\{u|u\in N_p,\exists v\in S(u\xrightarrow{c}v)\}$;anc(S) 表示在集合 S 中有后裔结点的结点集合,即 $anc(S)=\{u|u\in N_p,\exists v\in S(u\xrightarrow{d}v)\}$;quasi-anc(S) 表示在集合 S 中有准后裔结点的结点集合,即 $quasi\text{-}anc(S)=\{u|u\in N_p,\exists v\in S(u\xrightarrow{ds}v)\}$,值得注意的是集合 quasi-anc(S) 包含了 S 本身。

因此,前面涉及的相关内容可改写成以下形式。

对于一个树模式查询 $p=<t_p,o_p>$,其中 $t_p=(r_p,N_p,E_p,\lambda_p)$,定义其上的模拟关系如下:模拟是 p 中结点上的最大二元关系,并且满足:对任意两个结点 u 和 v,u,$v\in N_p$;$u<v$;当且仅当以下条件成立:

①保持结点类型。即要求 $\lambda_p(u)=\lambda_p(v)$，并且如果 $u=o_p$，则 $v=o_p$。

②保持 c-edge。如果 $u\xrightarrow{c}u'$，则 $v\in cpar(sim(u'))$。

③保持 d-edge。如果 $u\xrightarrow{d}u'$，则 $v\in anc(sim(u'))$。

④保持 ds-edge。如果 $u\xrightarrow{ds}u'$，则 $v\in quasi\text{-}anc(sim(u'))$。

TPQSimulation 直接基于以上内容，按照自下而上的顺序求出 N_p 中每一个结点 u 的 $sim(u)$、$cpar(sim(u))$、$anc(sim(u))$ 以及 $quasi\text{-}anc(sim(u))$ 集合。

TPQMinimization 是自上而下地访问树模式查询。对当前结点 u，判断它的每个孩子结点 v 是否冗余，如果是，则删除以 v 为根的整个子树；否则的话，再进一步最小化以 v 为根的子树。

（2）带约束 XPath 查询最小化

在关系数据库中，人们通常使用 chase 的方法来扩展同态技术，也就是改写原来的查询使之包含完整性约束的效果，然后再对改写后得到的查询进行最小化，所得到的就相当于考虑约束时的最小化结果。这种方法也可以用在 XML 查询中，如相关资料把查询 p 和 q 转换为关系查询 p′和 q′，然后将给定的 XML 约束用关系数据库的约束来进行描述，并将其追加到关系查询 p′上。在其他资料中也使用了 chase 技术。因此，在下面使用 chase 技术来处理含约束的 XPath 查询的最小化问题。

考虑约束的 XPath 查询最小化算法框架 MinlCTPQ 由五个部分组成：ICTPQChase 将约束信息反映到树模式查询中，这是通过向树模式查询追加一些结点实现的；ICTPQRewriting 对树模式查询进行预处理；ICTPQSimulation 和 ICTPQMinimization 分别与 TPQSimulation 和 TPQMinimization 相同，用来求相应结点的模拟集和最小化的树模式查询，只不过有时在 ICTPQSimulation 中，不用求出那些追加结点的 sim() 集；ICTPQUnehase 用来删除在 chase 过程中追加的结点或所作的改变，其过程刚好与 ICTPQChase 相反。

11.3.4　XML 数据库

XML 数据库是一个 XML 文档的集合，这些文档是持久的并且是可操作的。如何有效地存储和查询 XML 数据是当前研究的一个热点。目前，按照存储和查询 XML 数据所使用的不同方法，可以将 XML 数据库分为 3 种类型。

1. 能处理 XML 的数据库

能处理 XML 的数据库（XML Enabled Database，XEDB）也称为 XML 使能数据库。其特点是在原有的关系数据库系统或面向对象数据库系统的基础上扩充对 XML 数据的处理功能，使其能适应 XML 数据存储和查询的需要。目前，XEDB 的研究主要是基于关系数据库。XEDB 的优点是可以充分利用已有的非常成熟的关系数据库技术，集成现有的大量存储在关系数据库中的商用数据，但这种处理方法不能利用 XML 数据自身的特点（如结构化、自描述性等特征），使得在处理 XML 数据时要经过多级复杂的转换。例如，存储 XML 数据时要将其转换为关系表或对象，在查询时要将 XML 查询语言转换为 SQL 或 OQL（Object Query Language,对象查询语言),查询结果还要转换为 XML 文档等,多级转换必将使效率降低。

XEDB 一般的做法是在数据库系统之上增加 XML 映射层,这可以由数据库供应商提供,也可以由第三方厂商提供。映射层管理 XML 数据的存储和检索,但原始的 XML 元数据和结构可能会丢失,而且数据检索的结果不能保证是原始的 XML 形式。XEDB 的基本存储单位与具体的实现方法紧密相关。

虽然 XEDB 在一定程度上解决了 XML 数据查询复杂性的要求,但是多次转换带来的问题是查询效率的降低和查询语义的混淆。此外,XEDB 不支持层次和半结构化的数据形式,只有经过转换处理才能把嵌套的 XML 数据放到简单的关系表中。

2. 纯 XML 数据库

纯 XML 数据库(Native XML Database,NXD)是为 XML 数据量身定做的数据库。它充分考虑到 XML 数据的特点,以一种自然的方式来处理 XML 数据,以 XML 文档作为基本的逻辑存储单位,针对 XML 的数据存储和查询特点专门设计适用的数据模型和处理方法,能够从各方面很好地支持 XML 的存储和查询,并且能够达到较好的效果。

3. 混合 XML 数据库

混合 XML 数据库(Hybrid XML Database,HXD)根据应用的需求,可以视其为 XEDB 或 NXDB 的数据库,典型代表是 Ozone,它是一个面向对象的 DBMS,完全用 Java 实现。

NXDB 与 XEDB 的主要区别在于:

①有效地支持 XML 数据的自描述性、半结构化和有序性。

②系统直接存储 XML 数据,而不是把 XML 数据转换成关系模型或者面向对象模型,再由关系数据库或面向对象数据库来存储。

③直接支持 XML 查询语言,如 XQuery,XPath,而不是将其转换成 SQL 或 OQL(对象查询语言)来实现对 XML 数据的查询。

由于 XML 文本不仅包含了数据内容而且涵盖了结构信息,而 NXDB 直接存放 XML 文本,只要是式良好的 XML 文本都可以随时添加到数据库中去,这就是 NXDB 可以存取半结构化数据的优势所在。因此,有学者指出,纯 XML 数据库兼有关系数据库和面向对象数据库两者的优势。

总而言之,XML 数据库管理系统的研究已经从基于传统的 RDBMS 转向 NXDBMS,这将是 XML 数据库研究的发展方向之一。XML 数据库的事业才刚起步,还有很多问题等待解决,如 XML 的结点编码、X-代数、XML 的数据更新、XML 的查询优化和支持查询优化的有效索引等。同时,NXDBMS 研究中面临的问题也为我国在数据库研究方面赶超世界先进水平提供了良好的机遇。

而随着 XML 应用范围的扩大,许多大型数据库系统生产商,如 Oracle、微软公司等,纷纷宣布要发展支持 XML 的数据库产品。同时,研究界也在积极开发纯 XML 数据库系统,包括 Galax,Timber,X-Hive,BerkeleyDB XML,eXist 以及 OrientX 等。

如图 11-12 所示为典型的 XML 数据库管理系统体系结构。用户管理 XML 数据时,首先需要执行引擎模块来建立一个数据库。这就是数据定义,它确定了数据集内的所有文档的模式结构。导入文档时,执行引擎把文档传送到数据管理模块;数据管理模块则从逻辑上把XML 文档划分成多个记录,然后传输到存储模块,选择适当的文件结构进行存储。

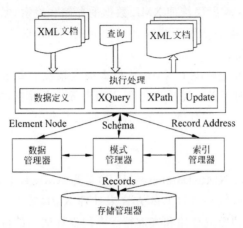

图 11-12　XML 数据库管理系统体系结构

当需要对数据进行查询检索时,一个 XML 查询(XPath 或者 XQuery 查询)以文本的形式传送到查询执行引擎;在查询执行引擎中,XML 查询将被解析(Parse)成一个查询执行计划,此过程中从模式管理模块读取相关信息,判断该查询是否存在语义错误,如目标文档或数据库是否存在,XPath 路径中的结点在对应的模式中是否存在等问题;如果存在这样的错误的话,则系统就报告错误,查询不再继续下去。查询执行引擎还可以对查询计划进行优化;如果存在合适的索引可以优化查询执行效率,查询执行引擎就可以通过索引管理模块直接访问数据库,而不需要通过数据管理模块导航式地访问数据库。

11.4　数据仓库及数据挖掘技术

11.4.1　数据仓库技术概述

数据仓库(data warehouse,DW)通常指一个数据库环境,它能够利用当前或历史的数据资源为用户提供决策支持。目前,企业所进行的信息资源管理主要依靠于传统的数据库技术。企业利用数据库技术进行数据的组织和存储,并使用基于数据库的信息系统进行信息资源的有效利用。但是,随着计算机技术的飞速发展和企业间竞争的加剧,传统数据库技术已经难以满足这些新的需求。因此,人们开始重视并研究数据仓库技术。作为一种新的技术,数据仓库技术能够比利用模型资源辅助决策更有效,而且辅助决策的范围更宽。

1.数据仓库定义

数据仓库不仅包含了分析所需的数据,而且包含了处理数据所需的应用程序,这些程序包括了将数据由外部媒体转入数据仓库的应用程序,也包括了将数据加以分析并呈现给用户的应用程序。

可以认为,数据仓库是一个概念,不是一种产品。数据仓库建设是一个工程,是一个过程。数据仓库系统是一个包含 4 个层次的体系结构,如图 11-13 所示。

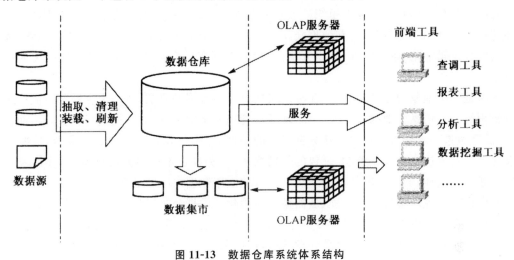

图 11-13　数据仓库系统体系结构

(1)数据源

数据源数据仓库系统的基础,是整个系统的数据源泉。通常包括企业内部信息和外部信息。内部信息包括存放于 RDBMS 中的各种业务处理数据和各类文档数据。外部信息包括各类法律法规、市场信息和竞争对手的信息等。

(2)数据的存储与管理

数据的存储与管理是整个数据仓库系统的核心。数据仓库的真正关键是数据的存储和管理。数据仓库的组织管理方式决定了它有别于传统数据库,同时也决定了其对外部数据的表现形式。要决定采用什么产品和技术来建立数据仓库的核心,则需要从数据仓库的技术特点着手分析。针对现有各业务系统的数据,进行抽取、清理,并有效集成,按照主题进行组织。数据仓库按照数据的覆盖范围可以分为企业级数据仓库和部门级数据仓库(通常称为数据集市)。

(3)OLAP(On-Line Analytical Processing)联机分析处理服务器

OLAP 对分析需要的数据进行有效集成,按多维模型予以组织,以便进行多角度、多层次的分析,并发现趋势。其具体实现可以分为:ROLAP(Relational OLAP)、MOLAP(Multidimensional OLAP)和 HOLAP(Hybrid OLAP)。ROLAP 基本数据和聚合数据均存放在 RDBMS(Relational DataBases Management System)关系数据库管理系统之中;MOLAP 基本数据和聚合数据均存放于多维数据库中;HOLAP 基本数据存放于 RDBMS 之中,聚合数据存放于多维数据库中。

(4)前端工具

前端工具主要包括各种报表工具、查询工具、数据分析工具、数据挖掘工具以及各种基于数据仓库或数据集市的应用开发工具。其中数据分析工具主要针对 OLAP 服务器,报表工具、数据挖掘工具主要针对数据仓库。

2. 数据仓库特点

(1)面向主题

面向主题是数据仓库中数据组织的最基本原则。数据仓库中的所有数据都是围绕着某一主题域组织展开的。也就是说，在数据仓库中只有以分析主题为依据来规划数据的组织，才能保证其内容逻辑清楚、条理明晰、脉络分明，在操作上拥有较高的效率，避免大量的、无效的数据检索。

主题是一个抽象的概念，是一个在较高层次上归纳数据的标准，每一个主题都对应一个宏观分析领域。在信息管理的层次上，主题就是从管理的角度出发，对数据进行综合分析而提取出，且需要做进一步分析的对象。从数据组织的角度看，主题就是一些数据的集合，这些数据集合对分析对象进行比较完整的、一致的数据描述，这种描述不仅涉及数据本身，还涉及数据之间的联系。这样，面向主题的数据组织就可以独立于数据之间的处理逻辑，方便地在这种数据环境中进行管理决策的分析处理，从而极大地简化了数据分析过程，提高了数据分析效率。

主题在数据仓库中可以用多维数据库方式进行存储。如果主题的存储量大，用多维数据库存储时，处理效率将降低。为提高处理效率，可以采用关系数据库方式进行存储。

(2)集成性

数据的集成性是指在数据仓库的构建过程中，按既定的策略将分散于各处的源数据进行抽取、筛选、清理、综合等一系列处理工作，最终集成到数据仓库中，构成一个有机整体的过程。

数据仓库所中的数据是需要在对业务数据库中的内容进行处理后才得到。如果说传统业务处理程序的侧重点在于迅速、正确地处理所有业务，记录业务内容和处理结果，而不是对决策提供支持，那么数据仓库则是直接使用传统业务处理程序的处理结果，从而可以节省业务处理的开支，可将精力完全集中在数据分析上。

(3)不可更新性

数据仓库主要是供决策分析之用的，所涉及的数据操作主要是数据查询，一般情况下并不进行修改操作。数据仓库存储的是相当长一段时间内的历史数据，是不同时段数据库快照的集合，以及基于这些快照进行统计、综合和重组的导出数据，不是联机处理的数据。因而，数据一经集成进入数据库后是极少或根本不更新的，是稳定的。

(4)时变性

数据仓库中的数据不可更新是指数据仓库的用户进行分析处理时是不进行数据更新操作的。但并不是说在数据仓库的整个生存周期中数据集合是不变的。

数据仓库的数据是随时间的变化不断变化的，这一特征表现在以下 3 个方面：

①数据仓库随时间变化不断增加新的数据内容。数据仓库系统必须不断捕捉 OLTP 数据库中新的数据，追加到数据仓库中去，捕捉到的新数据只是又生成一个数据库的快照增加进数据仓库，而不会覆盖原来的快照。

②数据仓库随时间变化不断删去过时的数据内容。数据仓库的数据也有存储期限，一旦超过了这一期限，过期数据就要被删除。只是数据仓库内的数据时限要远远长于操作型数据的时限。在操作型环境中一般只保存 60～90 天的数据，而在数据仓库中则需要保存较长时限的数据(如 5～20 年)，以适应 DSS 进行趋势分析的要求。

③数据仓库中包含大量的综合数据,这些综合数据中很多与时间有关,如数据按照某一时间段进行综合,或隔一定的时间片进行抽样等,这些数据就会随着时间的变化不断地进行重新综合。

(5)稳定性

数据的稳定性数也称数据的非易失性,包括以下两方面的含义:

①数据仓库中的数据更新、追加等操作并不是频繁进行的,它需要根据既定的周期或条件阈值来进行。通常,业务系统数据库中存储的数据都是短期性的,记录的是系统中每一个变化的瞬态,因此,其数据是不稳定的。但是,在决策分析中,历史数据是相当重要的,许多分析方法必须以大量的历史数据为依托。没有历史数据的详细分析就难以把握企业的发展趋势,因此,数据仓库系统对数据在空间和时间的广度上都有了更高的要求。

②数据一旦导入数据仓库后,几乎就会保持不再发生变化。如果将数据仓库看成是一个虚拟的只读数据库系统,则其最根本的特点就是存放数据,而且这些数据并不是最新的,而是来源于其他数据库经过了抽取和集成的。当这些记录一旦被追加进来,一般情况下是不会再从系统中删除。这就使得数据仓库不需要在并发读/写控制上投入过多的精力。避免了以往决策分析中面对同一问题,因为数据的变化而导致结论不同的尴尬。

(6)支持决策作用

数据仓库组织的根本目的在于对决策的支持。高层的企业决策者、中层的管理者和基层的业务处理者等不同层次的管理人员均可以利用数据仓库进行决策分析,提高管理决策的质量。

企业各级管理人员可以利用数据仓库进行各种管理决策的分析,利用自己所特有的、敏锐的商业洞察力和业务知识从貌似平淡的数据中敏锐地发现众多的商机。数据仓库为管理者利用数据进行管理决策分析提供了极大的便利。

3. 数据仓库分类

根据不同的标准和角度可将数据仓库分为多种类型。从其规模与应用范围来加以区分,大致可以分为下列几种:标准数据仓库;数据集市(DataMart);多层数据仓库(Multi-tier Data Warehouse);联合式数据仓库(Federated Data Warehouse)。

(1)标准数据仓库

标准数据仓库是企业最常使用的数据仓库,它是依据管理决策的需求而将数据加以整理分析,再将其转换至数据仓库之中的。这一类的数据仓库是以整个企业为着眼点而构建出来的,所以它的数据都是有关整个企业的数据,用户可以从中得到整个组织运作的统计分析信息。

(2)数据集市

数据集市,或者叫作"小数据仓库",是针对某一个主题或是某一个部门而构建的数据仓库。一般说来,它的规模会比标准数据仓库小。若说数据仓库是建立在企业级的数据模型之上的,那么数据集市就是企业级数据仓库的一个子集,它主要面向部门级业务,并且只是面向某个特定的主题。数据集市可以在一定程度上缓解访问数据仓库的瓶颈。

图 11-14 所示为两种数据集市,即独立的数据集市(Independent Data Mart)和从属的数

据集市(Dependent Data Mart)。图 11-14 左边所示的是企业数据仓库的逻辑结构。可以看出,其中的数据来自各信息系统,把它们的操作数据按照企业数据仓库物理模型的定义转换过来。采用这种中央数据仓库的做法,可保证现实世界的一致性。

图 11-14 中间所示的是从属数据集市的逻辑结构。所谓从属,是指它的数据直接来自于中央数据仓库。显然,这种结构依然能保持数据的一致性。在一般情况下,为那些访问数据仓库十分频繁的关键业务部门建立从属的数据集市,这样可以很好地提高查询的反应速度。因此,当中央数据仓库十分庞大时,一般不对中央数据仓库做非正则处理,而是建立一个从属数据集市,对它做非正则处理,这样既能提高响应速度,又能保证系统的易维护性,其代价增加了对数据集市的投资。

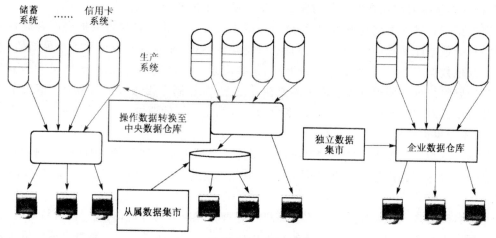

图 11-14　数据仓库和两种数据集市

(3)多层数据仓库

多层数据仓库是标准数据仓库与数据集市的一种组合应用方式,在整个架构之中,有一个最上层的数据仓库提供者,它会将数据提供给下层的数据集市。多层数据仓库的优点在于它拥有统一的全企业性数据源。

联合式数据仓库指的是在整体系统中包含了多重的数据仓库或是数据集市系统,也可以包括多层的数据仓库,但是在整个系统中只有一个数据仓库的提供者,这种数据仓库系统适合大型企业使用。

4.数据仓库组成

数据仓库作为一个系统从理论上应该过包括数据获取、数据存储和管理、信息访问 3 个基本部分。具体可见图 11-15 所示。

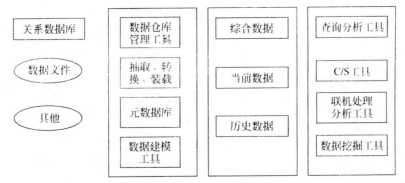

图 11-15　数据仓库总体结构

· 数据获取：负责从外部数据源获取数据，数据被区分出来，进行复制或重新定义格式等处理后，准备装入数据仓库。

· 数据存储和管理：负责数据仓库的内部管理和维护，提供的服务包括存储的组织、数据的维护、数据的分发和数据仓库的例行维护等，这些工作需要利用 DBMS 的功能。

· 信息访问：属于数据仓库的前端，面向不同种类的最终用户。主要由查询生成工具、多维分析工具和数据挖掘工具等工具集组成，以实现决策支持系统的各种要求。

从功能上来看，可以认为数据仓库首先是一个数据库系统，基本功能如下。

· 数据定义：主要完成数据仓库的结构和环境的定义，包括定义数据仓库中数据库的模式、数据仓库的数据源和从数据源提取数据时的一组规则或模型。

· 数据提取：负责从数据源提取数据，并对获得的源数据进行必要的加工处理，使其成为数据仓库可以管理的数据格式和语义规范。

· 数据管理：由一组系统服务工具组成，负责数据的分配和维护，支持数据应用。数据分配完成获取数据的存储分布及分发到多台数据库服务器，维护服务完成数据的转储和恢复、安全性定义和检测等。用户直接输入系统的数据也由该部分完成。

· 信息目录：数据仓库管理的数据是描述系统状态变化的综合性数据，提供各级管理分析与决策的应用，满足数据仓库的开发人员和维护人员进行数据维护的需要。信息目录描述系统数据的定义和组织，通过信息目录用户或开发人员可以了解数据仓库中存放的数据以及如何访问、使用和管理这些数据。

· 数据应用：数据仓库的数据应用除了一般的直接检索使用外，还能够完成比较常用的数据表示和分析，如图表、统计分析、结构分析、相关分析和时间序列分析等。

在 C/S 体系结构下，这部分功能可以放在客户端来完成，以便充分利用丰富的数据分析软件，包括报表生成工具、联机处理分析工具、数据挖掘工具和决策支持工具等。

5. 数据仓库与数据库的区别

数据仓库和数据库只有一字之差，似乎是一样的概念，实际不然。数据仓库是为了构建新的分析处理环境而出现的一种数据存储和组织技术，由于分析处理和事务处理具有极不相同的性质，因而两者对数据也有着不同的要求。表 11-1 列出了数据库与数据仓库的处理环境的对比。

表 11-1　数据库与数据仓库的处理环境的对比

数据库	数据仓库
面向应用	面向主题
数据是详细的	数据是综合的或提炼的
保持当前数据	保存过去的和现在的数据
数据是可更新的	数据不可更新
对数据的操作是重复的	对数据的操作是启发式的
操作需求是事先可知的	操作需求是临时决定的
一个操作只存取一一条记录	一个操作存取一个数据集合
数据非冗余	数据常常冗余
操作较频繁	操作相对不频繁
所查询的是原始数据	所查询的是经过加工的数据
事务处理需要当前数据	决策分析需要过去的和现在的数据
少有复杂的计算	需做复杂的计算
支持事务处理	支持决策树

11.4.2　数据仓库的体系结构

数据仓库系统的体系结构是一个包含四个层次的基本结构,如图 11-16 所示。

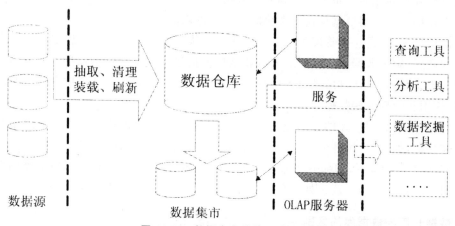

图 11-16　数据仓库的体系结构

　　数据源是数据仓库系统的基础,通常包括企业内部数据库、外部数据库的信息。内部数据库信息包括存放于关系数据库管理系统(RDBMS)中各种业务处理数据和各类文档数据,外部数据库信息包括各类法律法规、市场信息和竞争对手的信息等。

　　数据的存储及管理是数据仓库系统的核心。数据仓库的组织管理方式不同于数据库,因此也决定了其对外部数据的表达方式不同,换句话说,传统的数据库的数据结构是二维的数据关系,而数据仓库的数据结构却是多维的数据关系。要决定采用什么产品和技术来建立数据仓库的核心,则需要从数据仓库的技术特点着手分析,针对现有各业务系统的数据,进行抽取、清理,并按照主题有效集成。

联机分析处理(OLAP)服务器对分析需要的数据进行有效集成,按多维模型进行组织,以便进行多角度、多层次的分析,并发现趋势。其具体实现可以分为 ROLAP(Relational OLAP,关系型联机分析处理)、MOLAP(Muiltdimension OLAP,多维度型在线分析系统)和 HOLAP(Hybird OLAP,混合型联机分析处理)。

前端工具主要包括各种报表工具、查询工具、数据分析工具、数据挖掘工具以及各种基于数据仓库或数据集市的应用开发工具。其中,数据分析工具主要针对 OLAP 服务器,报表工具、数据挖掘工具主要针对数据仓库。

11.4.3　数据仓库概念模型

1. 星型模型

星型模型是一种一点向外辐射的建模范例,中间有一单一对象沿半径向外连接到多个对象。星型模型反映了最终用户对商务查询的看法:销售事实、赔偿、付款和货物的托运都用一维或多维描述(按月、产品、地理位置)。星型模型中心的对象称为"事实表",即为事实数据所构成的表。与之相连的对象称为"维表",即为维度数据所构成的表。对事实表的查询就是获取指向维表的指针表,当对事实表的查询与对维表的查询结合在一起时,就可以检索大量的信息。通过联合,维表可以对查找标准细剖和聚集。

一个简单的逻辑星型模型由一个事实表和若干维表组成。复杂的星型模型包含数百个事实表和维表。事实表包含基本的商业措施,可以由成千上万行组成。维表包含可用于 SQL 查找标准的商业属性,一般比较小。

图 11-17 是一个由事实表和维表组成的星形模型结构示意图。

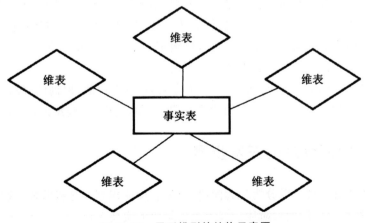

图 11-17　星形模型的结构示意图

2. 雪花模型

雪花模型是星形模型的扩展,该模型在事实表和维表的基础上,增加了一类新的表——"详细类别表",用于对维表进行描述,如图 11-18 所示。详细类别表通过对事实表在有关维上的详细描述可以达到缩小事实表、提高查询效率的目的。同时,由于雪花模型采取了标准化及维的低粒度,从而提高了数据仓库应用的灵活性。

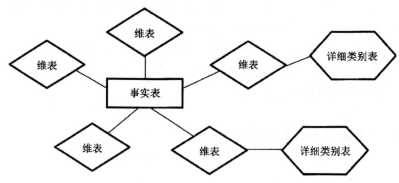

图 11-18 雪花模型结构示意图

雪花模式和星形模型的不同点主要体现在:雪花模式的维表可能是规范化形式,能够减少冗余,方便维护,节省存储空间;在雪花模式中执行某些查询需要更多的连接操作,致使性能降低了。尽管雪花模式有节省存储空间的优点,但相对于非常庞大的事实表而言,其能够节省的空间是有限的,甚至可以忽略不计,而性能仍是数据仓库设计中要考虑的主要因素。因此,在数据仓库设计中,雪花模式不如星型模式流行。

3. 混合模型

混合模型是星型模型和雪花模型的一种折中模式,其中星型模型由事实表和标准化的维度表组成,雪花模型的所有维表都进行了标准化。在混合模型中,只有最大的维表才进行标准化,这些表一般包含一列列完全标准化的重复的数据。

混合模型的基本假设是事实数据是不会改变的,系统只会定期地从 OLI 系统转入新的历史数据。混合模型也是为用户需求而设计的,为了要迎合用户不断更新的新需求,只需要更新或是添加外围表的维度表就可以了。因为维度数据比起事实数据少得太多,所以添加或是重建维度表不会造成数据命库系统太大的工作开销。

数据挖掘(Data Mining)就是从大量的、不完全的、有噪声的、模糊的、随机的数据中,提取隐含在其中的、未知的、但又是潜在有用的信息和知识的过程,它是知识发现的有效手段。

11.4.4 数据仓库的开发步骤

数据仓库的开发过程可以分为三大阶段:数据仓库的规划与分析阶段,数据仓库的设计与实施阶段,以及数据仓库的使用阶段。以下是各阶段的主要工作。

第一阶段,数据仓库的规划与分析。开发数据仓库之前,首先要进行数据仓库的规划,包括确定数据仓库的开发目标和范围,选择数据仓库的实现策略,选择数据仓库的应用结构和技术平台结构,确定数据仓库的使用方案和开发预算。

规划完成之后,接下来进行数据仓库的需求定义,为数据仓库的分析设计和数据仓库的实施做准备。需求定义包括业主需求定义、开发者需求定义和最终用户需求定义。

第二阶段,数据仓库的设计与实施阶段。数据仓库的设计与实施是从建立数据仓库的数据模型开始,包括确定数据仓库的数据源,设计数据仓库与业务系统的接口,设计数据仓库的体系结构,数据仓库的数据库设计,数据仓库的中间件设计,数据仓库数据的抽取、净化与加载,数据仓库数据的复制与发行,数据仓库的测试等。

第三阶段,数据仓库的使用阶段。数据仓库的使用阶段的工作包括用户的培训与支持,使用数据仓库的各种方式(包括分析处理和数据挖掘),数据仓库中数据的刷新,以及数据仓库的完善。

11.4.5　数据挖掘技术概述

面对市场不断地发展,信息在组织机构发展中的重要作用越来越得到人们的认同,许多组织都开发了各种信息处理系统。这些系统不仅为组织机构带来信息处理的便利,也带来了珍贵的财富——大量宝贵的数据。这些数据的背后隐藏着极为重要的商业知识,但是这些商业知识是隐含的、事先未知的、具有潜在的使用价值。问题在于如何才能发掘这些知识,传统的信息处理工具已经不能应对这一要求。人们需要采用某种方法,自动分析数据、自动发现和描述数据中隐含的商业发展趋势,并自动地标记数据,对数据进行更高层次的分析,以更好地利用这些数据。因此,数据挖掘技术渐渐出现在人们的视线之中。

数据挖掘(Data Mining)就是从大量的、不完全的、有噪声的、模糊的、随机的数据中提取隐含在其中的、人们事先不知道的但又是潜在有用的信息和知识的过程。在数据库发展成熟阶段,专家们不得不承认,随着海量数据的大量涌现,所面临的矛盾是数据量大和知识贫乏。解决问题的最好方案是利用数据挖掘的技术与方法。专家与学者经过不同领域数据挖掘技术方法与模型的应用研究得知,数据挖掘的一个重要过程就是从数据中挖掘知识的过程,也称为数据库中的知识发现(Knowledge Discovery in Database,KDD)过程和知识提取、数据采掘的过程,并且可以在其过程中用于发现概念、类描述、分类、关联、预测、聚类、趋势分析、偏差分析和相似性分析及结果的可视化。

由此可见,数据挖掘的主要目标是:在众多复杂类型数据中找出有潜在价值的数据,能在商务(企业)数据中找出提高销售量和效益的关键因素,能通过数据挖掘找出影响企业效益增长的相关因素。

1. 数据挖掘与传统分析方法的区别

传统的决策支持系统通常是在某个假设的前提下,通过数据查询和分析来验证或否定这个假设。数据挖掘与传统的数据分析(如查询、报表、联机应用分析)的本质区别是数据挖掘是在没有明确假设的前提下去挖掘信息,发现知识。

数据挖掘技术是基于大量的来自实际应用的数据,进行自动分析、归纳推理,从中发掘出数据间潜在的模型,或产生联想,建立新的业务模型帮助决策者调整企业发展策略,进行正确决策。

数据挖掘所得到的信息应具有事先未知、有效以及可实用三个特征。事先未知的信息是指该信息是未曾预料到的,即数据挖掘是要发现那些不能靠直觉发现的信息或知识,甚至是违背直觉的信息或知识。挖掘出的信息越是出乎意料,就可能越有价值。

2. 数据挖掘的数据源

数据挖掘的数据主要有两种来源,可以是从数据仓库中来的,也可以是直接从数据库中来。这些实际的应用数据往往是不完全的、有噪声的、模糊的、随机的,因此要根据不同的需求在挖掘之前进行预处理。

从数据仓库中通过数据挖掘直接得到的数据有许多好处。因为数据仓库的数据经过了预处理,许多数据不一致的问题都已经解决了,在数据挖掘时大大减少了清理数据的工作量。当然,为了数据挖掘也不必非得建立一个数据仓库,数据仓库不是必需的。建立一个巨大的数据仓库,要把各个不相同源的数据集成在一起,解决所有的数据冲突,然后把所有的数据导入到一个数据仓库内,这是一项巨大的工程,可能要用几年的时间花上百万的经费才能完成。如果只是为了数据挖掘,可以把一个或几个联机事务处理(OLTP)数据库导入一个只读的数据库中,然后在上面进行数据挖掘。

所有的数据还要再次进行选择,具体的选择方式与任务相关。挖掘的结果需要进行评价才能最终成为有用的信息。按照评价结果的不同,数据可能需要反馈到不同阶段,重新进行分析计算。

3. 数据挖掘的任务

数据挖掘的任务如下:

①概念描述:就是指归纳总结出数据的某些特征。

②关联分析:若两个或多个变量的取值之间存在某种规律性,就称为关联,包括相关关联和因果关联。关联规则不仅是单维关联,也可能是多维关联。

③分类和预测:找到一定的函数或者模型来描述和区分数据类之间的区别,用这些函数和模型对未来进行预测。这些数据类是事先已经知道的,分类的结果表示为决策树、分类规则或神经网络。

④聚类:将数据分为多个类,使得类的内部数据之间的差异最小,而类之间数据的差异最大。与分类不同的是,聚类前并不知道类的个数。聚类技术主要包括传统的模式识别方法和数学分类学等。

⑤孤立点的检测:孤立点是指数据中的整体表现行为不一致的那些数据集合。这些数据虽然是一些特例,但往往在错误检查和特例分析中是很有用的。

⑥趋势和演变分析:描述随着时间变化的对象所遵循的规律或趋势。

11.4.6　数据挖掘的体系结构

人工智能、机器学习、统计学等是进行数据挖掘的核心技术。一个完整的数据挖掘系统除了这些技术外，还需要辅助技术的支持，才能完成数据采集、预处理、数据分析、结果表述等一系列任务，最后将分析结果呈现在用户面前。

一般来说，常用的数据挖掘产品都提供了访问数据仓库、数据库、平面文件以及其他外部数据源的接口。利用这些接口，数据挖掘工具就可以通过多种渠道获取所需的数据。在提取数据的时候，还需要通过数据挖掘工具进行一些预处理，以保证进入挖掘库中的数据的正确性。

在许多情况下，数据挖掘工具都是从数据仓库中提取数据的，这样当数据在进入数据仓库时已经完成了数据一致性等工作，则数据进入数据挖掘库时，就可以省去清洗数据的工作。

数据挖掘工具的核心部分是挖掘库。挖掘库主要用于存放数据挖掘项目需要的数据、算法库和知识库。其中，算法库中存放着已经实现的挖掘算法，知识库中存放着预定义的和经过挖掘后发现的知识。

通常，数据挖掘工具还需要提供必要编程 API，使用户可以对算法进行改进，并将算法嵌入到最终用户的界面系统中。数据挖掘的体系结构如图 11-19 所示。

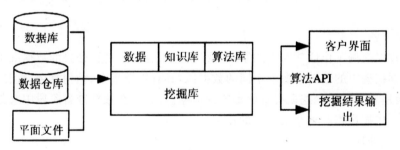

图 11-19　数据挖掘的体系结构

11.4.7　数据挖掘过程和技术

1. 数据挖掘过程

数据挖掘是一个完整的、反复的人机交互处理过程，该过程需要经历如图 11-20 所示多个相互联系的步骤。针对不应用领域分析目标的需求、数据来源和含义的不同，其中的步骤也不会完全一样。

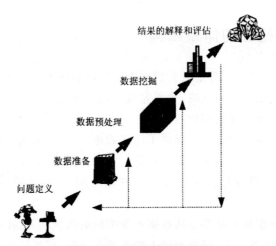

结果的解释和评估

数据挖掘

数据预处理

数据准备

问题定义

图 11-20   数据挖掘的过程

（1）问题定义

数据挖掘的目的是在大量数据中发现有用的信息，因此，需要通过数据挖掘来发现什么样的信息就成为整个过程中第一个也是最重要的一步。在问题定义过程中，数据挖掘人员、领域专家及最终用户必须紧密协作，明确实际工作对 KDD 的要求，并通过对各种学习算法的对比确定可用的学习算法。下面阶段中用到的学习算法选择和数据准备都需要在此阶段进行准备。

（2）数据准备

数据是数据挖掘工作成功与否的基础，要进行数据挖掘，进行必要的数据准备是必不可少的。由于数据挖掘中的数据来源于不同的数据源，具有数据量大、结构复杂、重复歧义，并夹杂着噪声、冗余信息等对数据挖掘有负面影响的数据。因此，在数据准备阶段中对数据的处理情况对整个数据挖掘过程起着至关重要的作用。

（3）数据预处理

数据预处理在数据挖掘过程中是很重要的一个环节。对数据进行适当的预处理可以保证数据挖掘所需数据集合的质量。对于数据挖掘来说，数据质量是一个很关键的问题。而数据预处理一般可能包括消除噪声、推导计算缺值数据、消除重复记录、完成数据类型转换，如把连续值数据转换为离散型的数据，以便于符号归纳，或是把离散型的转换为连续值型的，以便于神经网络等。

（4）数据挖掘

数据挖掘阶段就是根据对问题的定义明确挖掘的任务和目的。确定了挖掘任务后，就要决定使用什么样的算法。只有选择了适合适合的算法，才能顺利地完成数据挖掘的任务。数据挖掘的基本步骤如下：

①根据此次分析项目制定的项目目标，来确定数据挖掘要发现的任务是什么，是属于哪种挖掘类型。

②在确定了挖掘任务的类型之后，选择恰当的数据挖掘技术。

③在前两步的基础上，选择合适的数据挖掘工具。目前流行的数据挖掘工具主要有 SASEnterorise Miner、SPSS Clementine、IBM Intelligent Miner 和 Oracle Darwin 等。

④利用数据挖掘工具,按照选择的算法在数据集合中进行数据挖掘操作,其中大部分是机器自动完成,数据挖掘人员需要在挖掘过程中不断地加入人机交互,提高数据挖掘的效率和准确性。

2. 结果的解释和评估

对挖掘结果的评价依赖于此次挖掘任务开始时制订的分析目标,在此基础上由本领域的专家对所发现模式的新颖性和有效性进行评价。经过专家或机器的评估后,可能会发现这些模式中存在冗余或无关的模式,这时需要将其剔除;也有可能模式不满足用户要求,这时则需要整个发现过程回退到前续阶段中去反复提取,从而发掘出更有效、更准确的知识。

3. 数据挖掘技术

(1)基于人工神经网络的数据挖掘技术

人工神经网络(Artificial Neural Network,ANN)是一种模拟人类大脑神经网络行为特征,进行分布式并行信息处理的算法数学模型。在数据挖掘领域中,对人工神经网络的应用主要是为了解决知识表达和知识获取的问题。知识表达是使神经网络中抽象的权值代表一定的知识,知识获取是给定一个已经训练好的神经网络,从中提取显式的知识(一般是符号形式)。对于神经网络的应用主要集中在预测、模式识别、逻辑推理、优化与控制、联想记忆和信号处理等领域。人工神经网络分类方式很多,如按网络性能、按网络拓扑结构等。

(2)基于关联规则的数据挖掘技术

关联规则是一个满足支持度和可行度阀值的、只包含蕴含连接词的一阶谓词逻辑公式。关联规则是一种隐藏在关联型数据库中的一种特殊的、有价值的知识,通常可用来反映项集之间的频繁模式、关联、相关性或因果关系。

关联规则常用来揭示数据与数据之间未知的相互依赖关系,即给定一个事务数据库 D,在基于支持度-可信度框架中,发现数据与项目之间大量有趣的相关联系,生成所有支持度和可信度分别高于用户给定的最小支持度和最小可信度的关联规则。

关联规则算法包括 Apriori 算法、AprioriTid 算法、AprioriHybrid 算法、基于粗糙集的关联规则算法以及基于约束的关联挖掘算法等。

(3)基于序列模式的数据挖掘技术

序列模式挖掘(Sequence Pattern Mining)也称序列挖掘,是指在给定序列数据库和最小支持度阈值的前提下,挖掘频繁出现的有序事件和子序列。序列模式分析是数据挖掘的一项重要功能,通过挖掘序列模式,可以发现数据中隐藏的人们的行为模式。近几年来,序列模式挖掘已经成为数据挖掘的一个重要范畴,其应用范围不再局限于交易数据库,在实际应用中,序列模式的挖掘可以为诊断、预测等领域的辅助决策提供更实际、更科学的知识。

一般而言,序列模式挖掘描述的问题是:在给定的交易序列数据库中,每个序列是按照交易时间排列的一组交易集,挖掘序列函数作用在这个交易序列数据库上,返回该数据库中出现的高频序列。Agrawal 等人将序列模式挖掘定义为在序列数据库中挖掘那些支持数超过预先定义支持度的序列模式的过程。

基于序列模式的挖掘算法主要有:①Apriori(Apriori-based)算法;②SP 算法;③SPADE

算法;④PrefixSpan 算法;⑤EMISP 算法。

（4）基于分类规则的数据挖掘技术

分类是数据挖掘的基本功能之一,其目标是构造一个分类函数或分类模型,即分类器,从数据集中提取出能够描述数据类基本特征的模型,并利用这些模型把数据集中的每个对象都归入到其中某个已知的数据类中。目前,数据挖掘中的分类方法很多,如决策树、贝叶斯分类和贝叶斯网络、神经网络、支持向量机和关联规则等基本技术,以及 k-最临近分类、基于案例的推理、遗传算法、粗糙集和模糊逻辑等方法。

（5）基于聚类分析的数据挖掘技术

聚类分析是数据挖掘应用的主要技术之一,在科学数据分析、商业、生物学、医疗诊断、文本挖掘和 Web 数据挖掘等领域都有方法应用。随着数据挖掘技术的不断发展,聚类分析也开始面向各业的大型数据库或者数据仓库。

聚类分析方法又称为非监督学习方法,使用该方法可以对没有类标号的数据进行研究和处理,以便从中挖掘出有价值的信息。聚类分析,顾名思义,就是指根据食物的某方面特征把它们划分成若干个小类,使得同一类中的个体具有较低的相似度或类似的性质,非同一类中的个体具有较低的相似度的分析过程。

11.4.8 数据挖掘技术的未来研究方向

当前,对于数据挖掘的研究方兴未艾。同时,数据、数据挖掘任务和数据挖掘方法的多样性也对数据挖掘提出了许多挑战性的研究问题。预计在未来的发展中,数据挖掘研究还会形成更大的高潮,其研究的焦点可能会集中在以下几个方面:

1. 数据库系统、数据仓库系统和 Web 数据库系统的数据挖掘集成

目前,数据库系统、数据仓库系统和 Web 数据库系统已经成为主流信息处理系统,作为数据挖掘技术,就应该努力与这些系统紧密耦合,并作为一种基本数据分析组件平滑地集成到这些系统中,从而确保数据的可用性,数据挖掘的可移植性、可扩展性与高性能。

2. 数据挖掘语言的标准化

标准的数据挖掘语言的应用将有助于数据挖掘的系统化开发,并对于提高多个数据挖掘系统之间的互操作性,促进数据挖掘系统的应用和推广具有重要的意义。

3. 可伸缩的算法和交互的方法

通常要求数据挖掘必须能够有效地处理大量数据,这样可伸缩的算法就显得尤为重要了。一种解决方法是基于约束的数据挖掘,它允许用户使用约束,引导数据挖掘系统搜索用户感兴趣的知识,并通过增加用户交互,全面提高数据挖掘的总体效率。

4. 复杂数据类型的挖掘

随着应用领域的不断拓展,数据挖掘技术已经不再仅仅局限于处理简单的结构化数据,同时还必须能够处理复杂的或独特的半结构化或非结构化数据,如文本数据、图形图像数据、音频视频数据、综合多媒体数据、Web 数据、生物数据、流数据、空间数据、时态数据等。为了处理这些复杂数据类型,就需要扩展已有的数据挖掘基本技术,发展新的和更好的分析和建立模型的方法,如链接分析模型、动态挖掘模型、空间数据挖掘等。

5. 数据挖掘可视化

数据挖掘过程与结果的可视化,将更有利于用户参与数据挖掘过程,理解数据挖掘结果,同时在数据挖掘的应用与推广过程中还可能将它作为数据分析基本工具进行使用。

6. 探索新的应用领域

早期的数据挖掘主要用于帮助企业获得竞争优势。目前数据挖掘技术开始被越来越多地应用于零售业、金融业、电信业、生物医学、天文学等商业与科学领域。相信在不久的将来,数据挖掘将会应用到更多的领域,促进这些领域的发展,同时也会丰富数据挖掘技术及应用。

7. 数据挖掘中的隐私保护和信息安全

随着数据挖掘技术及应用的发展,对个人隐私与信息安全造成了威胁。如何在数据挖掘的同时保护个人隐私和增强信息安全就成为当前数据挖掘研究的又一热点。

无论如何,数据挖掘本着满足信息时代用户急需的目标,将会有大量的基于数据挖掘的决策支持软件产品问世。但是,只有从数据中有效地提取信息,从信息中及时地发现知识,才能为人类的思维决策和战略发展服务。但那时,数据才能够真正成为与物质、能源相媲美的资源。

参考文献

[1]张银玲.数据库原理及应用[M].北京:电子工业出版社,2016.

[2]李辉.数据库技术与应用[M].北京:清华大学出版社,2016.

[3]瞿有甜.数据库技术与应用.杭州:浙江大学出版社,2010.

[4]蔡延光.数据库原理与应用[M].北京:机械工业出版社,2016.

[5]王行言.数据库技术及应用.北京:高等教育出版社,2004.

[6]杨晓光.数据库原理及应用技术[M].北京:清华大学出版社,2014.

[7]郝忠孝.数据库学术理论研究方法解析[M].北京:科学出版社,2016.

[8]陆慧娟,高波涌,何灵敏.数据库系统原理[M].第2版.北京:中国电力出版社,2011.

[9]姜桂洪,刘树淑,孙勇.数据库技术及应用[M].北京:科学出版社,2016.

[10]谢兴生.高级数据库系统及其应用[M].北京:清华大学出版社,2010.

[11]陈燕.数据挖掘技术与应用[M].第2版.北京:清华大学出版社,2016.

[12]陈晓云,徐玉生.数据库原理与设计[M].兰州:兰州大学出版社,2009.

[13]李月军.数据库原理与设计[M].北京:清华大学出版社,2012.

[14]杨海霞.数据库原理与设计[M].第2版.北京:人民邮电出版社,2013.

[15]朱杨勇.数据库系统设计与开发[M].北京:清华大学出版社,2007.

[16]王国胤等.数据库原理与设计[M].北京:电子工业出版社,2011.

[17]董卫军,邢为民,索琦.数据库基础与应用[M].第2版.北京:清华大学出版社,2016.

[18]王珊,萨师煊.数据库系统概论[M].第4版.北京:高等教育出版社,2006.

[19]王珊,李盛恩.数据库基础与应用[M].第2版.北京:人民邮电出版社,2009.

[20]王珊.数据库技术与应用[M].北京:清华大学出版社,2005.

[21]刘亚军,高莉莎.数据库原理与应用[M].北京:清华大学出版社,2015.

[22]严冬梅.数据库原理[M].北京:清华大学出版社,2011.

[23]高岩,李雷等.数据库原理与实现[M].北京:清华大学出版社,2013.

[24]高凯.数据库原理与应用[M].北京:电子工业出版社,2011.

[25]张凤荔.数据库新技术及其应用.北京:清华大学出版社,2012.

[26]徐慧.数据库技术与应用.北京:北京理工大学出版社,2010

[27]王常选,廖国琼,吴京慧,刘喜平.数据库系统原理与设计[M].北京:清华大学出版社,2009.

[28]范明.数据挖掘导论[M].北京:人民邮电出版社,2006.

[29]郭胜,王志等.数据库原理及应用[M].第2版.北京:清华大学出版社,2015.

[30]张丽娜,杜益虹等.数据库原理与应用[M].北京:化学工业出版社,2013.

[31]张凤荔,文军,牛新征.数据库新技术及其应用[M].北京:清华大学出版社,2012.

[32]王成良,柳玲,徐玲.数据库技术及应用[M].北京:清华大学出版社,2011.

[33]汤庸,叶小平,汤娜.数据库理论及应用基础[M].北京:清华大学出版社,2004.

[34](德)Ralf Hartmut Guting,Markus Schneider 著;金培权,岳丽华译. Moving Objects Databases[M].北京:高等教育出版社,2009.

[35](英)戴特著;卢涛译.数据库设计与关系理论[M].北京:机械工业出版社,2013

[36]Peter Rob,Carlos Coronel 著;张瑜等译.数据库系统设计实现与管理[M].第 6 版.北京:清华大学出版社,2005.

[37]Abraham Silberschatz,Henry E Korth,S. Sudarshan.数据库系统概念[M].第 4 版.北京:机械工业出版社,2003.

[38](美)克罗恩克(Kroenke,D. D.),奥尔(Auer,D. J.)著;孙未未等译.数据库处理——基础、设计与实现[M].第 11 版.北京:电子工业出版社,2011.